人工智能
技术丛书

PyTorch 深度学习与计算机视觉实践

王晓华 著

清华大学出版社
北京

内 容 简 介

在人工智能的浩瀚星空中，深度学习犹如一颗耀眼的明星，引领着计算机视觉技术的发展。本书带领读者领略深度学习在计算视觉领域的魅力，详解使用 PyTorch 2.0 进行计算机视觉应用实战的技巧。本书配套示例源码、PPT 课件。

本书共分 15 章，内容包括深度学习与计算机视觉、PyTorch 2.0 深度学习环境搭建、从 0 开始 PyTorch 2.0、一学就会的深度学习基础算法、基于 PyTorch 卷积层的 MNIST 分类实战、PyTorch 数据处理与模型可视化、残差神经网络实战、基于 OpenCV 与 PyTorch 的人脸识别实战、词映射与循环神经网络、注意力机制与注意力模型详解、基于注意力机制的图像识别实战、基于 Diffusion Model 的从随机到可控的图像生成实战、基于注意力的单目摄像头目标检测实战、基于注意力与 Unet 的全画幅适配图像全景分割实战、基于预训练模型的可控零样本图像迁移合成实战。

本书既适合深度学习初学者、PyTorch 初学者、PyTorch 深度学习计算机视觉应用开发人员阅读，也可作为高等院校或高职高专计算机技术、人工智能、智能科学与技术、数据科学与大数据技术等相关专业的教材。

图书在版编目（CIP）数据

PyTorch 深度学习与计算机视觉实践 / 王晓华著.
北京 : 清华大学出版社, 2024. 6. -- (人工智能技术丛书). -- ISBN 978-7-302-66514-4

Ⅰ. TP181; TP302. 7

中国国家版本馆 CIP 数据核字第 2024R1A263 号

责任编辑： 夏毓彦
封面设计： 王　翔
责任校对： 闫秀华
责任印制： 沈　露

出版发行： 清华大学出版社
网　　址： https://www.tup.com.cn，https://www.wqxuetang.com
地　　址： 北京清华大学学研大厦 A 座　　**邮　　编：** 100084
社 总 机： 010-83470000　　**邮　　购：** 010-62786544
投稿与读者服务： 010-62776969，c-service@tup.tsinghua.edu.cn
质 量 反 馈： 010-62772015，zhiliang@tup.tsinghua.edu.cn

印 装 者： 北京嘉实印刷有限公司
经　　销： 全国新华书店
开　　本： 190mm×260mm　　**印　　张：** 19.25　　**字　　数：** 519 千字
版　　次： 2024 年 7 月第 1 版　　**印　　次：** 2024 年 7 月第 1 次印刷
定　　价： 79.00 元

产品编号：104308-01

前　　言

在人工智能的浩瀚星空中，深度学习犹如一颗耀眼的明星，引领着计算机视觉技术的发展。在这个充满变革与机遇的时代，希望本书能够带领读者领略深度学习应用于计算视觉领域的魅力，并掌握使用 PyTorch 进行计算视觉应用实战的技巧。

本书关注的是计算机视觉领域的重要分支——计算视觉，它涉及图像分类、目标检测、图像分割、图像生成等一系列核心问题。通过本书的学习，读者将了解深度学习和计算视觉的基本概念，掌握使用 PyTorch 进行图像处理、特征提取、模型训练和推理实践的技能。同时，本书还将通过完整的项目实战，让读者将所学知识应用到实际场景中，培养解决实际问题的能力。

本书构思

本书以实战为核心，以实际项目为导向。在阐述理论的基础上，带领读者踏上深度学习与计算机图像处理的探索之旅。本书不仅涵盖了基础知识，更有最新的研究成果和模型架构。通过阅读本书，读者将紧跟学术前沿，提升自身水平。

相比其他同类书籍，本书更强调理论的融会贯通。书中的所有知识点都不是孤立的，而是相互关联，构建成一个完整的知识体系。读者可根据章节顺序，由浅入深地逐步掌握各个知识点，最终形成自己的深度学习框架。

本书以解决图像处理实战项目为出发点，结合 PyTorch 2.0 深度学习框架进行深入浅出的讲解和演示。以多角度、多方面的方式手把手地教会读者编写代码，同时结合实际案例深入剖析其中的设计模式和模型架构。

本书特点

本书致力于引领读者掌握深度学习与 PyTorch 框架在计算机视觉处理领域的应用，不仅关注理论，更注重实践，提供一站式的实战指南。本书的突出优势体现在以下几个方面：

- 系统性与实践性：本书从基础知识开始，逐步引导读者深入到实际项目中，对于可能遇到的问题，给出相应的解决方案。每个章节都以实际案例为依托，详细阐述相关知识点，让读者在实践中掌握深度学习和图像处理的核心技能。
- PyTorch 与图像处理的完美结合：本书不仅介绍了 PyTorch 框架的基础知识和使用方法，还结合图像处理的实际应用进行深入探讨，以便读者更好地理解深度学习在计算机视觉领域的应用，并能够迅速将所学知识应用于实际项目中。

- 多领域应用案例：本书通过多种领域的案例，展示深度学习在图像处理方面的广泛应用。这些案例涵盖图像识别、场景分割、图像生成以及目标检测等多个领域，使读者可以更好地了解深度学习在图像处理领域的应用前景。
- 作者实战经验丰富：本书作者是深度学习领域的专家，具有深厚的学术背景和丰富的实践经验。作者在撰写本书的过程中以实际项目中遇到的问题为导向，注重知识体系的完整性和实用性，使本书更具参考价值。

资源下载

本书配套示例源代码、PPT 课件，需要用微信扫描下面的二维码获取。如果阅读中发现问题或疑问，请发送邮件至 booksaga@163.com，邮件主题写“PyTorch 深度学习与计算机视觉实践”。

适合的读者

本书既适合深度学习初学者、PyTorch 初学者、PyTorch 计算机视觉应用开发人员阅读，也可作为高等院校或高职高专计算机技术、人工智能、智能科学与技术、数据科学与大数据技术等相关专业的教材。

致　谢

笔者在写作本书的过程中得到了家人和朋友的大力支持，在此表示感谢。本书的顺利出版，离不开清华大学出版社的编辑们的辛勤工作，在此表示感谢。

笔　者

2024 年 5 月

目　　录

第 1 章

深度学习与计算机视觉

随着人工智能的快速发展，深度学习已经成为计算机视觉领域的重要支撑技术。深度学习通过模拟人脑神经网络的运作方式，使得计算机能够从大量的图像数据中自动学习特征表示和目标检测，从而实现更加准确和高效的图像处理和分析。

计算机视觉是一门研究如何让计算机从图像或视频中获取信息、理解内容并做出决策的科学。它涉及图像处理、模式识别、机器学习等多个领域，并在工业、医疗、安防等领域有着广泛的应用。

深度学习在计算机视觉中的应用，使得我们可以从大量的图像数据中提取出更加抽象和高级的特征表示，从而提高图像分类、目标检测、图像分割等任务的性能和精度。同时，深度学习还可以通过注意力机制、扩散模型等技术，实现图像生成、目标识别与分割等应用，进一步扩展了计算机视觉的应用范围。

可以想象到，在人工智能的浩瀚星空中，深度学习犹如一颗璀璨的明珠，引领着计算机视觉领域的技术革新。通过模拟人脑神经元之间的微妙连接，深度学习可以构建出复杂而精巧的神经网络模型，赋予机器解读图像、视频等视觉数据的能力。计算机视觉作为人工智能的重要支柱，致力于让机器理解世界，捕捉有价值的信息，进而做出明智的决策。深度学习在计算机视觉中的广泛应用，无疑为该领域注入了一剂强心针，催生了许多突破性的成果。

1.1 深度学习的历史与发展

深度学习起源于人工神经网络的研究，历经数十年的演变和发展，已经在人工智能领域展现出强大的实力。它模拟了人脑神经元之间的连接，通过构建复杂的神经网络模型，使得机器能够从海量数据中自动学习特征表示和目标检测。随着计算机硬件和算法的不断进步，深度学习在图像识别、语音识别、自然语言处理等领域取得了显著的成果。如今，深度学习已经成为计算机视觉领域的重要支撑技术，为图像分类、目标检测、图像分割等任务提供了强大的技术支持。

1.1.1　深度学习的起源

深度学习这一术语的提出，可以追溯到 2006 年。然而，其真正的起源和发展历程要远远早于这个时间点。深度学习起源于人工神经网络的研究，这一探索可以追溯到 20 世纪 80 年代。在那个时期，科学家们受到人脑神经元之间复杂连接的启发，开始尝试使用简单的神经元模型来模拟人脑的学习过程。这些早期的神经网络模型采用了前向传播算法，通过调整神经元之间的连接权重来进行学习。然而，由于当时缺乏足够的数据和计算资源，以及存在梯度消失等问题，这些模型在实际应用中表现并不理想。

随着计算机硬件和算法的不断进步，深度学习在 21 世纪初重新焕发了生机。新的基于深度学习的深度信念网络（DBN）和反向传播算法的提出，使得神经网络可以训练更深层次的模型。这一突破性的进展为深度学习的兴起奠定了坚实的基础。反向传播算法的核心思想是通过计算损失函数对模型参数的梯度，并使用梯度下降等方法来更新模型参数，从而使模型在训练数据上的表现不断优化。这一算法的出现解决了早期神经网络训练过程中的梯度消失问题，使得训练更深层次的神经网络成为可能。

同时，随着大数据时代的到来，人们可以获取到更多的图像、文本和语音数据，为深度学习的发展提供了丰富的数据资源。大数据的涌现使得深度学习模型可以在大规模数据集上进行训练，从而学习到更为复杂和抽象的特征表示。此外，GPU 等高性能计算设备的出现，也加速了深度学习模型的训练过程。这些技术的突破为深度学习的快速发展奠定了坚实的基础。

深度学习发展历程如图 1-1 所示。

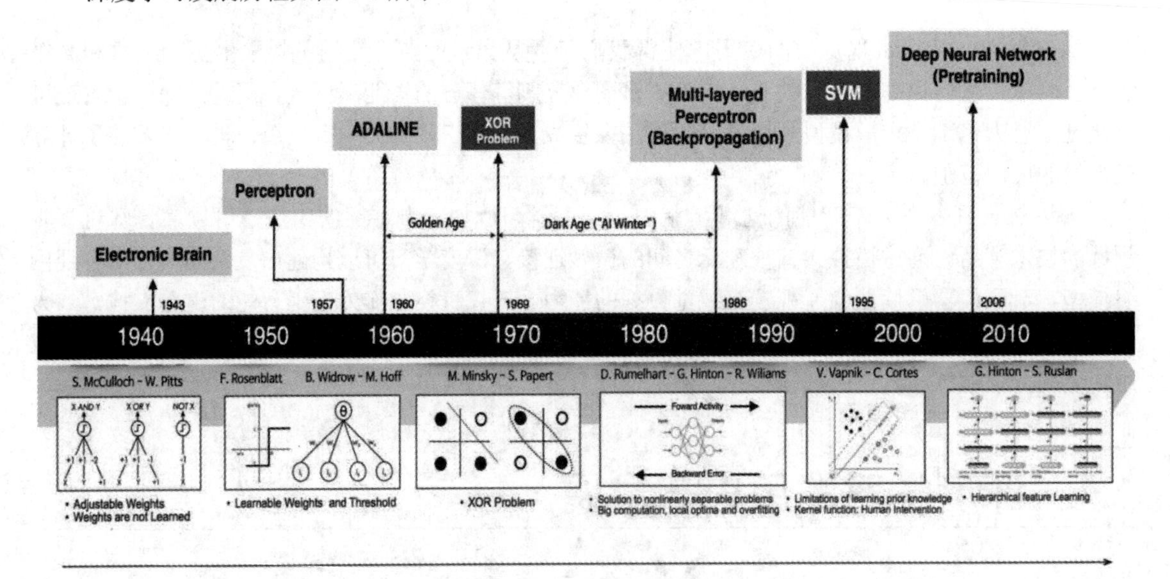

图 1-1　深度学习发展历程

深度学习在图像识别、语音识别、自然语言处理等领域取得了显著的成果。在图像识别领域，深度学习通过卷积神经网络（Convolutional Neural Networks，CNN）等模型，自动学习图像中的特征表示，大幅度提升了图像分类和目标检测的精度。特别是随着人们对深度学习研究的进一步加强，注意力机制受到了重视并被广泛使用，极大地提高了计算机视觉领域的识别率和准确率，取得了显著成果。

1.1.2　深度学习的发展脉络

深度学习的发展可谓是一波三折，经历了多次的兴衰。从早期的神经网络模型，到深度信念网络和反向传播算法的提出，再到大数据和 GPU 等技术的突破，深度学习逐渐发展成为人工智能领域的重要支撑技术之一。

在早期的神经网络研究中，科学家们主要关注如何构建和训练简单的神经网络模型，以模拟人脑的学习过程。然而，由于当时缺乏足够的数据和计算资源，以及存在梯度消失等问题，这些模型在实际应用中表现并不理想。这一时期的研究主要集中在神经网络的基本结构和算法上，为后来的深度学习研究奠定了基础。

随着计算机硬件和算法的不断进步，深度学习在 21 世纪初重新焕发了生机。在反向传播算法的加持下，神经网络可以训练更深层次的模型。这一突破性的进展为深度学习的兴起奠定了坚实的基础。反向传播算法的出现解决了早期神经网络训练过程中的梯度消失问题，使得训练更深层次的神经网络成为可能。

在深度学习的发展过程中，卷积神经网络的出现可谓是浓墨重彩的一笔。卷积神经网络于 20 世纪 90 年代提出，它通过卷积操作和池化操作来提取图像中的特征，并使用全连接层进行分类。卷积神经网络的出现使得深度学习在图像分类、目标检测、图像分割等计算机视觉任务中取得了显著的成果。

如今，新的深度学习模式“注意力机制”被提出，并且一经提出后立刻成为深度学习计算机视觉研究的核心和重要方向。注意力机制最早在自然语言处理领域被提出，后被引入计算机视觉领域。注意力机制通过对图像或视频序列中的特定区域或对象赋予更大的关注度，使得模型能够更为精准地捕捉关键信息，从而提高模型的性能。

除了计算机视觉领域外，注意力机制还在自然语言处理、语音识别、推荐系统等领域发挥着重要的作用。随着技术的不断进步和应用场景的不断拓展，相信注意力机制将会在未来的深度学习研究中发挥更为重要的作用。

1.1.3　为什么是 PyTorch 2.0

在深度学习和计算机视觉的交汇点上，PyTorch 以其独特的优势和强大的功能成为众多研究者和开发者的首选计算框架。特别是随着 PyTorch 2.0 的横空出世，借助于其优秀的性能和庞大的社区生态圈，使得 PyTorch 2.0 成为事实上的深度学习框架的唯一选择。PyTorch 2.0 Logo 如图 1-2 所示。

图 1-2　PyTorch 2.0 Logo

相对于其他深度学习框架，PyTorch 有着无可比拟的优点：

- 动态计算图：PyTorch动态计算图的设计，使得模型的开发和调试过程更加灵活和高效。与其他静态计算图框架相比，PyTorch允许在运行时动态构建计算图，从而提供了更大的灵活性和可扩展性。这种设计使得研究者能够快速地迭代和改进模型，大大提高了研究效率。

- 易于使用和调试：PyTorch提供了简洁易用的API，使得模型的构建和训练过程变得轻松简单。同时，PyTorch还提供了丰富的调试工具，如梯度检查和可视化工具，帮助研究者快速发现和解决问题。这些工具使得研究者能够更加专注于模型的设计和优化，而不必花费过多的时间和精力在处理计算细节上。
- 社区支持和生态系统：PyTorch拥有庞大的社区支持和活跃的生态系统，这使得研究者能够轻松获取大量的开源模型和工具。PyTorch社区提供了丰富的预训练模型和算法实现，以及各种用于数据处理和可视化的工具。此外，PyTorch还与许多其他深度学习库和框架集成，如TensorFlow和ONNX，从而进一步扩大了其生态系统。
- 高性能和可扩展性：PyTorch在性能和可扩展性方面也具有显著优势。PyTorch支持多种硬件平台，包括CPU、GPU和TPU，并提供了高度优化的计算内核，以实现高效的张量运算。此外，PyTorch还支持分布式训练，使得研究者能够利用多个计算节点进行大规模模型的训练。
- 教育和研究资源：PyTorch在教育和研究领域也得到了广泛应用。许多大学和研究机构采用PyTorch作为深度学习教学的主要工具，同时也有大量的研究论文和项目使用PyTorch作为实验平台。这使得研究者能够更方便地获取相关的教育资源和研究成果，进一步推动了深度学习计算机视觉领域的发展。

可以看到，PyTorch 在深度学习计算机视觉领域具有显著的优势和广泛的应用前景。其动态计算图的设计、易于使用和调试的特性、社区支持和生态系统、高性能和可扩展性以及丰富的教育和研究资源，使得 PyTorch 成为深度学习计算机视觉领域的首选计算框架。

1.2 计算机视觉之路

计算机视觉（见图 1-3）是人工智能领域的一个重要分支，旨在让机器能够“看懂”世界。从早期的图像处理，到现代的深度学习，计算机视觉的发展经历了多次变革。早期的计算机视觉研究主要集中在图像处理的基本方法上，如滤波、边缘检测等。随着技术的发展，人们开始关注如何从图像中提取出更为抽象和高级的特征，这导致了特征工程的兴起。

然而，特征工程需要大量的手工设计和调整，效率较低。深度学习的出现，为计算机视觉的发展提供了新的思路和方法。通过自动学习图像中的特征，深度学习在图像分类、目标检测、图像分割等任务中取得了显著的成果。如今，计算机视觉已经广泛应用于安防、医疗、自动驾驶等领域，为人类社会的发展带来了深远的影响。

1.2.1 计算机视觉的基本概念

计算机视觉（见图 1-3）是一门研究如何让机器从图像或视频中获取信息、理解内容并做出决策的科学。它是人工智能领域的一个重要分支，涉及多个学科的知识，如数学、物理、信号处理、计算机科学等。

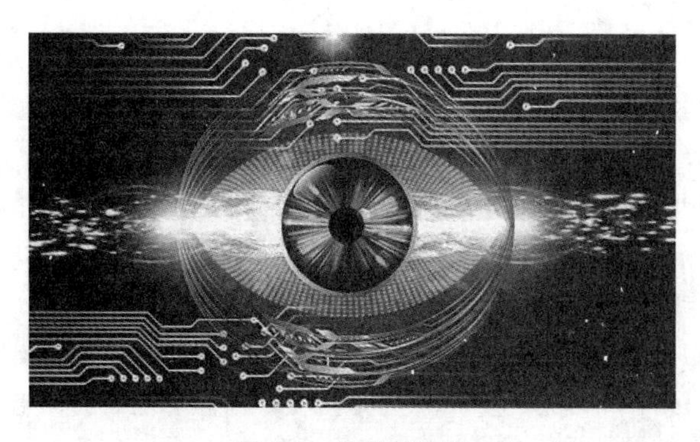

图 1-3　计算机视觉

计算机视觉的基本概念可以从以下几个方面来理解：

首先，计算机视觉的研究对象是图像和视频。图像是由像素组成的二维数组，每个像素包含颜色、亮度等信息。视频则是一系列连续的图像帧，通过播放这些帧可以呈现出动态的画面。计算机视觉的任务就是从这些图像和视频中提取出有用的信息，如物体、场景、动作等。

其次，计算机视觉的研究内容包括图像处理、图像分析和图像理解三个层次。图像处理关注于图像的预处理和基本特征的提取，如滤波、边缘检测等；图像分析则关注于从图像中提取出更为抽象和高级的特征，如物体识别、场景分析等；图像理解则关注于如何让机器真正“看懂”图像，如语义理解、情感分析等。

此外，计算机视觉的研究方法可以分为传统方法和深度学习方法两类。传统方法主要依赖于手工设计的特征提取算法，如 SIFT、HOG 等；深度学习方法则通过自动学习图像中的特征来提高模型的性能。近年来，随着深度学习技术的不断发展，计算机视觉的研究已经取得了显著的成果。

最后，计算机视觉的应用范围非常广泛。它可以应用于安防领域的人脸识别、行为分析，医疗领域的医学图像处理、病灶检测，自动驾驶领域的车辆检测、交通流分析等多个领域。同时，计算机视觉还可以与其他领域的技术相结合，如自然语言处理、语音识别等，推动了人工智能技术的不断发展。

1.2.2　计算机视觉深度学习的主要任务

计算机视觉的主要研究内容可以从以下几个方面来理解：

首先，图像处理是计算机视觉的基础。它关注于图像的预处理和基本特征的提取，如滤波、边缘检测、图像增强等。这些处理技术可以帮助我们去除图像中的噪声、改善图像的质量，并为后续的图像分析和理解奠定基础。

其次，图像分析是计算机视觉的核心。它关注于从图像中提取出更为抽象和高级的特征，如物体识别、场景分析、动作识别等。图像分析可以帮助我们理解图像中的内容，并为后续的决策和判断提供依据。

最后，图像理解是计算机视觉的最高层次。它关注于如何让机器真正“看懂”图像，如语义理解、情感分析等。图像理解可以帮助我们理解图像中的语义信息，并为后续的自然语言处理、语音识别等奠定基础。

除了主要研究内容外，计算机视觉还具有广泛的应用领域。以下是一些主要的应用领域：

- 安防领域：计算机视觉在安防领域的应用非常广泛，如人脸识别、行为分析、视频监控等。通过计算机视觉技术，我们可以实现自动化监控、智能预警等功能，从而提高安全管理的效率和准确性。
- 医疗领域：计算机视觉在医疗领域的应用也非常广泛，如医学图像处理、病灶检测、辅助诊断等。通过计算机视觉技术，我们可以实现自动化诊断、精准治疗等功能，从而提高医疗服务的水平和效率。
- 自动驾驶领域：计算机视觉在自动驾驶领域的应用也非常重要，如车辆检测、交通流分析、道路识别等。通过计算机视觉技术，我们可以实现自动化驾驶、智能交通等功能，从而提高交通运输的安全性和效率。
- 智能制造领域：计算机视觉在智能制造领域的应用也非常广泛，如产品质量检测、自动化装配、生产线监控等。通过计算机视觉技术，我们可以实现自动化生产、精准控制等功能，从而提高生产效率和质量。

总之，计算机视觉是一门涉及多个学科的综合性科学，其主要研究内容包括图像处理、图像分析和图像理解三个层次。同时，计算机视觉也具有广泛的应用领域，为人类社会的发展带来了深远的影响。随着深度学习技术的不断发展，计算机视觉的研究已经取得了显著的成果，并为人类社会的发展带来了更多的可能性。

1.2.3　计算机视觉中的深度学习方法

深度学习方法已经成为计算机视觉领域的主流技术，为图像分类、目标检测、图像分割等任务提供了强有力的支持。在计算机视觉中，常用的深度学习方法主要包括卷积神经网络（CNN）和注意力机制，如图 1-4 所示。

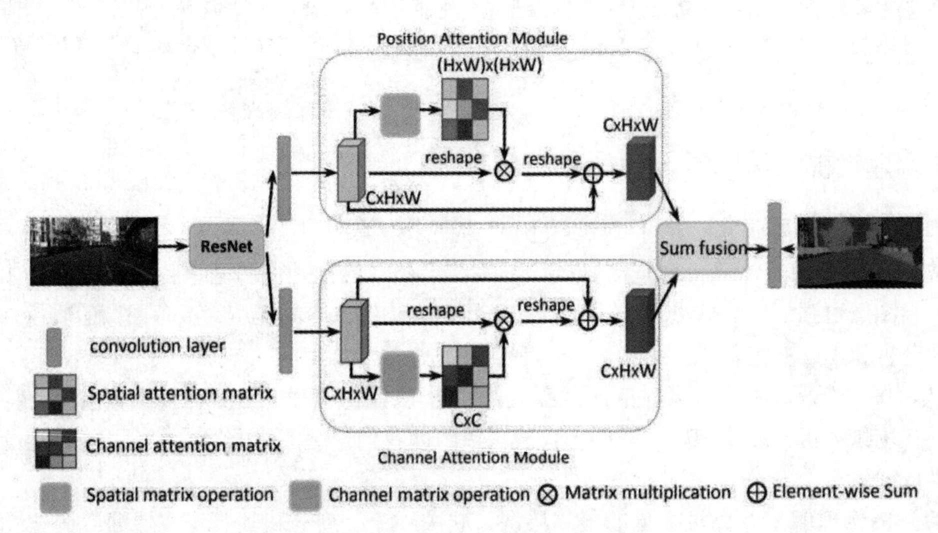

图 1-4　计算机视觉中的卷积与注意力模块

1. 卷积神经网络

卷积神经网络的基本结构包括卷积层、池化层和全连接层。卷积层负责在原始图像上滑动一个卷积核，并通过卷积操作提取出图像中的特征。池化层则负责对卷积后的特征图进行下采样，以减少计算量和过拟合的风险。全连接层则用于将提取到的特征映射到最终的分类结果上。

在卷积神经网络中，卷积核的选择和设计是非常重要的。不同的卷积核可以提取出不同的特征，如边缘、纹理等。同时，卷积神经网络的深度和宽度也是影响模型性能的重要因素。通过增加网络的深度和宽度，可以提取到更为抽象和高级的特征，但也会增加模型的复杂度和计算成本。

2. 注意力机制

注意力机制通过对图像或视频序列中的特定区域或对象赋予更大的关注度，使得模型能够更为精准地捕捉关键信息，从而提高模型的性能。注意力机制可以分为空间注意力、通道注意力和混合注意力等多种类型。空间注意力关注图像中的空间位置信息，通过对不同位置赋予不同的权重来提高模型的表现；通道注意力则关注图像中的不同通道信息，通过对不同通道赋予不同的权重来优化模型的表现；混合注意力则是将空间注意力和通道注意力结合起来，共同优化模型的表现。

在计算机视觉领域中，注意力机制已经被广泛应用于图像分类、目标检测、图像分割等任务中。在图像分类任务中，注意力机制可以帮助模型更好地捕捉图像中的关键区域，从而提高分类的准确率；在目标检测任务中，注意力机制可以帮助模型更好地定位目标对象，从而提高检测的精度；在图像分割任务中，注意力机制可以帮助模型更好地分割出图像中的不同区域，从而提高分割的准确度。

1.2.4　深度学习在计算机视觉中的应用

深度学习在计算机视觉中的应用已经取得了显著的成果，为图像分类、目标检测、图像分割等任务提供了强有力的支持。以下是一些主要的计算机视觉任务及其深度学习方法的应用。

- 图像分类：图像分类是计算机视觉中最基本的任务之一，旨在将输入图像自动分类到预定义的类别中。深度学习方法已经成为图像分类的主流技术，其中最常用的是卷积神经网络。通过在大规模图像数据集上进行训练，卷积神经网络可以自动学习图像中的特征，并在图像分类任务中取得显著的成果。
- 目标检测：目标检测是计算机视觉中的一项重要任务，旨在从图像或视频序列中检测出感兴趣的目标对象，并确定其位置和大小。深度学习方法已经在目标检测任务中取得了显著的成果，其中最常用的是基于卷积神经网络的模型，如Faster R-CNN、YOLO等。这些模型可以通过自动学习图像中的特征来准确定位目标对象，并在目标检测任务中取得良好的性能。
- 图像分割：图像分割是计算机视觉中的一项重要任务，旨在将图像分割成不同的区域或对象。深度学习方法已经在图像分割任务中取得了显著的成果，其中最常用的是基于卷积神经网络的模型，如Unet、SwinUnet等。这些模型可以通过自动学习图像中的特征来精确分割出不同的区域或对象，并在图像分割任务中取得良好的性能。
- 人脸识别：人脸识别是计算机视觉中的一项重要任务，旨在从图像或视频序列中识别出特定的人脸。深度学习方法已经在人脸识别任务中取得了显著的成果，其中最常用的是基于卷积神经网络的模型。这些模型可以通过自动学习人脸的特征来精确识别出不同的人脸，并在人脸识别任务中取得良好的性能。

可以看到，深度学习已经成为计算机视觉领域的主流技术，为各种计算机视觉任务提供了强有力的支持。通过合理的数据预处理、模型训练和调参优化，可以实现深度学习方法在计算机视觉任务中的最佳性能。

1.3 本章小结

本章主要介绍了深度学习和计算机视觉的相关背景知识和主要内容。首先，介绍了深度学习的基本概念和发展历程，并讲解了为何选择 PyTorch 2.0，然后介绍了计算机视觉的基本概念和研究内容，以及计算机视觉的主要应用领域。此外，本章还介绍了卷积神经网络和注意力机制等深度学习方法在计算机视觉中的应用，强调了深度学习在计算机视觉中的重要性。

展望未来，我们有理由相信，随着技术的不断进步和创新，深度学习将在计算机视觉领域发挥更加重要的作用，将为计算机视觉领域的发展注入新的活力，为人类社会的发展带来更多的可能性。正如一幅宏伟的画卷在我们眼前展开，深度学习和计算机视觉的美妙交融将为我们揭示出更多的奥秘和可能性。

第 2 章

PyTorch 2.0 深度学习环境搭建

工欲善其事，必先利其器。上一章介绍了为何选择 PyTorch 2.0，从本章开始，我们将正式深入 PyTorch 2.0 的世界，揭示其强大的能力。

首先，对于任何一位想要构建深度学习应用程序或是将训练好的模型应用到具体项目的读者，都需要使用编程语言来实现设计意图。在本书中，将使用 Python 语言作为主要的开发语言。

Python 在深度学习领域中被广泛采用，这得益于许多第三方提供的集成了大量科学计算类库的 Python 标准安装包，其中最常用的便是 Miniconda。Python 是一种脚本语言，如果不使用 Miniconda，那么第三方库的安装可能会变得相当复杂，同时各个库之间的依赖性也很难得到妥善的处理。因此，为了简化安装过程并确保库之间的良好配合，我们推荐安装 Miniconda 来替代原生的 Python 语言安装。

PyTorch 是一个开源的机器学习库，基于 Torch 开发，主要用于自然语言处理和其他应用程序。它是一个以 Python 优先的深度学习框架，支持动态图和延迟执行，提供了 Python 接口。PyTorch 的设计思想注重代码的运行效率和灵活性，封装了许多用于实现神经网络的函数和类。PyTorch 既可以看作加入了 GPU 支持的 NumPy，同时也可以看作一个拥有自动求导功能的强大的深度神经网络。

在本章中，首先引导读者完成 Miniconda 的完整安装，然后完成 PyTorch 2.0 的安装，最后通过一个实践项目来帮助读者进一步熟悉 PyTorch 2.0。这个项目将生成可控的手写数字，通过这个项目，读者将能够初步体验到 PyTorch 2.0 的强大功能及其灵活性。

2.1 环境搭建 1：安装 Python

2.1.1 Miniconda 的下载与安装

1. 下载和安装Miniconda

在 Miniconda 官方网站打开下载页面，如图 2-1 所示。

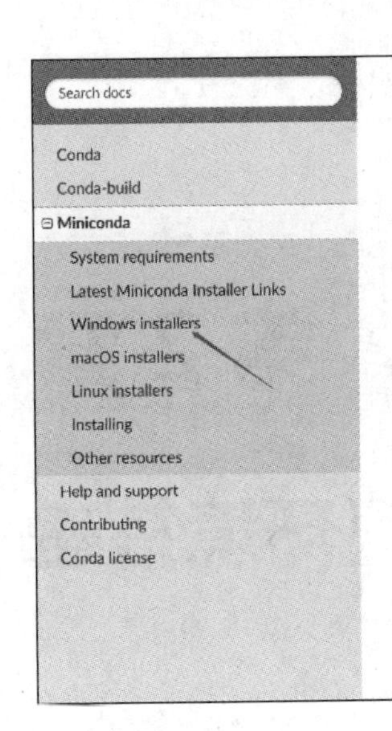

图 2-1　Miniconda 下载页面

读者可以根据不同的操作系统选择不同的 Miniconda 下载，目前提供的是最新集成了 Python 3.11 64-bit 版本的 Miniconda。如果读者使用的是以前的 Python 版本，例如 Python 3.10，也是完全可以的，笔者进行过测试，无论 3.11 还是 3.10 版本的 Python，都不影响 PyTorch 的使用。

这里笔者推荐使用的是 Windows Python 3.11 64-bit 的版本，相对于 3.10 版本，3.11 版本集成了目前最新 Python 的一些优化技术。当然，读者也可以根据自己的喜好或者具体计算机配置进行选择。集成 Python 3.11 版本的 Miniconda 可以在官方网站下载，打开后如图 2-2 所示。

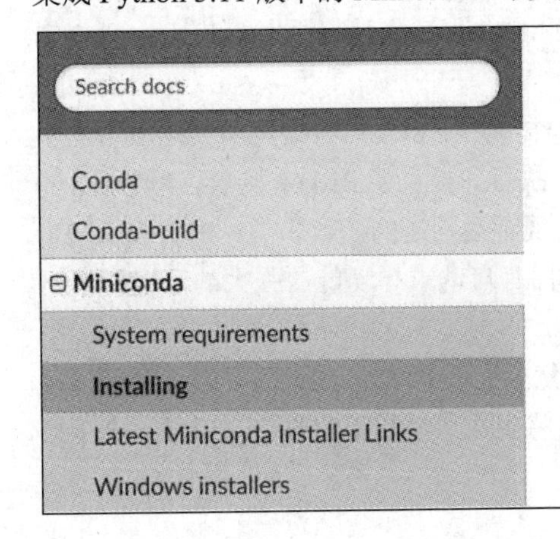

Python version	Name	Size
Python 3.11	Miniconda3 Windows 64-bit	73.2 MiB
Python 3.10	Miniconda3 Windows 64-bit	69.5 MiB
Python 3.9	Miniconda3 Windows 64-bit	70.0 MiB
	Miniconda3 Windows 32-bit	67.8 MiB
Python 3.8	Miniconda3 Windows 64-bit	71.0 MiB
	Miniconda3 Windows 32-bit	66.8 MiB

图 2-2　官方 Miniconda 网站提供的下载

注意：如果是 64 位操作系统，则选择以 Miniconda3 开头、以 64 结尾的安装文件，不要下载错了！

下载完成后得到的是 EXE 文件，直接运行即可进入安装过程。安装完成以后，出现如图 2-3 所示的目录结构，说明安装正确。

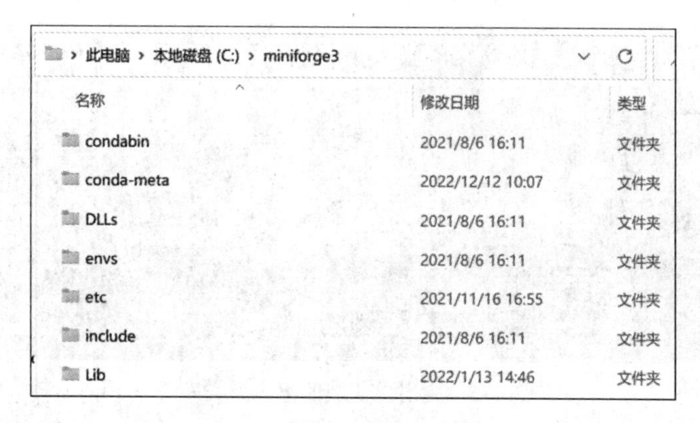

图 2-3　Miniconda 安装目录

2. 打开控制台

在计算机桌面上依次单击“开始”→“所有程序”→“Miniconda3”→“Miniconda Prompt”命令，打开 Miniconda Prompt 窗口，它与 CMD 控制台类似，输入命令就可以控制和配置 Python。在 Miniconda 中最常用的是 conda 命令，该命令可以执行一些基本操作。

3. 验证Python

在控制台中输入 python，如果安装正确，会打印出版本号以及控制符号。在控制符号下输入代码：

```
print("hello Python")
```

输出结果如图 2-4 所示。

```
(base) C:\Users\xiaohua>python
Python 3.11.4 | packaged by Anaconda, Inc. | (main, Jul  5 2023, 13:47:18) [MSC v.1916 64 bit (AMD64)] on win32
Type "help", "copyright", "credits" or "license" for more information.
>>> print("hello Python")
hello Python
>>>
```

图 2-4　验证 Miniconda Python 安装成功

4. 使用pip命令

使用 Miniconda 的好处在于，它能够很方便地帮助我们安装和使用大量的第三方类库。查看已安装的第三方类库的代码是：

```
pip list
```

注意：如果此时命令行还在>>>状态，可以输入 exit()退出。

在 Miniconda Prompt 控制台输入 pip list 代码，结果如图 2-5 所示。

```
(base) C:\Users\xiaohua>pip list
WARNING: Ignoring invalid distribution -qdm (c:\miniforge3\lib\site-packages)
WARNING: Ignoring invalid distribution -harset-normalizer (c:\miniforge3\lib\site-packages)
WARNING: Ignoring invalid distribution -ensorflow-gpu (c:\miniforge3\lib\site-packages)
Package                      Version
---------------------------- ------------------
absl-py                      1.0.0
aiofiles                     0.8.0
aiohttp                      3.8.1
aiosignal                    1.2.0
alabaster                    0.7.12
altair                       4.2.0
altgraph                     0.17.2
anyio                        3.5.0
argon2-cffi                  21.1.0
arrow                        1.1.1
```

图 2-5　列出已安装的第三方类库

Miniconda 中使用 pip 进行操作的方法还有很多，其中最重要的是安装第三方类库，命令如下：

```
pip install name
```

这里的 name 是需要安装的第三方类库名，假设需要安装 NumPy 包（这个包已经安装过），那么输入的命令就是：

```
pip install numpy
```

结果如图 2-6 所示。

图 2-6　举例自动获取或更新依赖类库

使用 Miniconda 的一个特别的好处就是已经默认安装好了大部分学习所需的第三类库，这样就避免了使用者在安装和使用某个特定类库时，可能出现的依赖类库缺失的情况。

2.1.2　PyCharm 的下载与安装

和其他语言类似，Python 也可以使用 Windows 自带的控制台进行程序编写。但是这种方式对于较为复杂的程序工程来说，容易混淆相互之间的层级和交互文件。因此，在编写程序工程时，笔者建议使用专用的 Python 编译器 PyCharm。

1. 下载和安装PyCharm

进入 PyCharm 官方网站的 Download 页面后可以选择不同的版本，如图 2-7 所示，PyCharm 有收费的专业版和免费的社区版。这里建议读者选择免费的社区版即可。双击下载的安装文件，即可进入安装界面，如图 2-8 所示。直接单击“Next”按钮，采用默认安装即可。

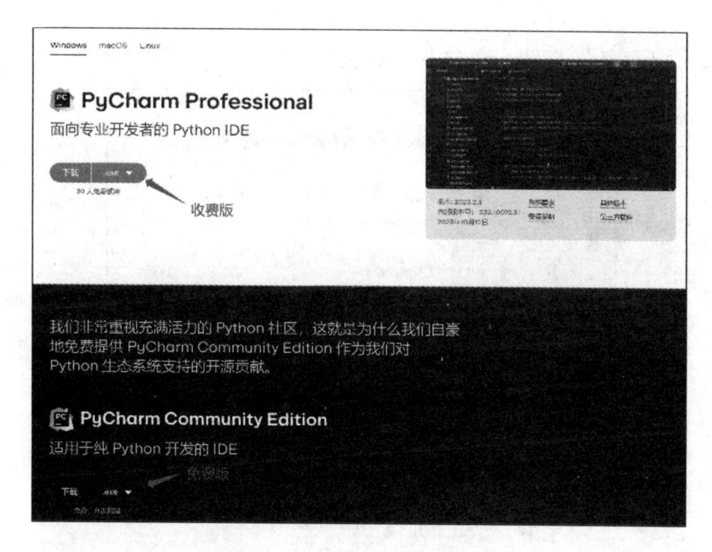

图 2-7 PyCharm 的免费版

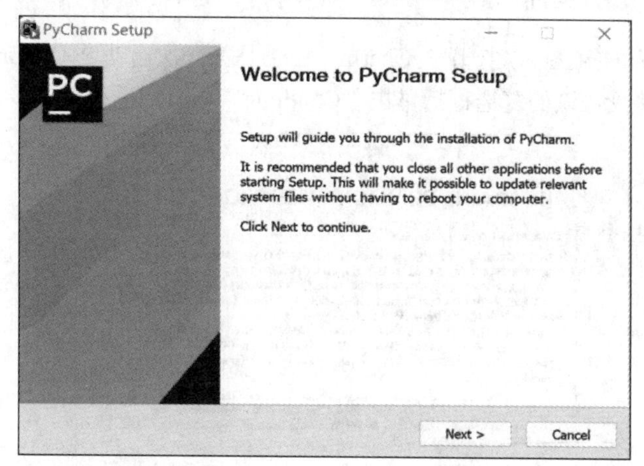

图 2-8 PyCharm 的安装界面

在安装 PyCharm 的过程中需要对配置参数进行选择，建议直接使用默认配置，如图 2-9 所示。

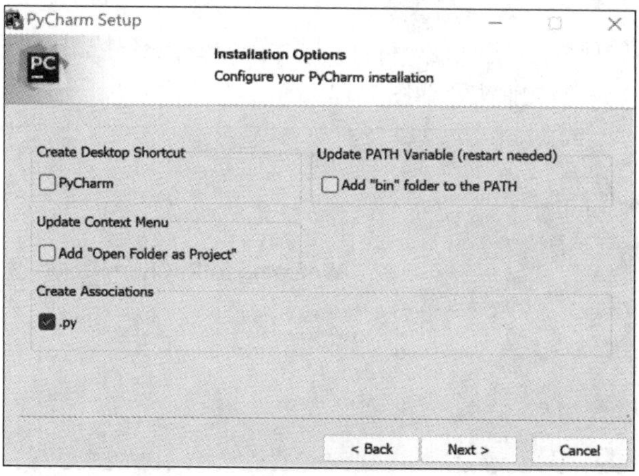

图 2-9 PyCharm 的配置选择（按个人真实情况选择）

安装完成后出现“Finish”按钮，单击该按钮完成安装，如图 2-10 所示。

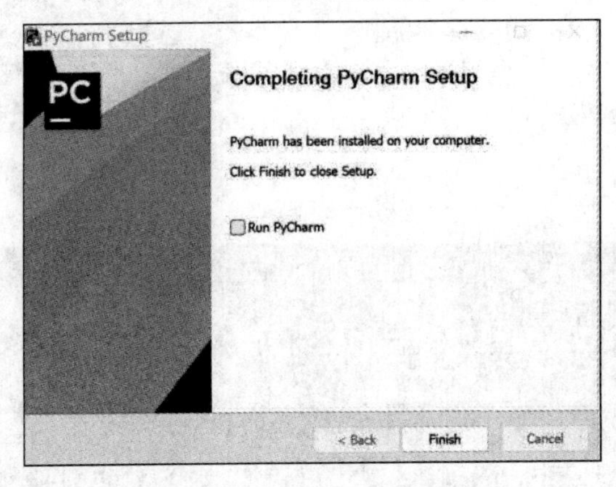

图 2-10 PyCharm 安装完成

2. 使用PyCharm创建程序

单击桌面上新生成的图标，打开 PyCharm，由于是第一次启动 PyCharm，需要接受相关的协议，读者在勾选下方接受协议的复选框后单击“Continue”按钮，进行下一步操作，如图 2-11 所示。

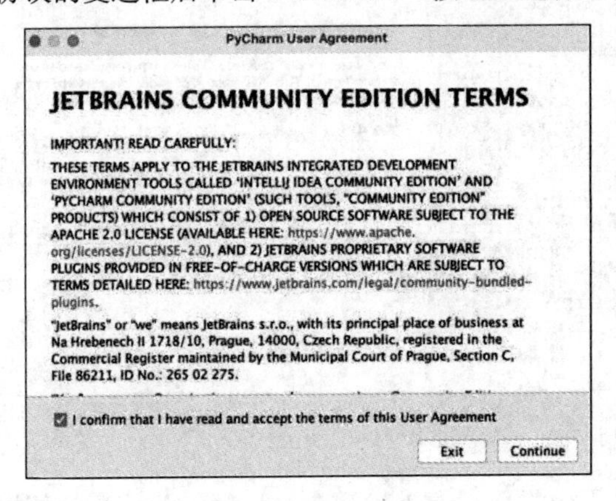

图 2-11 PyCharm 启动

接下来就是创建新的项目，这里可以直接单击“New Project”按钮创建一个新项目，或者单击“Open”按钮打开一个已有的文件夹，如图 2-12 所示。

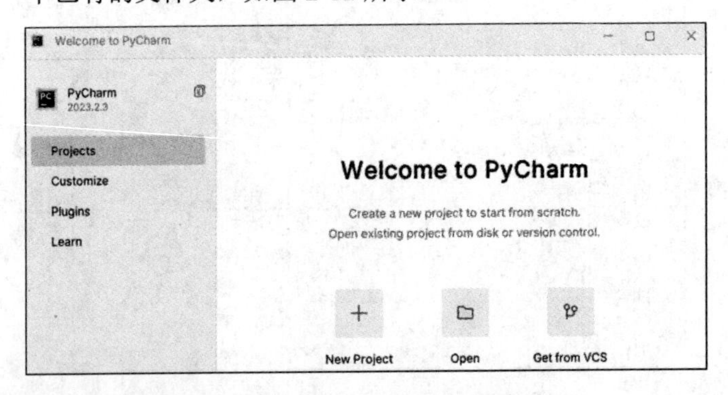

图 2-12 PyCharm 工程创建界面

这里单击“Open”按钮打开一个空文件夹，下面就需要配置 Python 环境路径，填写好 Python 执行文件 python.exe 地址（就是 2.1.2 节安装的 Miniconda 中的 python.exe）后，单击“OK”按钮，如图 2-13 所示。

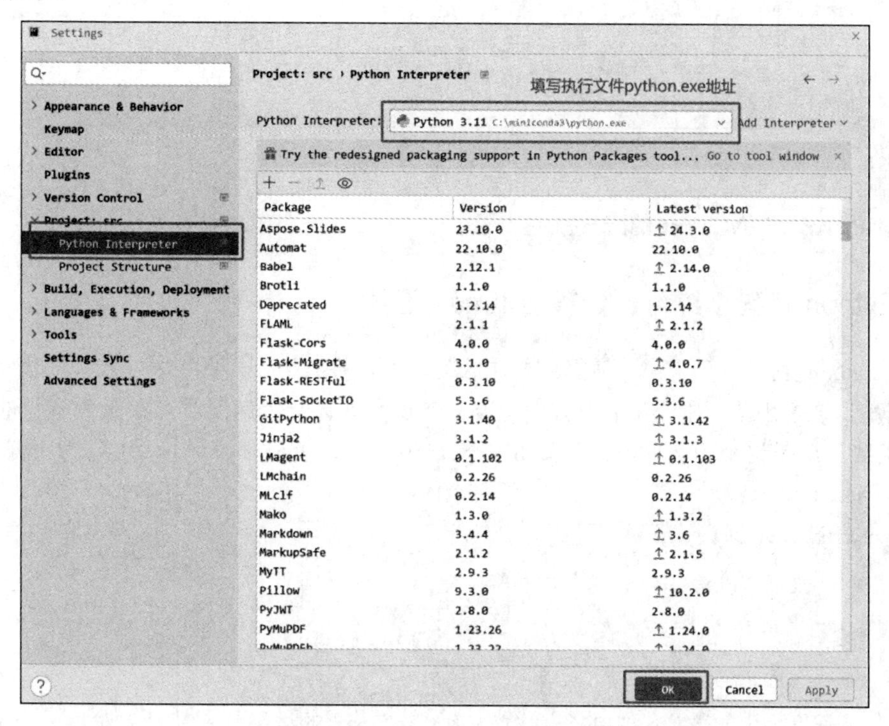

图 2-13　PyCharm 新建文件界面

对于创建的新项目或者打开的空文件夹，PyCharm 默认提供了一个测试项目 main.py，内容如图 2-14 所示。

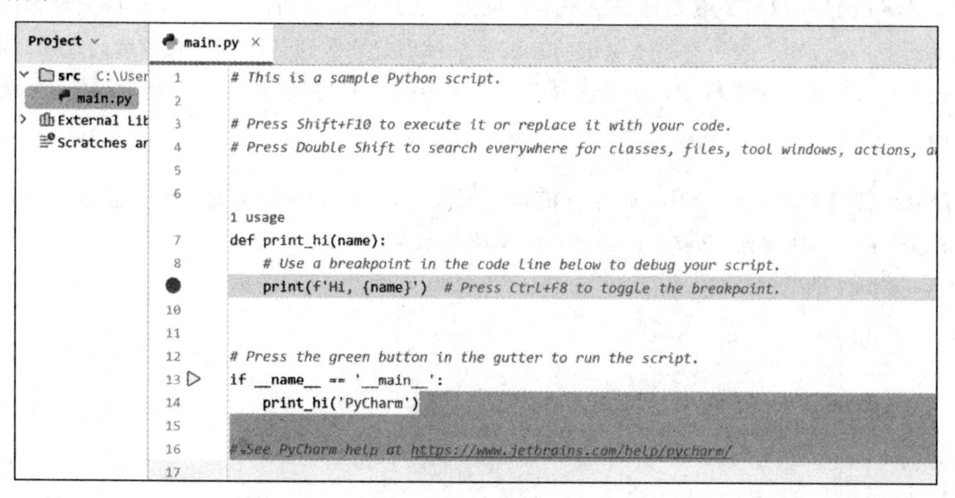

图 2-14　PyCharm 提供的默认测试项目

输入代码并单击菜单栏的“Run”→“run...”运行代码，或者直接右击 main.py 文件名，在弹出的快捷菜单中选择“Run‘main’”命令。如果成功，则输出“Hi，PyCharm”，如图 2-15 所示。

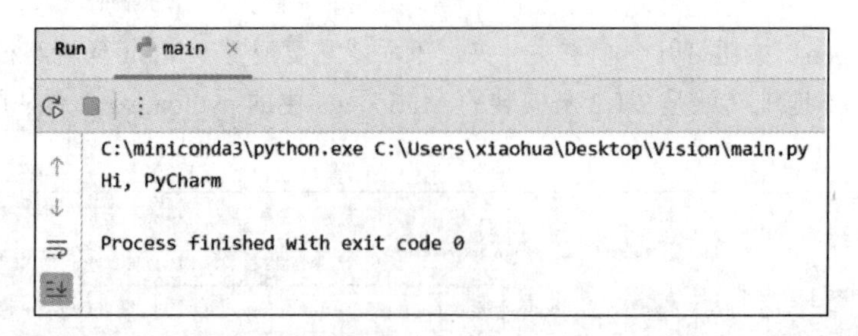

图 2-15　运行成功

至此，Python 与 PyCharm 的配置就完成了。

2.1.3　Python 代码小练习：计算 softmax 函数

对于 Python 科学计算来说，最简单的想法就是可以将数学公式直接表达成程序语言，可以说，Python 满足了这个想法。本小节将使用 Python 实现和计算一个深度学习中最为常见的函数——softmax 函数。至于这个函数的作用，现在不加以说明，笔者只是带领读者尝试实现其程序的编写。

softmax 计算公式如下所示：

$$S_i = \frac{\mathrm{e}^{v_i}}{\sum_{0}^{j} \mathrm{e}^{v_i}}$$

其中 v_i 是长度为 j 的数列 v 中的一个数，带入 softmax 的结果其实就是先对每一个 v_i 进行以 e 为底的指数计算，变成非负，然后除以所有项之和进行归一化，之后每个 v_i 就可以解释成：在观察到的数据集类别中，特定的 v_i 属于某个类别的概率，或者称作似然（Likelihood）。

提示：softmax 用以解决概率计算中概率结果大而占绝对优势的问题。例如，函数计算结果中有两个值 a 和 b，且 a>b，如果简单地以值的大小为单位进行衡量的话，那么在后续的使用过程中，a 永远被选用，而 b 由于数值较小而不会被选用，但有时候也需要使用数值小的 b，softmax 就可以解决这个问题。

softmax 按照概率选择 a 和 b，由于 a 的概率值大于 b，因此在计算时 a 经常会被取得，而 b 由于概率较小，取得的可能性也较小，但是也有概率被取得。

公式 softmax 的代码如下：

```
import numpy
def softmax(inMatrix):
    m,n = numpy.shape(inMatrix)
    outMatrix = numpy.mat(numpy.zeros((m,n)))
    soft_sum = 0
    for idx in range(0,n):
        outMatrix[0,idx] = math.exp(inMatrix[0,idx])
        soft_sum += outMatrix[0,idx]
    for idx in range(0,n):
        outMatrix[0,idx] = outMatrix[0,idx] / soft_sum
```

```
    return outMatrix
```

可以看到，当传入一个数列后，分别计算每个数值所对应的指数函数值，之后将其相加后计算每个数值在数值和中的概率。

```
a = numpy.array([[1,2,1,2,1,1,3]])
```

结果请读者自行打印验证。

2.2 环境搭建 2：安装 PyTorch 2.0

Python 运行环境调试完毕后，下面的重点就是安装本书的主角——PyTorch 2.0。

2.2.1 NVIDIA 10/20/30/40 系列显卡选择的 GPU 版本

由于 40 系显卡的推出，因此，目前市场上有 NVIDIA 10、20、30、40 系列显卡并存的情况。对于需要调用专用编译器的 PyTorch 来说，不同的显卡需要安装不同的依赖计算包，笔者在此总结了不同显卡的 PyTorch 版本以及 CUDA 和 cuDNN 的对应关系，如表 2-1 所示。

表 2-1　NVIDIA 10/20/30/40 系列显卡的版本对比

显卡型号	PyTorch GPU 版本	CUDA 版本	cuDNN 版本
10 系列及以前	PyTorch 2.0 以前版本	11.1	7.65
20/30/40 系列	PyTorch 2.0 向下兼容	11.6+	8.1+

注意：这里的区别主要在于显卡运算库 CUDA 与 cuDNN 的区别，当在 20/30/40 系列显卡上使用 PyTorch 时，可以安装 11.6 版本以上以及 cuDNN 8.1 版本以上的计算包，而在 10 系版本的显卡上，笔者还是建议优先使用 2.0 版本以前的 PyTorch。

下面以 PyTorch 2.0 为例演示完整的 CUDA 和 cuDNN 的安装步骤，不同版本的安装过程基本一致。

2.2.2 PyTorch 2.0 GPU NVIDIA 运行库的安装

如果要从 CPU 版本的 PyTorch 开始深度学习之旅，这是可以的，但却不是笔者推荐的一种方式。相对于 GPU 版本的 PyTorch 来说，CPU 版本在运行速度上存在着极大的劣势，很有可能会让我们的深度学习止步不前。

PyTorch 2.0 CPU 版本的安装命令如下：

```
    pip install numpy --pre torch torchvision torchaudio --force-reinstall
--extra-index-url https://download.pytorch.org/whl/nightly/cpu
```

下面就是本节的重头戏，我们以 CUDA 11.7+cuDNN 8.2.0 为例，讲解 PyTorch 2.0 GPU 版本的安装。对于 GPU 版本的 PyTorch 来说，由于调用了 NVIDA 显卡作为其代码运行的主要工具，因此额外需要 NVIDA 提供的运行库作为运行基础。

对于 PyTorch 2.0 的安装来说，最好的安装方法是根据官方提供的安装代码进行安装。PyTorch 官方提供了两种安装模式。使用 conda 安装 CUDA 11.7 的代码如下：

```
    conda install pytorch==2.0.1 torchvision==0.15.2 torchaudio==2.0.2
pytorch-cuda=11.7 -c pytorch -c nvidia
```

使用 pip 安装 CUDA 11.7 的代码如下：

```
    pip install torch torchvision torchaudio --index-url
https://download.pytorch.org/whl/cu117
```

当然，读者也可以根据自己计算机的 GPU 配置要求，查阅 PyTorch 和 CUDA 官网，找到合适的 PyTorch、CUDA、cuDNN 软件版本进行搭配安装。

下面以 CUDA 11.7 为例讲解安装方法。

首先是 CUDA 的安装。百度搜索 CUDA 11.7 download，进入官方下载页面，选择适合的操作系统安装方式（推荐使用 local（本地化）安装方式），如图 2-16 所示。

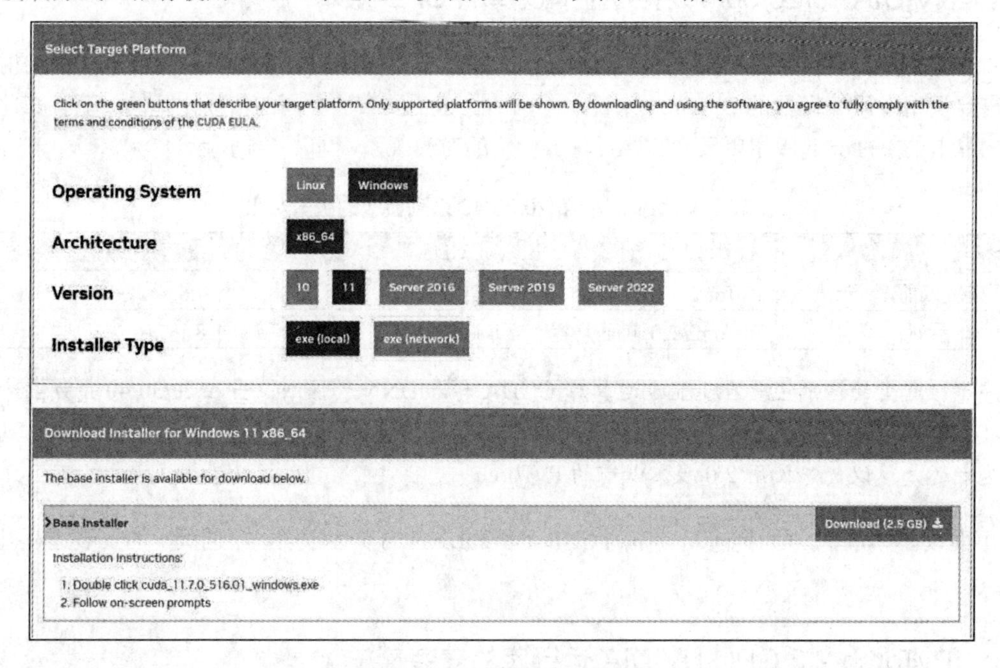

图 2-16 CUDA 下载页面

此时下载下来的是一个 EXE 文件，读者自行安装，不要修改其中的路径信息，完全使用默认路径安装即可。

下一步就是下载和安装对应的 cuDNN 文件。cuDNN 的下载需要先注册一个用户，相信读者可以很快完成，之后直接进入下载页面，如图 2-17 所示。从下载页面上可以看到，CUDA 11.x 对应的是 cuDNN v8.2.0 版本。

注意：不要选择错误的版本，一定要找到对应的版本号。另外，如果读者使用的是 Windows 64 位的操作系统，直接下载 x86_64 版本的 cuDNN 即可。

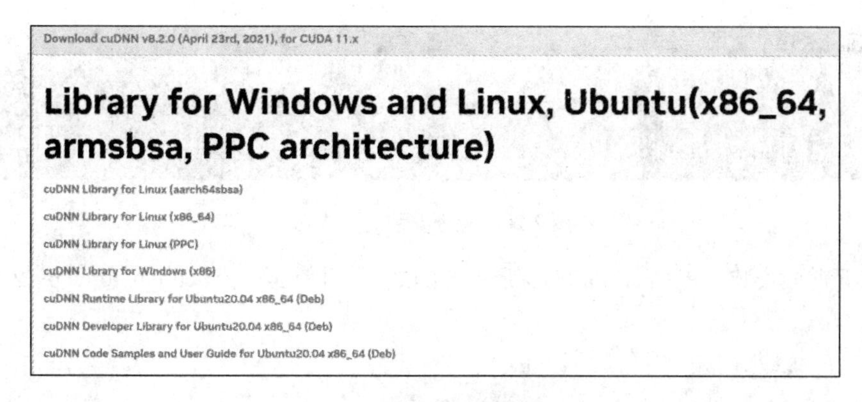

图 2-17　cuDNN 下载页面

下载的 cuDNN 是一个压缩文件，将其解压到 CUDA 安装目录，如图 2-18 所示。然后就是配置环境变量，这里需要将 CUDA 的运行路径加载到环境变量的 PATH 路径中，如图 2-19 所示。

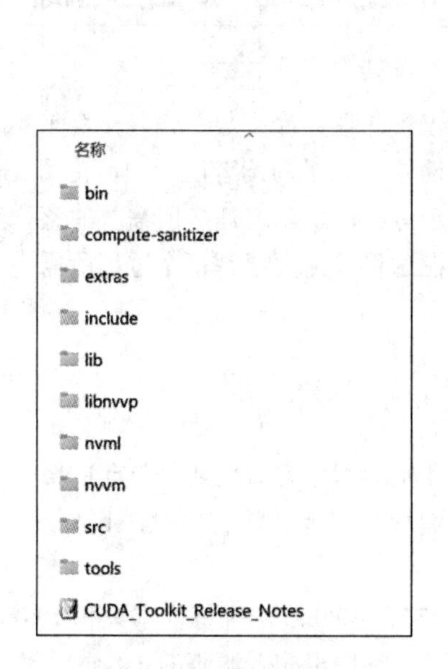

图 2-18　CUDA 安装目录

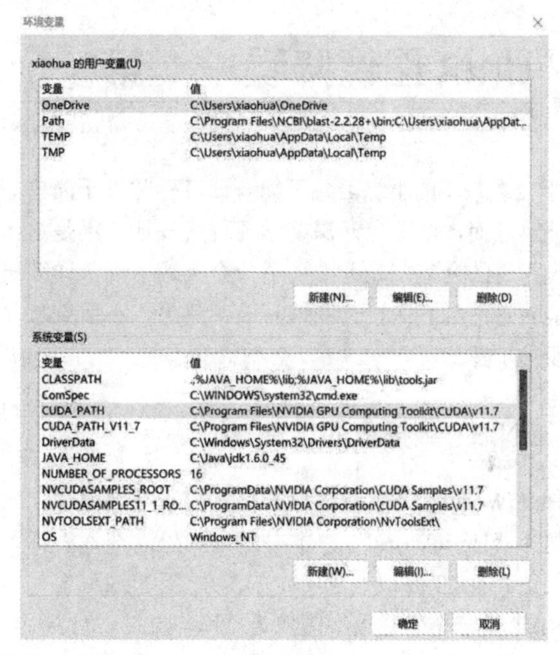

图 2-19　将 CUDA 路径加载到 PATH 中

最后完成 PyTorch 2.0 GPU 版本的安装，只需要输入本小节开始的 PyTorch 安装代码即可。

2.2.3 Hello PyTorch

在上一小节，我们已经完成了 PyTorch 2.0 的安装，本小节将使用 PyTorch 2.0 进行一个小练习。首先打开 CMD，依次输入如下命令验证安装是否成功：

```
import torch
result = torch.tensor(1) + torch.tensor(2.0)
result
```

结果如图 2-20 所示。

```
(base) C:\Users\xiaohua>python
Python 3.9.6 | packaged by conda-forge | (default, Jul 11 2021, 03:37:25) [MSC v.1916 64 bit (AMD64)] on win32
Type "help", "copyright", "credits" or "license" for more information.
>>> import torch
>>> result = torch.tensor(1) + torch.tensor(2.0)
>>> result
tensor(3.)
>>>
```

图 2-20　验证安装是否成功

或者打开前面安装的 PyCharm IDE，新建一个项目，再新建一个 hello_pytorch.py 文件，输入如下代码：

```
import torch
result = torch.tensor(1) + torch.tensor(2.0)
print(result)
```

最终结果请读者自行验证。

2.3　Unet 图像降噪——第一个深度学习项目实战

对于 2.2.3 节的小练习，可能有读者感觉过于简单，仅仅是调用库函数并输入命令来实现所需要的功能。然而，实际上，深度学习程序设计并不是这么简单。为了向读者展示如何使用 PyTorch 进行深度学习的全貌，笔者准备了一个实战示例，详细演示进行深度学习任务所需要的整体流程。读者可能对这里的程序设计和编写不甚熟悉，不用着急，在这里只需要了解每个过程所需完成内容以及涉及的步骤即可。

2.3.1　MNIST 数据集的准备

“HelloWorld”是所有编程语言入门的基础程序，在开始编程学习时，我们打印的第一句话通常就是这个“HelloWorld”。本书也不例外，在深度学习编程中也有其特有的“HelloWorld”，一般就是采用 MNIST 完成一项特定的深度学习项目。

MNIST 是一个手写数字图像数据库，如图 2-21 所示，它有 60 000 个训练样本集和 10 000 个测试样本集。读者可直接使用本书源码库提供的 MNIST 数据集，它位于配套源码的 dataset 文件夹中，如图 2-22 所示。

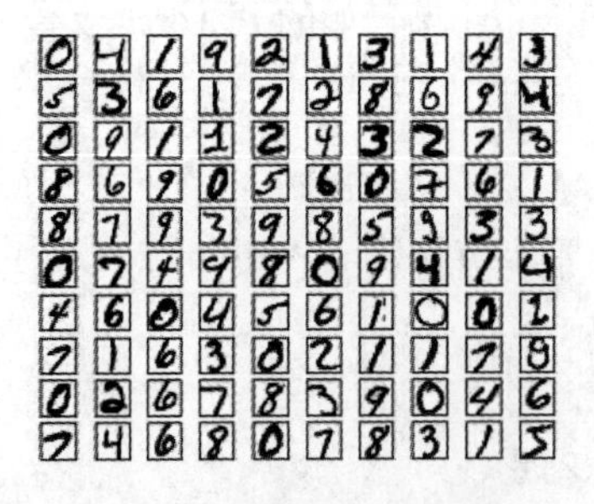

图 2-21　MNIST 文件手写数字

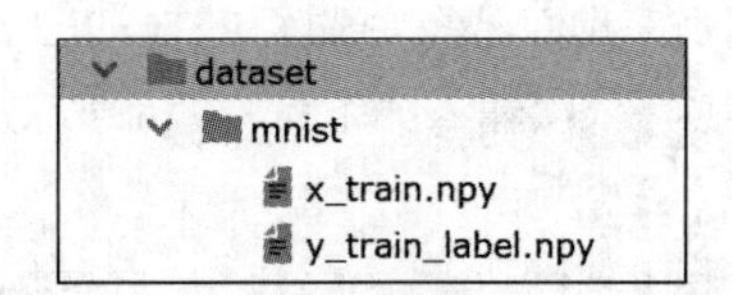

图 2-22　本书源码库提供的 MNIST 数据集

然后使用 NumPy 数据库进行数据的读取，代码如下：

```
import numpy as np
x_train = np.load("./dataset/mnist/x_train.npy")
y_train_label = np.load("./dataset/mnist/y_train_label.npy")
```

或者读者也可以在网上搜索 MNIST 的下载地址，下载 MNIST 文件中包含的数据集 train-images-idx3-ubyte.gz（训练图片集）、train-labels-idx1-ubyte.gz（训练标签集）、t10k-images-idx3-ubyte.gz（测试图片集）和 t10k-labels-idx1-ubyte.gz（测试标签集），如图 2-23 所示。

```
Four files are available on this site:

train-images-idx3-ubyte.gz:  training set images (9912422 bytes)
train-labels-idx1-ubyte.gz:  training set labels (28881 bytes)
t10k-images-idx3-ubyte.gz:   test set images (1648877 bytes)
t10k-labels-idx1-ubyte.gz:   test set labels (4542 bytes)
```

图 2-23　MNIST 文件中包含的数据集

将下载的 4 个文件进行解压缩。解压缩后，会发现这些文件并不是标准的图像格式，而是二进制文件，其中训练图片集的部分内容如图 2-24 所示。

```
0000 0803 0000 ea60 0000 001c 0000 001c
0000 0000 0000 0000 0000 0000 0000 0000
0000 0000 0000 0000 0000 0000 0000 0000
0000 0000 0000 0000 0000 0000 0000 0000
0000 0000 0000 0000 0000 0000 0000 0000
0000 0000 0000 0000 0000 0000 0000 0000
0000 0000 0000 0000 0000 0000 0000 0000
0000 0000 0000 0000 0000 0000 0000 0000
0000 0000 0000 0000 0000 0000 0000 0000
0000 0000 0000 0000 0000 0000 0000 0000
```

图 2-24　MNIST 文件的二进制表示

MNIST 训练图片集内部的文件结构如图 2-25 所示。

```
TRAINING SET IMAGE FILE (train-images-idx3-ubyte):

[offset] [type]          [value]          [description]
0000     32 bit integer  0x00000803(2051) magic number
0004     32 bit integer  60000            number of images
0008     32 bit integer  28               number of rows
0012     32 bit integer  28               number of columns
0016     unsigned byte   ??               pixel
0017     unsigned byte   ??               pixel
........
xxxx     unsigned byte   ??               pixel
```

图 2-25　MNIST 训练集文件结构

MNIST 训练图片集中有 60 000 个实例，也就是说这个文件里面包含了 60 000 个标签内容，每一个标签的值的范围为 0~9。这里我们先解析每一个属性的含义，首先该数据是以二进制格式存储的，我们读取的时候要以 rb 方式读取；其次，真正的数据只有[value]这一项，其他如[type]等字段只是用来描述的，并不真正包含在数据文件里面。

也就是说，在读取真实数据之前，要读取 4 个 32 bit integer。由[offset]可以看出，真正的 pixel 是从 0016 开始的，一个 int 32 位，所以在读取 pixel 之前要读取 4 个 32 bit integer，也就是 magic number（魔数）、number of images（图片数）、number of rows（行数）、number of columns（列数）。

结合图 2-24 的原始二进制数据内容和图 2-25 的文件结构可以看到，图 2-24 起始的 4 字节数 0000 0803 对应图 2-25 中列表的第一行，类型是 magic number，这个数字为文件校验数，用来确认这个文件是不是 MNIST 里面的 train-images-idx3-ubyte 文件。图 2-24 中的 0000 ea60 对应图 2-25 中列表的第二行，转换为十进制数为 60 000，这是文件总的容量数（number of images）。

下面依次对应，在图 2-24 中，从第 8 字节开始有一个 4 字节数 0000 001c，转换为十进制数为 28，表示的是每幅图片的行数（number of rows）；从第 12 字节开始的 0000 001c 表示每幅图片的列数（number of columns），值也为 28；从第 16 字节开始则是每幅图片像素值的具体内容。这里使用每 784 字节代表一幅图片，如图 2-26 所示。

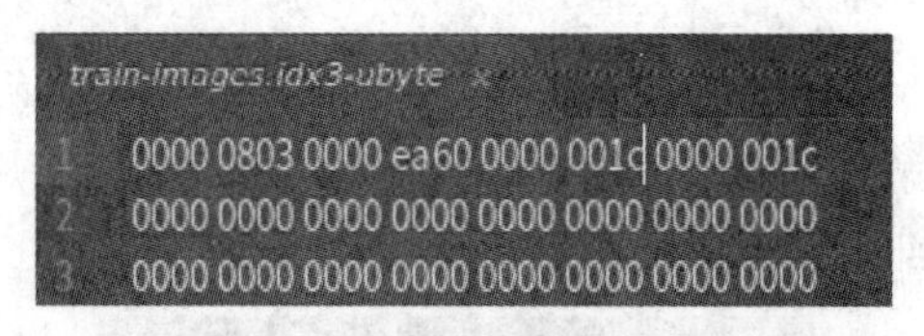

图 2-26　每个手写体被分成 28×28 个像素

2.3.2　MNIST 数据集特征介绍

首先对于数据库的获取，前面介绍了两种不同的 MNIST 数据集的获取方式，笔者推荐使用本书配套源码中的 MNIST 数据集进行数据读取，代码如下：

```
import numpy as np
x_train = np.load("./dataset/mnist/x_train.npy")
y_train_label = np.load("./dataset/mnist/y_train_label.npy")
```

在这里，numpy 函数会根据输入的地址将数据自动分解成训练集和验证集。打印训练集的维度如下：

```
(60000, 28, 28)
(60000, )
```

这里是进行数据处理的第一个步骤，有兴趣的读者可以进一步完成数据的训练集和测试集的划分。

回到 MNIST 数据集，每个 MNIST 实例数据单元也是由两部分构成的：一幅包含手写数字的图片和一个与之相对应的标签。可以将其中的标签特征设置成“y”，而图片特征矩阵以“x”来代替，即所有的训练集和测试集中都包含 x 和 y。

图 2-27 用更为一般化的形式解释了 MNIST 数据实例的展开形式。在这里，图片数据被展开成矩阵的形式，矩阵的大小为 28×28。至于如何处理这个矩阵，常用的方法是将它展开，而展开的方式和顺序并不重要，只需要将它按同样的方式展开即可。

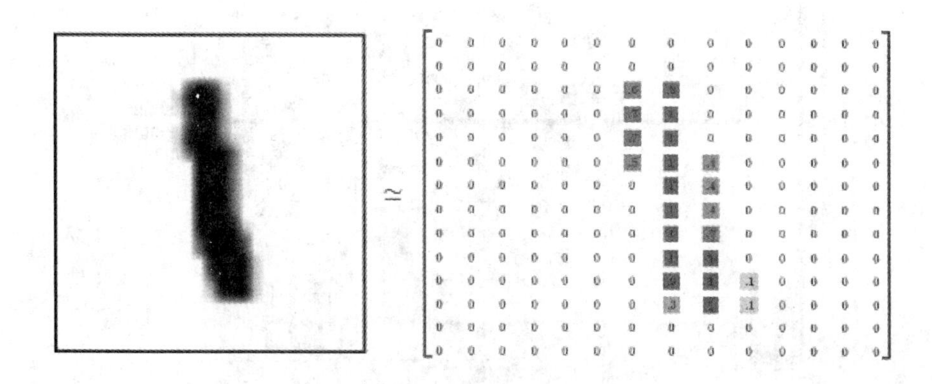

图 2-27　图片转换为向量模式

下面回到对数据的读取，MNIST 数据集实际上就是一个包含着 60 000 幅图片的、大小为 60000×28×28 的矩阵张量[60000,28,28]，如图 2-28 所示。

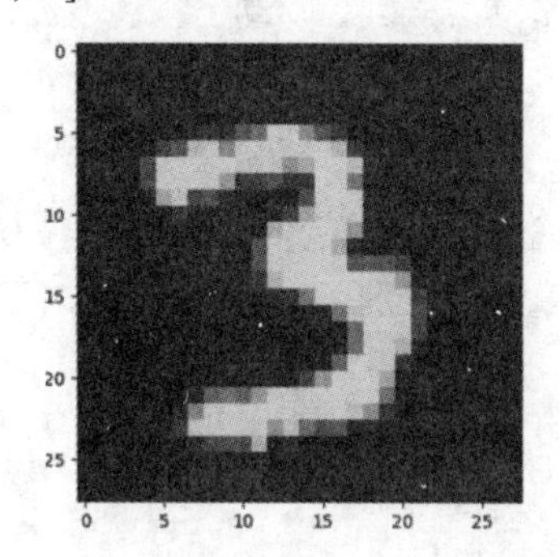

图 2-28　MNIST 数据集的矩阵表示

矩阵中行数指的是图片的索引，用以对图片进行提取；而后面的 28×28 个向量用以对图片特征进行标注。实际上，这些特征向量就是图片中的像素点，每幅手写图片是[28,28]的大小，每个像素转换为 0~1 的一个浮点数，构成矩阵。

2.3.3　Hello PyTorch 2.0——模型的准备和介绍

对于使用 PyTorch 进行深度学习的项目来说，一个非常重要的内容是模型的设计，模型决定着深度学习在项目进行过程中采用何种方式达到目标的主体设计。在本例中，我们的目的是输入一幅图像之后对它进行去噪处理。

对于模型的选择，一个非常简单的思路就是，图像输出的大小就应该是输入的大小。因此，在这里选择 Unet 作为我们的主要模型。

注意：对于模型的选择，现在并不是读者需要考虑的目标，当读者随着对本书学习的深入，见识到更多处理问题的手段后，对模型的选择自然心领神会。

我们可以整体看一下 Unet 的结构（读者目前只需要知道 Unet 的输入大小和输出大小是同样维度的即可），如图 2-29 所示。

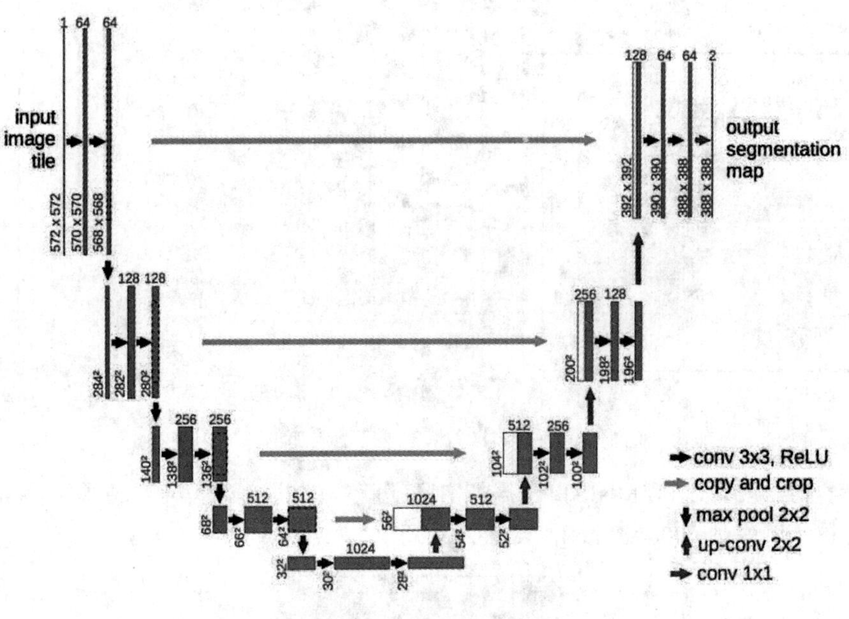

图 2-29　Unet 的结构

可以看到对于整体模型架构来说，它通过若干个“模块”（block）与“直连”（residual）进行数据处理。这部分内容我们在后面章节会讲到，目前读者只需要知道模型有这种结构即可。Unet 模型整体代码如下：

```
    import torch
    import einops.layers.torch as elt

    class Unet(torch.nn.Module):
        def __init__(self):
            super(Unet, self).__init__()

            #模块化结构，这也是后面常用到的模型结构
            self.first_block_down = torch.nn.Sequential(

torch.nn.Conv2d(in_channels=1,out_channels=32,kernel_size=3,padding=1),torch.nn
.GELU(),
                torch.nn.MaxPool2d(kernel_size=2,stride=2)
            )

            self.second_block_down = torch.nn.Sequential(

torch.nn.Conv2d(in_channels=32,out_channels=64,kernel_size=3,padding=1),torch.n
n.GELU(),
                torch.nn.MaxPool2d(kernel_size=2,stride=2)
            )

            self.latent_space_block = torch.nn.Sequential(

torch.nn.Conv2d(in_channels=64,out_channels=128,kernel_size=3,padding=1),torch.
```

```
nn.GELU(),
        )

        self.second_block_up = torch.nn.Sequential(
            torch.nn.Upsample(scale_factor=2),
            torch.nn.Conv2d(in_channels=128, out_channels=64, kernel_size=3,
padding=1), torch.nn.GELU(),
        )

        self.first_block_up = torch.nn.Sequential(
            torch.nn.Upsample(scale_factor=2),
            torch.nn.Conv2d(in_channels=64, out_channels=32, kernel_size=3,
padding=1), torch.nn.GELU(),
        )

        self.convUP_end = torch.nn.Sequential(

torch.nn.Conv2d(in_channels=32,out_channels=1,kernel_size=3,padding=1),
            torch.nn.Tanh()
        )

    def forward(self,img_tensor):
        image = img_tensor

        image = self.first_block_down(image)#;print(image.shape)
#torch.Size([5, 32, 14, 14])
        image = self.second_block_down(image)#;print(image.shape)
#torch.Size([5, 16, 7, 7])
        image = self.latent_space_block(image)#;print(image.shape)
#torch.Size([5, 8, 7, 7])

        image = self.second_block_up(image)#;print(image.shape)
#torch.Size([5, 16, 14, 14])
        image = self.first_block_up(image)#;print(image.shape)
#torch.Size([5, 32, 28, 28])
        image = self.convUP_end(image)#;print(image.shape)
#torch.Size([5, 32, 28, 28])
        return image

if __name__ == '__main__':            #main 是 Python 进行单文件测试的技巧，请读者记住
    image = torch.randn(size=(5,1,28,28))
    Unet()(image)
```

在这里笔者通过一个 main 架构标识了可以在单个文件中对文件进行测试，请读者记住这种写法。

2.3.4　对目标的逼近——模型的损失函数与优化函数

除了模型之外，想要完成一个深度学习项目，另一个非常重要的内容就是设定模型的损失函数

与优化函数。这部分内容对于初学者来说可能不是太熟悉，在这里初学者只需要知道有这部分内容即可。

首先是对于损失函数的选择，在这里选用 MSELoss 作为损失函数，MSELoss 损失函数中文名字为均方损失函数。

MSELoss 的作用是计算预测值和真实值之间的欧式距离。预测值和真实值越接近，两者的均方差就越小，均方差函数常用于线性回归模型的计算。在 PyTorch 中使用 MSELoss 的代码如下：

```
loss = torch.nn.MSELoss(reduction="sum")(pred, y_batch)
```

下面就是优化函数的设定，在这里采用了 Adam 优化器。对于 Adam 优化函数请读者自行学习，这里只提供使用 Adam 优化器的代码，如下所示。

```
optimizer = torch.optim.Adam(model.parameters(), lr=2e-5)
```

2.3.5　Let's do it！——基于深度学习的模型训练

在进行了深度学习的数据集准备、模型介绍以及损失函数与优化函数的介绍之后，下面就是使用 PyTorch 训练出一个可以实现去噪功能的深度学习模型，完整代码如下（本代码位于随书提供的源码文件中的“第 2 章”，读者可以直接运行）：

```
import os
os.environ['CUDA_VISIBLE_DEVICES'] = '0' #指定使用 GPU
import torch
import numpy as np
import unet
import matplotlib.pyplot as plt
from tqdm import tqdm

batch_size = 320                                    #设定每次训练的批次数
epochs = 1024                                       #设定训练次数

#device = "cpu"      #PyTorch 的特性，需要指定计算的硬件，如果没有 GPU 的存在，就使用
CPU 进行计算
device = "cuda"      #这里默认使用 GPU，如果出现运行问题，可以将其改成 CPU 模式

model = unet.Unet()                         #导入 Unet 模型
model = model.to(device)                    #将计算模型传入 GPU 硬件等待计算
#model = torch.compile(model)               #PyTorch 2.0 的特性，加速计算速度，选择性使用
optimizer = torch.optim.Adam(model.parameters(), lr=2e-5)   #设定优化函数

#载入数据
x_train = np.load("../dataset/mnist/x_train.npy")
y_train_label = np.load("../dataset/mnist/y_train_label.npy")

x_train_batch = []
for i in range(len(y_train_label)):
    if y_train_label[i] < 2:                        #为了加速演示，笔者只对数据集中小于 2
的数字（也就是 0 和 1）进行运行，读者可以自行增加训练个数
        x_train_batch.append(x_train[i])
```

```
    x_train = np.reshape(x_train_batch, [-1, 1, 28, 28])    #修正数据输入维度：
([30596, 28, 28])
    x_train /= 512.
    train_length = len(x_train) * 20                          #增加数据的单词循环次数


    for epoch in range(epochs):
        train_num = train_length // batch_size                #计算有多少批次数

        train_loss = 0                                        #用于损失函数的统计
        for i in tqdm(range(train_num)):                      #开始循环训练
            x_imgs_batch = []                                 #创建数据的临时存储位置
            x_step_batch = []
            y_batch = []
            #对每个批次内的数据进行处理
            for b in range(batch_size):
                img = x_train[np.random.randint(x_train.shape[0])]  #提取单幅图片内容
                x = img
                y = img

                x_imgs_batch.append(x)
                y_batch.append(y)

            #将批次数据转换为 PyTorch 对应的 tensor 格式，并将其传入 GPU 中
            x_imgs_batch = torch.tensor(x_imgs_batch).float().to(device)
            y_batch = torch.tensor(y_batch).float().to(device)


            pred = model(x_imgs_batch)                        #对模型进行正向计算
            loss = torch.nn.MSELoss(reduction=True)(pred, y_batch)/batch_size
    #使用损失函数进行计算

            #读者记住下面就是固定格式，一般而言这样使用即可
            optimizer.zero_grad()                             #对结果进行优化计算
            loss.backward()                                   #损失值的反向传播
            optimizer.step()                                  #对参数进行更新

            train_loss += loss.item()                         #记录每个批次的损失值
        #计算并打印损失值
        train_loss /= train_num
        print("train_loss:", train_loss)

        #下面是对数据进行打印
        image = x_train[np.random.randint(x_train.shape[0])]   #随机挑选一条数据进
行计算
        image = np.reshape(image,[1,1,28,28])                 #修正数据维度

        image = torch.tensor(image).float().to(device)  #挑选的数据传入硬件中等待计算
        image = model(image)                                  #使用模型对数据进行计算
```

```
    image = torch.reshape(image, shape=[28,28])       #修正模型输出结果
    image = image.detach().cpu().numpy()  #将计算结果导入CPU中进行后续计算或者展示

    #展示或存储数据结果
    plt.imshow(image)
    plt.savefig(f"./img/img_{epoch}.jpg")
```

这里展示了完整的模型训练过程，首先是传入数据，然后使用模型对数据进行计算，再将计算结果与真实值的误差回传到模型中，最后PyTorch框架根据回传的误差对整体模型参数进行修正。训练结果如图2-30所示。

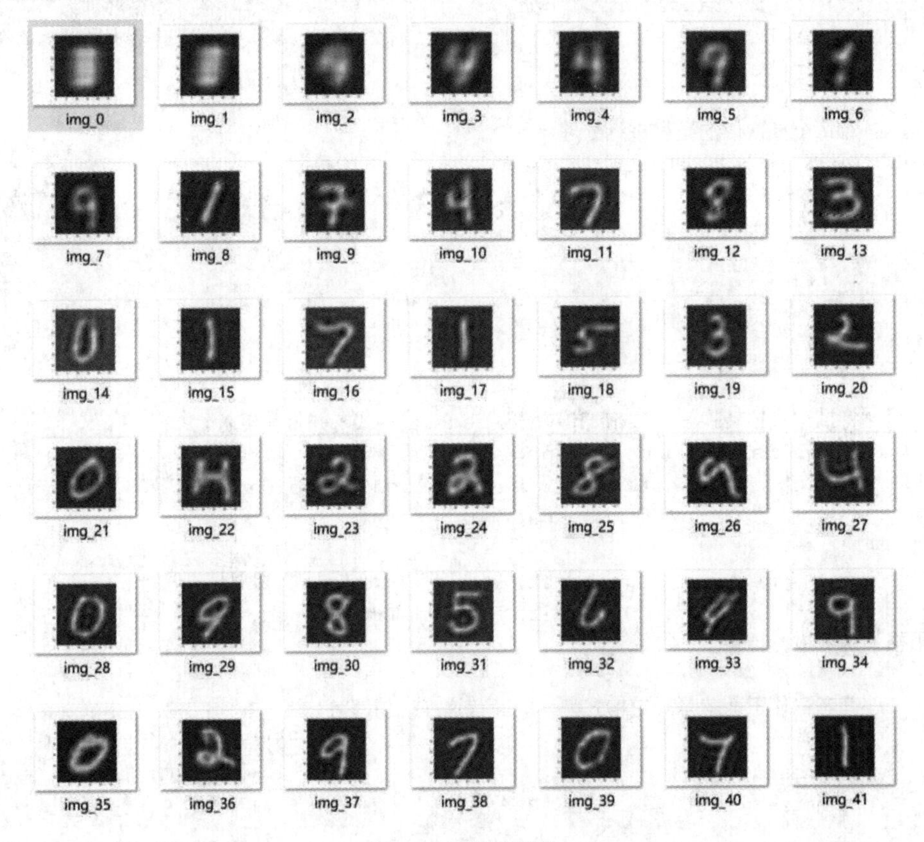

图2-30 训练结果

从图2-30中可以很清楚地看到，随着训练的进行，模型逐渐学会对输入的数据进行整形和输出。此时，模型的输出结果已经能够很好地对输入的图形细节进行修正，有兴趣的读者可以自行完成这部分代码的运行。

2.4 本章小结

本章是PyTorch实战程序设计的起点。在这一章中，笔者引导读者熟悉了PyTorch程序设计的

环境，并指导安装了必备的软件。此外，还展示了如何使用 PyTorch 框架完成第一个计算机视觉任务的整体设计，并对部分组件进行了详细介绍。

实际上，深度学习程序设计是由众多小组件构成的。每个组件都在整个程序中发挥着不可或缺的作用。本书的后续章节将对每个组件进行深入剖析，帮助读者全面理解并掌握它们的用法。通过本书的学习，读者将能够自如地运用 PyTorch 框架进行计算机视觉任务的设计与实践。

第3章

从0开始PyTorch 2.0

在上一章中，笔者引领读者完成了第一个 PyTorch 示例程序，这是一个简易的 MNIST 手写数字生成器。该示例程序的主要目的是向读者展示如何构建一个完整的 PyTorch 程序，并经历完整的训练过程。

PyTorch 作为一个成熟的深度学习框架，具有极高的易用性，即使是初学者也能够轻松上手进行深度学习项目的训练。PyTorch 的便捷性使得研究者，只需编写简单的代码便可构建模型进行实验。

在本章中，将首先使用 PyTorch 完成 MNIST 分类的练习，这一练习的主要目的是帮助读者熟悉 PyTorch 的基本使用流程。然后，将深入讲解相关的数据获取和处理方法，这是 PyTorch 2.0 使用的基础，对于理解和应用 PyTorch 框架至关重要。

通过本章的学习，读者将能够掌握 PyTorch 的基本使用方法，熟悉深度学习项目的训练流程。同时，通过对数据获取和处理方法的深入了解，读者将能够更好地理解 PyTorch 2.0 的使用基础，为后续的研究和应用开发奠定坚实的基础。

3.1 实战 MNIST 手写体识别

上一章对 MNIST 数据集做了介绍，描述了其构成方式以及数据的特征和标签的含义等。了解这些有助于我们编写适当的程序来对 MNIST 数据集进行分析和识别。本章将使用同样的数据集完成分类任务的实现。

3.1.1 数据图像的获取与标签的说明

MNIST 数据集已经在第 2 章中详细介绍了，读者可以使用相同的代码对数据进行获取，代码如下：

```
import numpy as np
```

```
x_train = np.load("./dataset/mnist/x_train.npy")
y_train_label = np.load("./dataset/mnist/y_train_label.npy")
```

基本数据的获取与上一章类似，这里就不再过多阐述。不过上一章在进行数据集介绍时，由于只使用了图像数据，而没有对标签进行说明，因此下面重点对数据标签，也就是 y_train_labe 进行介绍。

我们打印出数据集的前 10 个标签，可以使用 print(y_train_label[:10])进行结果打印，结果如下：

```
[5 0 4 1 9 2 1 3 1 4]
```

这里打印出的是数据集中前 10 个图像所对应的数字标签。每个标签都唯一地标识了一个图像的分类。以标签 3 为例，它表示对应的图像属于数字 3 这一类别。通过这些数字标签，我们能够清晰地识别出每幅图像所归属的分类。

可以说训练集中每个实例的标签对应于 0~9 的任意一个数字，用于对图片进行标注。需要注意的是，对于提取出来的 MNIST 的特征值，默认是使用一个 0~9 的数值进行标注，但是这种标注方法并不能使得损失函数获得一个好的结果，因此常用的是 one_hot 计算方法，即将值具体落在某个标注区间中。

one_hot 的标注方法请读者自行查找资料进行学习，这里主要介绍将单一序列转换成 one_hot 的方法。一般情况下，可以用 NumPy 自行实现 one_hot 的表示方法，但是这个转换生成的是 numpy.array 格式的数据，并不适合直接输入 PyTorch。

对此，PyTorch 提供了已经编写好的转换函数：

```
torch.nn.functional.one_hot
```

完整的 one_hot 函数使用方法如下：

```
import numpy as np
import torch

x_train = np.load("./dataset/mnist/x_train.npy")
y_train_label = np.load("./dataset/mnist/y_train_label.npy")
x = torch.tensor(y_train_label[:5],dtype=torch.int64)

#定义一个张量输入，因为此时有 5 个数值，且最大值为 9、类别数为 10
#所以 y 的输出结果的形状应该为 shape=(5,10);5 行 10 列
y = torch.nn.functional.one_hot(x, 10)  #一个参数张量 x, 10 为类别数
```

结果如图 3-1 所示。

```
tensor([[0, 0, 0, 0, 0, 1, 0, 0, 0, 0],
        [1, 0, 0, 0, 0, 0, 0, 0, 0, 0],
        [0, 0, 0, 0, 1, 0, 0, 0, 0, 0],
        [0, 1, 0, 0, 0, 0, 0, 0, 0, 0],
        [0, 0, 0, 0, 0, 0, 0, 0, 0, 1]])
```

图 3-1　单一序列转换为 one_hot

可以看到，one_hot 的作用是将一个序列转换成以 one_hot 形式表示的数据集。所有的行或者列都被设置成 0，而对于每个特定的位置都用一个 1 进行表示，如图 3-2 所示。

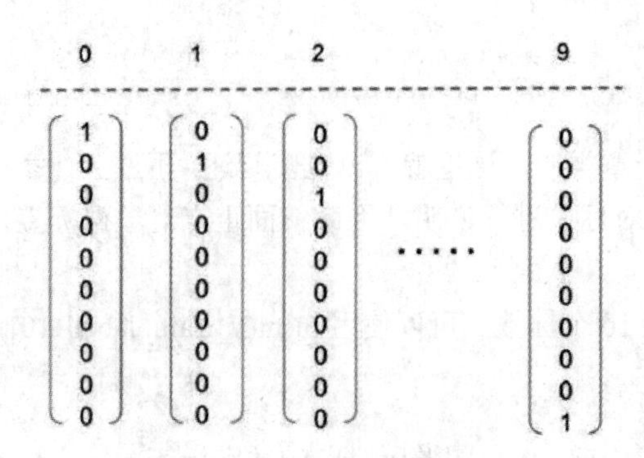

图 3-2　one-hot 数据集

现在对于 MNIST 数据集的标签来说，实际上就是一个包含 60000 幅图片、大小为 60000×10 的矩阵张量[60000,10]。前面的行数指的是数据集中图片的数量为 60000，后面的 10 是 10 个列向量。

另外，笔者使用了 torch.tensor 格式来对 label 进行转化，在 PyTorch 2.0 中，tensor 是一种多维数组，类似于 NumPy 的多维数组。tensor 还提供了 GPU 计算和自动求梯度等更多功能，这些功能使得 tensor 更适合深度学习。以下是一些使用 Tensor 的示例：

```
创建一个 5×3 的未初始化的 tensor: x = torch.empty(5,3)
创建一个 5×3 的随机初始化的 tensor: y = torch.rand(5,3)
创建一个 2×3 的 0 值矩阵 tensor: z = torch.zeros(2,3)
从 list 列表直接转换: a = torch.tensor([1,2,3,4,5])
从 numpy 数组转换而来: b = torch.from_numpy(np.array([1,2,3,4,5]))
```

读者可以在后续章节的学习中继续了解 tensor 的使用。

3.1.2　实战基于 PyTorch 2.0 的手写体识别模型

下面我们使用 PyTorch 2.0 框架完成手写体的识别程序。

1. 模型的准备（多层感知机）

在上一章中已经说了，PyTorch 最重要的一项内容是模型的准备与设计，而模型的设计最关键的一点就是需要了解输出和输入的数据结构类型。

相信通过上一章的图像去噪的演示，读者已经了解了输入数据格式是一个[28,28]大小的二维图像。而由对数据结构的分析可知，对于每个图形都有一个确定的分类结果，也就是从 0 到 10 的一个确定数字。

因此，为了实现对输入图像进行数字分类这个想法，必须设计一个合适的判别模型。而从 3.1.1 节对图像的分析来看，最直观的想法就将图形作为一个整体结构直接输入模型中进行判断。基于这种思路，简单的模型设计就是同时对图像中的所有参数进行计算，即使用一个多层感知机（MLP）去对图像进行分类。整体的模型设计结构如图 3-3 所示。

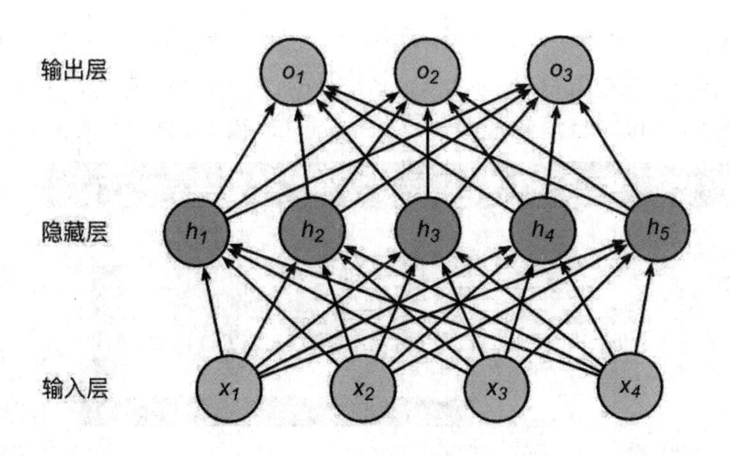

图 3-3　模型设计结构

从图 3-3 中可以看到，一个多层感知机模型就是将输入的数据分散到每个模型的节点（隐藏层）进行数据计算，然后将计算结果输出到对应的输出层中。多层感知机的模型结构代码如下：

```
class NeuralNetwork(nn.Module):
    def __init__(self):
        super(NeuralNetwork, self).__init__()
        self.flatten = nn.Flatten()
        self.linear_relu_stack = nn.Sequential(
            nn.Linear(28*28,312),
            nn.ReLU(),
            nn.Linear(312, 256),
            nn.ReLU(),
            nn.Linear(256, 10)
        )
    def forward(self, input):
        x = self.flatten(input)
        logits = self.linear_relu_stack(x)
        return logits
```

2. 损失函数的表示与计算

在上一章中我们使用了 MSE Loss 作为目标图形与预测图形的损失值，而在本例中，需要预测的目标是图形的“分类”而不是图形表示的本身，因此我们需要寻找并使用一种新的能够对类别归属进行“计算”的函数。

在本例中，我们所使用的损失函数为 torch.nn.CrossEntropyLoss。PyTorch 官网对其介绍如下：

```
class torch.nn.CrossEntropyLoss(weight=None, size_average=None,
ignore_index=-100,reduce=None, reduction='mean', label_smoothing=0.0)
```

该损失函数旨在计算输入值（input）与目标值（target）之间的交叉熵损失，适用于处理单标签或多标签分类问题。当提供参数 weight 时，它代表分配给各个类别的权重，呈现为一维张量形式。在数据集各类别分布不均衡的场景下，此权重参数尤为有用，它有助于模型更好地学习并关注少数类别。

需要注意的是，torch.nn.CrossEntropyLoss 内置了 softmax 计算，而 softmax 的作用是计算分类

结果中最大的那个类。这点可以从图 3-4 中的代码实现中看到，此时已经使用 CrossEntropyLoss 完成了 softmax 计算。因此，在使用 torch.nn.CrossEntropyLoss 作为损失函数时，不需要在网络的最后添加 Softmax 层。此外，label 应为一个整数，而不是 one_hot 编码形式。

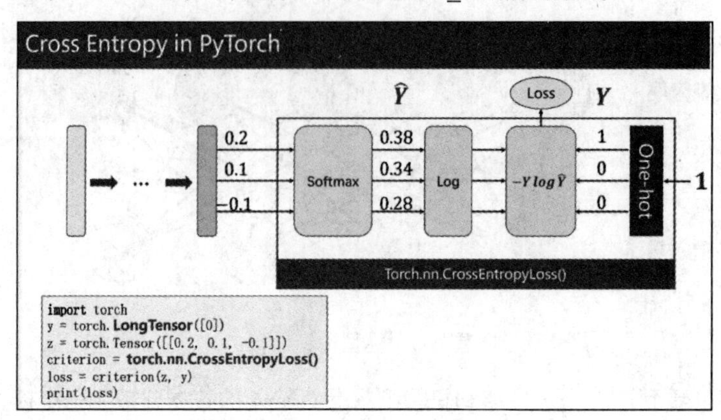

图 3-4　torch.nn.CrossEntropyLoss 损失函数

图 3-4 中所示的代码如下：

```
import torch

y = torch.LongTensor([0])
z = torch.Tensor([[0.2,0.1,-0.1]])
criterion = torch.nn.CrossEntropyLoss()
loss = criterion(z,y)
print(loss)
```

CrossEntropyLoss 的数学公式较为复杂，建议学有余力的读者查阅相关资料进行学习，目前只需要了解上面讲解的内容即可。

3. 基于PyTorch的手写体识别

下面我们开始基于 PyTorch 的手写体识别。通过 2.3.4 节的介绍可知，我们还需要定义的一个内容就是深度学习的优化器部分，在这里采用 Adam 优化器，这部分代码如下：

```
model = NeuralNetwork()
optimizer = torch.optim.Adam(model.parameters(), lr=2e-5)    #设定优化函数
```

完整的手写体识别首先需要定义模型，然后将模型参数传入优化器中。其中 lr 是对学习率的设定，根据设定的学习率进行模型计算。完整的手写体识别模型代码如下：

```
import os
os.environ['CUDA_VISIBLE_DEVICES'] = '0' #指定使用 GPU
import torch
import numpy as np
from tqdm import tqdm

batch_size = 320                    #设定每次训练的批次数
epochs = 1024                       #设定训练次数
```

```
#device = "cpu"    #PyTorch 的特性，需要指定计算的硬件，如果没有 GPU 的存在，就使用 CPU 进行计算
device = "cuda"    #这里默认使用 GPU，如果出现运行问题，可以将其改成 CPU 模式

#设定的多层感知机网络模型
class NeuralNetwork(torch.nn.Module):
    def __init__(self):
        super(NeuralNetwork, self).__init__()
        self.flatten = torch.nn.Flatten()
        self.linear_relu_stack = torch.nn.Sequential(
            torch.nn.Linear(28*28,312),
            torch.nn.ReLU(),
            torch.nn.Linear(312, 256),
            torch.nn.ReLU(),
            torch.nn.Linear(256, 10)
        )
    def forward(self, input):
        x = self.flatten(input)
        logits = self.linear_relu_stack(x)

        return logits

model = NeuralNetwork()
model = model.to(device)                #将计算模型传入 GPU 硬件等待计算
#model = torch.compile(model)           #PyTorch 2.0 的特性，加速计算速度，选择性使用
loss_fu = torch.nn.CrossEntropyLoss()
optimizer = torch.optim.Adam(model.parameters(), lr=2e-5)   #设定优化函数

#载入数据
x_train = np.load("../../dataset/mnist/x_train.npy")
y_train_label = np.load("../../dataset/mnist/y_train_label.npy")

train_num = len(x_train)//batch_size

#开始计算
for epoch in range(20):
    train_loss = 0
    for i in range(train_num):
        start = i * batch_size
        end = (i + 1) * batch_size

        train_batch = torch.tensor(x_train[start:end]).to(device)
        label_batch = torch.tensor(y_train_label[start:end]).to(device)

        pred = model(train_batch)
        loss = loss_fu(pred,label_batch)

        optimizer.zero_grad()
        loss.backward()
```

```
            optimizer.step()

            train_loss += loss.item()  #记录每个批次的损失值

        #计算并打印损失值
        train_loss /= train_num
        accuracy = (pred.argmax(1) == label_batch).type(torch.float32).sum().item()
/ batch_size
        print("train_loss:", round(train_loss,2),"accuracy:",round(accuracy,2))
```

模型的训练结果如图 3-5 所示。

```
epoch:  0 train_loss: 2.18 accuracy: 0.78
epoch:  1 train_loss: 1.64 accuracy: 0.87
epoch:  2 train_loss: 1.04 accuracy: 0.91
epoch:  3 train_loss: 0.73 accuracy: 0.92
epoch:  4 train_loss: 0.58 accuracy: 0.93
epoch:  5 train_loss: 0.49 accuracy: 0.93
epoch:  6 train_loss: 0.44 accuracy: 0.93
epoch:  7 train_loss: 0.4 accuracy: 0.94
epoch:  8 train_loss: 0.38 accuracy: 0.94
epoch:  9 train_loss: 0.36 accuracy: 0.95
epoch:  10 train_loss: 0.34 accuracy: 0.95
```

图 3-5　训练结果

可以看到，随着模型循环次数的增加，模型的损失值在降低，而准确率在提高，具体请读者自行验证测试。

3.2　PyTorch 2.0 常用函数解析与使用指南

上一节完成了基于PyTorch的手写体识别，这是一个最基本的基于PyTorch 2.0的深度学习示例，其基本步骤和使用的框架流程可以作为后期的深度学习的模板。

在深入了解下一部分的深度学习内容之前，我们先探讨一些 PyTorch 2.0 中常用的函数解析和使用，这些将在后续的深度学习项目中发挥重要作用。

3.2.1　数据加载和预处理

在深度学习中，数据加载和预处理（Data Loading and Preprocessing）是必不可少的步骤。PyTorch 提供了 Dataset 和 DataLoader 两个类来加载和预处理数据。以下是一个简单的例子：

```
from torch.utils.data import Dataset, DataLoader
import torchvision.transforms as transforms
import numpy as np

#定义 MyDataset 类继承自 Dataset 类
```

```
class MyDataset(Dataset):
    def __init__(self, data, target):
        self.data = data
        self.target = target

    def __getitem__(self, index):
        x = self.data[index]
        y = self.target[index]
        return x, y

    def __len__(self):
        return len(self.data)

#定义数据预处理函数
def preprocess(self,data):
       #这里只是把 numpy 数组转换成 torch 张量，
       #还有许多其他预处理操作可以做，比如归一化、扩充维度等
       return torch.from_numpy(data)
```

在 PyTorch 中，数据加载和预处理是深度学习模型训练的关键步骤之一，它们的主要作用如下：

- 数据加载：在训练深度学习模型时，需要大量的数据。数据加载就是将这些数据从硬盘或其他来源读取并送入模型中进行训练的过程。PyTorch提供了DataLoader这个工具，可以方便地从硬盘加载数据，还可以对数据进行一些预处理操作。
- 数据预处理：数据预处理包括数据处理和数据增强。数据处理是对数据进行一些必要的处理，比如归一化、标准化、独热编码等，使得数据更适合模型的训练。数据增强则是一种通过改变数据的形态、颜色、大小等来增加数据量的技术，这可以帮助模型更好地泛化到新的数据。

总的来说，数据加载和预处理在 PyTorch 中的作用就是帮助我们将原始的数据转换成适合模型训练的形式，从而提高模型的训练效率和泛化能力。

3.2.2　张量的处理

在 PyTorch 2.0 中，张量是核心的数据结构，用于表示所有的输入数据和输出数据，以及模型参数。张量类似于 NumPy 中的多维数组，但可以在 GPU 上进行运算以加速计算。张量具有以下属性：

- 形状（shape）：表示张量的维度和每个维度的大小，例如张量的形状为 [3, 4]，表示它是一个二维张量，第一维的大小为3，第二维的大小为4。
- 数据类型（dtype）：表示张量中元素的数据类型，例如float32、int64等。
- 设备（device）：表示张量所在的设备，例如在CPU或GPU上。

张量的一些基本操作如下所示：

（1）张量基本信息：

```
tensor = torch.randn(3,4,5)print(tensor.type())  #数据类型
print(tensor.size())    #张量的形状，是个元组
print(tensor.dim())     #维度的数量
```

（2）命名张量。

给张量命名是一个非常有用的方法，这样可以方便地使用维度的名字来做索引或进行其他操作，大大提高了代码的可读性、易用性，防止出错。

```
NCHW = ['N', 'C', 'H', 'W']
images = torch.randn(32, 3, 56, 56, names=NCHW)
images.sum('C')
images.select('C', index=0)
#也可以这么设置
tensor = torch.rand(3,4,1,2,names=('C', 'N', 'H', 'W'))
#使用 align_to 可以方便地对维度排序
tensor = tensor.align_to('N', 'C', 'H', 'W')
```

（3）数据类型转换：

```
#设置默认类型，PyTorch 中的 FloatTensor 远远快于 DoubleTensor
torch.set_default_tensor_type(torch.FloatTensor)

#类型转换
tensor = tensor.cuda()
tensor = tensor.cpu()
tensor = tensor.float()
tensor = tensor.long()
```

torch.Tensor 与 np.ndarray 转换，除了 CharTensor，其他所有 CPU 上的张量都支持转换为 NumPy 格式然后再转换回来。

```
ndarray = tensor.cpu().numpy()
tensor = torch.from_numpy(ndarray).float()
tensor = torch.from_numpy(ndarray.copy()).float() #如果 ndarray 的步幅为负
```

（4）从只包含一个元素的张量中提取值：

```
value = torch.rand(1).item()
```

（5）张量形变：

```
#在将卷积层输入全连接层的情况下，通常需要对张量做形变处理
#相比 torch.view，torch.reshape 可以自动处理输入张量不连续的情况


tensor = torch.rand(2,3,4)
shape = (6, 4)
tensor = torch.reshape(tensor, shape)
```

（6）打乱顺序：

```
tensor = tensor[torch.randperm(tensor.size(0))]  #打乱第一个维度
```

（7）水平翻转：

```
#PyTorch 不支持 tensor[::-1]这样的负步长操作，水平翻转可以通过张量索引实现
#假设张量的维度为[N, D, H, W]
tensor = tensor[:,:,:,torch.arange(tensor.size(3) - 1, -1, -1).long()]
```

（8）复制张量：

```
#Operation                | New/Shared memory | Still in computation graph |
tensor.clone()          #|      New          |        Yes                 |
tensor.detach()         #|     Shared        |        No                  |
tensor.detach.clone()() #|      New          |        No                  |
```

（9）张量拼接：

```
'''
注意 torch.cat 和 torch.stack 的区别在于 torch.cat 沿着给定的维度拼接，
而 torch.stack 会新增一维。例如当参数是 3 个 10×5 的张量，torch.cat 的结果是 30×5 的张量，
而 torch.stack 的结果是 3×10×5 的张量。
'''
tensor = torch.cat(list_of_tensors, dim=0)
tensor = torch.stack(list_of_tensors, dim=0)
```

（10）将整数标签转为 one-hot 编码：

```
#PyTorch 的标记默认从 0 开始
tensor = torch.tensor([0, 2, 1, 3])
N = tensor.size(0)
num_classes = 4
one_hot = torch.zeros(N, num_classes).long()
one_hot.scatter_(dim=1, index=torch.unsqueeze(tensor, dim=1),
src=torch.ones(N, num_classes).long())
```

（11）得到非零元素：

```
torch.nonzero(tensor)               #index of non-zero elements 非零元素的索引
torch.nonzero(tensor==0)            #index of zero elements 零元素的索引
torch.nonzero(tensor).size(0)       #number of non-zero elements 非零元素的数量
torch.nonzero(tensor == 0).size(0)  #number of zero elements 零元素的数量
```

（12）判断两个张量是否相等：

```
torch.allclose(tensor1, tensor2)  #浮点数型张量
torch.equal(tensor1, tensor2)     #整型张量
```

（13）张量扩展：

```
#张量的形状从 64×512 扩张到 64×512×7×7
tensor = torch.rand(64,512)
torch.reshape(tensor, (64, 512, 1, 1)).expand(64, 512, 7, 7)
```

（14）矩阵乘法：

```
#矩阵乘法：(m*n) * (n*p) * -> (m*p)
result = torch.mm(tensor1, tensor2)
```

```
#批处理矩阵乘法：(b*m*n) * (b*n*p) -> (b*m*p)
result = torch.bmm(tensor1, tensor2)

#元素乘积
result = tensor1 * tensor2
```

（15）计算两组数据之间的欧氏距离：

```
#利用广播机制
dist = torch.sqrt(torch.sum((X1[:,None,:] - X2) ** 2, dim=2))
```

3.2.3 模型的参数与初始化操作

在PyTorch中，模型的参数和初始化操作也是非常重要的一部分。模型的参数通常包括权重和偏置，它们是构成模型的基本元素。在PyTorch中，可以通过定义nn.Module的子类来自定义模型，并在__init__方法中初始化模型的参数。

在初始化模型参数时，可以使用PyTorch提供的各种初始化方法，如nn.init.normal_()、nn.init.constant_()、nn.init.xavier_uniform_()等。这些初始化方法可以帮助我们设置参数的初始值，从而提高模型的训练效果和稳定性。

除了使用预定义的初始化方法之外，还可以自定义初始化过程。例如，可以通过在nn.Module的子类中重写reset_parameters()方法来实现自定义的初始化过程。

（1）计算模型整体参数量：

```
num_parameters = sum(torch.numel(parameter) for parameter in 
model.parameters())
```

（2）查看网络中的参数：

可以通过model.state_dict()或者model.named_parameters()函数，查看现在的全部可训练参数，包括通过继承得到的父类中的参数。

```
params = list(model.named_parameters())
(name, param) = params[28]
print(name)
print(param.grad)
print('-------------------------------------------------')
(name2, param2) = params[29]
print(name2)
print(param2.grad)
print('----------------------------------------------------')
(name1, param1) = params[30]
print(name1)
print(param1.grad)
```

（3）模型权重初始化。

注意model.modules()和model.children()的区别：model.modules()会迭代地遍历模型的所有子层，而model.children()只会遍历模型的下一层（子层）。

```
#初始化的常见做法
for layer in model.modules():
    if isinstance(layer, torch.nn.Conv2d):
        torch.nn.init.kaiming_normal_(layer.weight, mode='fan_out',
                                      nonlinearity='relu')
        if layer.bias is not None:
            torch.nn.init.constant_(layer.bias, val=0.0)
    elif isinstance(layer, torch.nn.BatchNorm2d):
        torch.nn.init.constant_(layer.weight, val=1.0)
        torch.nn.init.constant_(layer.bias, val=0.0)
    elif isinstance(layer, torch.nn.Linear):
        torch.nn.init.xavier_normal_(layer.weight)
        if layer.bias is not None:
            torch.nn.init.constant_(layer.bias, val=0.0)

#使用给定张量初始化
layer.weight = torch.nn.Parameter(tensor)
```

（4）提取模型中的某一层。

modules()会返回模型中所有模块的迭代器，包括模型本身和它的所有子模块，能够访问到最内层的模块，如self.layer1.conv1。与之相对应的是children()方法和named_modules()方法。children()方法返回模型直接子模块的迭代器，而不像modules()那样能访问所有层级的模块。named_modules()与 modules()类似，它返回所有模块的迭代器，但同时还会返回每个模块的名称，使得我们可以获取模块及其对应的名称。还有一个 named_children()方法，它与 children()相似，返回直接子模块及其名称的迭代器，但不会递归到更深层次的子模块。这些方法提供了不同层级和需求下遍历模型结构的灵活方式。

```
#提取模型中的前两层
new_model = nn.Sequential(*list(model.children())[:2]
#如果希望提取出模型中的所有卷积层，可以像下面这样操作
for layer in model.named_modules():
    if isinstance(layer[1],nn.Conv2d):
        conv_model.add_module(layer[0],layer[1])
```

（5）导入另一个模型的相同部分到新的模型。

一个模型在导入另一个模型的参数时，如果两个模型结构不一致，则直接导入参数会报错。用下面方法可以把另一个模型的相同部分导入新的模型中。

```
#model_new 代表新的模型
#model_saved 代表其他模型，比如用 torch.load 导入的已保存的模型
model_new_dict = model_new.state_dict()
model_common_dict = {k:v for k, v in model_saved.items() if k in
model_new_dict.keys()}
model_new_dict.update(model_common_dict)
model_new.load_state_dict(model_new_dict)
```

作为最重要的深度学习框架，PyTorch 2.0 提供了丰富的函数和类来帮助用户构建和训练神经网络，本小节仅列举了一些常用的函数的使用方法，还有更多的可以方便我们完成项目实战的方法，需要读者在后续的学习中了解和掌握。

3.3　本章小结

本章展示了一个完整的例子，演示了如何使用PyTorch框架进行手写体识别。在这个例子中，我们对MNIST手写体数据集进行了分类，并详细解释了模型的标签问题和后期常用的损失函数计算方面的内容。需要特别强调的是，交叉熵损失函数在深度学习中具有至关重要的地位，希望读者能够认真学习并掌握。

为了满足学有余力的读者的需求，笔者还通过多个PyTorch运行函数的代码编写，展示了完整的设计细节。这些代码详细解释了PyTorch的常用操作和函数处理方法，帮助读者熟悉深度学习框架。通过学习和实践这些代码，读者将能够更深入地理解深度学习的基本原理和技巧，提升自己在计算机视觉领域的实战能力。

第 4 章

一学就会的深度学习基础算法

深度学习在当下及可预见的未来，无疑是最重要且最具发展前景的学科之一。深度学习的基石——神经网络，本质上是一种无须预先确定输入和输出映射关系的数学模型。它通过学习某种规则，仅通过自身的训练，便能在给定输入时得出最接近期望输出的结果。

作为一种智能信息处理系统，人工神经网络功能的实现依赖于反向传播（Back Propagation，BP）神经网络。反向传播神经网络是一种采用误差反向传播（简称误差反传）方法进行训练的多层前馈网络，它的核心思想源于梯度下降法，利用梯度搜索技术，以期望网络的实际输出值与期望输出值之间的误差均方差最小化为目标。

本章首先介绍反向传播神经网络的发展历程，全面而深入地探讨其概念和原理。然后，介绍反向传播神经网络的两个基础算法——最小二乘法和梯度下降算法，并使用 Python 语言来实现一个简单的反馈神经网络，以帮助读者更好地理解和掌握反向传播神经网络的原理和应用。最后，将逐步引导读者完成反馈神经网络的代码实现，包括前向传播、反向传播和参数更新等步骤。

通过本章的学习和实践，读者不仅能够深入理解反向传播神经网络的原理和应用，还能够掌握使用 Python 实现神经网络的基本技能。这将为读者的深度学习之旅打下坚实的基础，并为未来的研究和应用提供有力的支持。

4.1 反向传播神经网络的发展历程

在介绍反向传播神经网络之前，人工神经网络（Artificial Neural Network，ANN）是必须提到的内容。

1. 人工神经网络的发展

人工神经网络的发展经历了大约半个世纪，从 20 世纪 40 年代初到 80 年代，神经网络的研究经历了几起几落的发展过程。

1930 年，B.Widrow 和 M.Hoff 提出了自适应线性神经网络（Adaptive Linear Neuron，ADALINE），这是一种连续取值的线性加权求和阈值网络。后来，在此基础上发展了非线性多层自适应网络。其中Widrow-Hoff的技术被称为最小均方误差(Least Mean Square，LMS)学习规则。从此神经网络的发展进入了第一个高潮期。

的确，在有限范围内，感知机有较好的功能，并且收敛定理得到证明。单层感知机能够通过学习把线性可分的模式分开，但对像 XOR（异或）这样简单的非线性问题却无法求解，这一点让人们大失所望，甚至开始怀疑神经网络的价值和潜力。

1939 年，麻省理工学院著名的人工智能专家 M.Minsky 和 S.Papert 撰写了颇有影响力的 *Perceptron* 一书，从数学上剖析了简单神经网络的功能和局限性，并且指出多层感知器还不能找到有效的计算方法。由于 M.Minsky 在学术界的地位和影响力，其悲观的结论被大多数人不做进一步分析就接受，加之当时以逻辑推理为研究基础的人工智能和数字计算机取得了辉煌成就，从而大大减低了人们对神经网络研究的热情。其后，人工神经网络的研究进入了低潮。尽管如此，神经网络的研究并未完全停止，仍有不少学者在极其艰难的条件下致力于这一研究。

1943 年，心理学家 W・McCulloch 和数理逻辑学家 W・Pitts 在分析、总结神经元基本特性的基础上提出神经元的数学模型（McCulloch-Pitts 模型，简称 MP 模型）。由于当时研究条件有限，很多模拟工作不能开展，在一定程度上影响了 MP 模型的发展。尽管如此，MP 模型对后来的各种神经元模型及网络模型都有很大的启发作用。

1945 年，冯・诺依曼领导的设计小组试制成功存储程序式电子计算机，标志着电子计算机时代的开始。1948 年，他在研究工作中比较了人脑结构与存储程序式计算机的根本区别，提出了以简单神经元构成的再生自动机网络结构。但是，由于指令存储式计算机技术的发展非常迅速，迫使他放弃了神经网络研究的新途径，继续投身于指令存储式计算机技术的研究，并在此领域作出了巨大贡献。虽然，冯・诺依曼的名字是与普通计算机联系在一起的，但他也是人工神经网络研究的先驱之一。

1949 年，D.O.Hebb 从心理学的角度提出了至今仍对神经网络理论有着重要影响的 Hebb 法则。

1958 年，F・Rosenblatt 设计制作了“感知机”，它是一种多层的神经网络。这项工作首次把人工神经网络的研究从理论探讨付诸工程实践。感知机由简单的阈值性神经元组成，初步具备了诸如学习、并行处理、分布存储等神经网络的一些基本特征，从而确立了从系统角度进行人工神经网络研究的基础。

1972 年，T.Kohonen 和 J.Anderson 不约而同地提出具有联想记忆功能的新神经网络。1973 年，S.Grossberg 与 G.A.Carpenter 提出了自适应共振理论（Adaptive Resonance Theory，ART），并在以后的若干年内发展了 ART1、ART2、ART3 这 3 个神经网络模型，从而为神经网络研究的发展奠定了理论基础。

进入 20 世纪 80 年代，特别是 80 年代末期，对神经网络的研究从复兴很快转入了新的热潮。这主要有以下两方面的原因：

- 一方面，经过十几年迅速发展的、以逻辑符号处理为主的人工智能理论和冯・诺依曼计算机在处理诸如视觉、听觉、形象思维、联想记忆等智能信息问题上受到了挫折。
- 另一方面，并行分布处理的神经网络本身的研究成果，使人们看到了新的希望。

1982 年，美国加州工学院的物理学家 J.Hoppfield 提出了 HNN（Hoppfield Neural Network）模型，并首次引入了网络能量函数概念，使网络稳定性研究有了明确的判据，其电子电路实现为神经计算机的研究奠定了基础，同时也开拓了神经网络用于联想记忆和优化计算的新途径。

1983 年，K.Fukushima 等提出了神经认知机网络理论；同年，D.Rumelhart 和 J.McCelland 在所著的 *Parallel Distributed Processing* 一书中提出了 PDP（Parallel Distributed Processing，并行分布处理）理论，他们致力于微观结构的探索，同时发展了多层网络的反向传播算法（见图 4-1）。

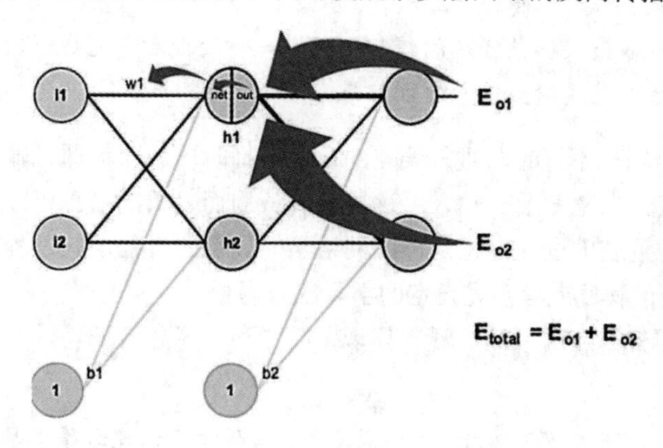

图 4-1　反向传播

1985 年 D.H.Ackley、G.E.Hinton 和 T.J.Sejnowski 将模拟退火概念移植到 Boltzmann 机模型的学习之中，以保证网络能收敛到全局最小值。

1987 年，T.Kohonen 提出了自组织映射（self Organizing Map，SOM）。同年，美国电气和电子工程师学会（Institute For Electrical And Electronic Engineers，IEEE）在圣地亚哥召开了规模盛大的神经网络国际学术会议，国际神经网络学会（International Neural Networks Society）也随之诞生。自此，国际神经网络学会和 IEEE 每年联合召开一次国际学术年会。

1988 年，国际神经网络学会的正式杂志 *Neural Networks* 创刊；1990 年 IEEE 神经网络会刊问世，之后各种期刊的神经网络特刊层出不穷，神经网络的理论研究和实际应用从此进入了一个蓬勃发展的时期。

2. 反向传播神经网络

反向传播神经网络是一种按误差逆传播算法训练的多层前馈网络，如图 4-2 所示。它是目前应用最广泛的神经网络模型之一，它的代表者是 D.Rumelhart 和 J.McCelland。

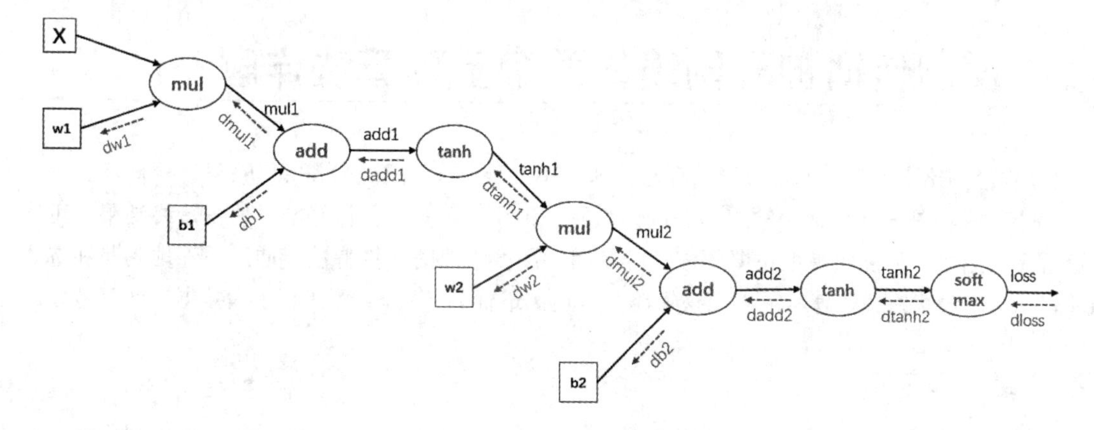

图 4-2　反向传播神经网络

BP 神经网络的基本组成结构为输入层、中间层以及输出层。

- 输入层：各神经元负责接收来自外界的输入信息，并传递给中间层各神经元。
- 中间层：中间层是内部信息处理层，负责信息变换。根据信息变换能力的需求，中间层可以设计为单隐藏层或者多隐藏层结构。
- 输出层：传递到输出层各神经元的信息，经进一步处理后，完成一次学习的正向传播处理过程，由输出层向外界输出信息处理结果。

当实际输出与期望输出不符时，进入误差的反向传播阶段。误差通过输出层，按误差梯度下降的方式修正各层权值，向隐藏层、输入层逐层反传。周而复始的信息正向传播和误差反向传播过程，是各层权值不断调整的过程，也是神经网络学习训练的过程，此过程一直进行到网络输出的误差减少到可以接受的程度或者预先设定的学习次数为止。

目前神经网络的研究和应用领域广泛，体现了跨学科技术融合的特性。主要的研究工作集中在以下几个方面：

- 生物原型研究。从生理学、心理学、解剖学、脑科学、病理学等生物科学方面研究神经细胞、神经网络、神经系统的生物原型结构及其功能机理。
- 建立理论模型。根据生物原型的研究，建立神经元、神经网络的理论模型。其中包括概念模型、知识模型、物理化学模型、数学模型等。
- 网络模型与算法研究。在理论模型研究的基础上构建具体的神经网络模型，以实现计算机模拟或硬件的仿真，并且还包括网络学习算法的研究。这方面的工作也称为技术模型研究。
- 人工神经网络应用系统。在网络模型与算法研究的基础上，利用人工神经网络组成实际的应用系统。例如，完成某种信号处理或模式识别的功能、构建专家系统、制造机器人等。

纵观现代科技发展的历程，人类在探索宇宙、解析基本粒子，以及探究生命起源等科学领域中经历了诸多挑战与困难。同样，研究人脑功能和神经网络的领域也充满了挑战。随着科研人员不断克服这些困难，这一领域的知识和技术正以前所未有的速度发展变化。这些努力不仅加深了我们对大脑工作原理的理解，也推动了人工智能技术的进步，影响着健康、教育、工业等多个社会领域。随着未来研究的深入，我们可以期待更多的创新和发现，进一步拓展人类的知识边界。

4.2　反向传播神经网络的两个基础算法详解

BP 神经网络中有两个非常重要的算法，即最小二乘法（LS 算法）和随机梯度下降算法。

最小二乘法是统计分析中常用的逼近计算的一种算法，其交替计算结果使得最终结果尽可能地逼近真实结果。而随机梯度下降算法充分利用了深度学习的计算特性，通过不停地判断和选择当前目标下的最优路径，使其能够在最短路径下达到最优的结果，从而提高了大数据的计算效率。

4.2.1　最小二乘法

最小二乘法是一种数学优化技术，也是一种机器学习常用算法。它通过最小化误差的平方和来寻找数据的最佳函数匹配。利用最小二乘法可以简便地求得未知的数据，并使得求得的数据与实际数据之间误差的平方和最小。最小二乘法还可用于曲线拟合。其他一些优化问题也可以通过最小化能量或最大化熵用最小二乘法来表达。

由于最小二乘法不是本章的重点内容，因此只简单地通过一个图示演示一下其原理。LS 算法原理如图 4-3 所示。

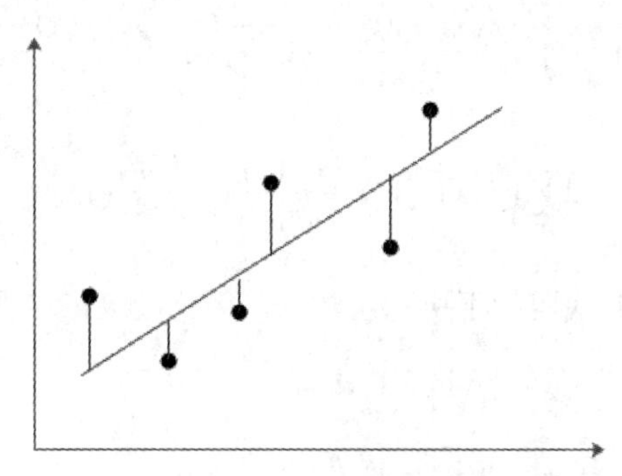

图 4-3　最小二乘法原理

从图 4-3 中可以看到，若干个点依次分布在向量空间中，如果希望找出一条直线和这些点达到最佳匹配，那么最简单的一个方法就是这些点到直线的值最小，即下面最小二乘法实现公式的值最小。

$$f(x)=ax+b$$
$$\delta=\sum(f(x_i)-y_i)^2$$

这里直接引用的是真实值与计算值之间的差的平方和，这种差值有个专门的名称，为“残差”。基于此，表达残差的方式有以下 3 种：

- ∞-范数：残差绝对值的最大值 $\max_{1\leqslant i\leqslant m}|r_i|$，即所有数据点中残差距离的最大值。
- L1-范数：绝对残差和 $\sum_{i=1}^{m}|r_i|$，即所有数据点残差距离之和。
- L2-范数：残差平方和 $\sum_{i=1}^{m}r_i^2$ 。

可以看到，所谓的最小二乘法就是 L2-范数的一个具体应用。通俗地说，就是看模型计算出的结果与真实值之间的相似性。

因此，最小二乘法可如下定义：

对于给定的数据（x_i，y_i）(i=1,…,m)，在取定的假设空间 H 中，求解 $f(x)\in H$，使得残差 $\delta=\sum(f(x_i)-y_i)^2$ 的 L2-范数最小。

看到这里可能有读者会提出疑问，$f(x)$该如何表示呢？

实际上，函数 $f(x)$是一条多项式函数曲线：

$$f(x)=w_0+w_1x^1+w_2x^2+\cdots+w_nx^n\rightarrow(w_n\text{为一系列的权重})$$

由上面公式可知，所谓的最小二乘法就是找到这么一组权重 w，使得 $\delta=\sum(f(x_i)-y_i)^2$ 最小。那么问题又来了，如何使得最小二乘法值最小？

对于求出最小二乘法的结果，可以使用数学上的微积分处理方法，这是一个求极值的问题，只需要对权值依次求偏导数，最后令偏导数为0，即可求出极值点。

$$\frac{\partial J}{\partial w_0}=\frac{1}{2m}\times 2\sum_{1}^{m}(f(x)-y)\times\frac{\partial(f(x))}{\partial w_0}=\frac{1}{m}\sum_{1}^{m}(f(x)-y)=0$$

$$\frac{\partial J}{\partial w_1}=\frac{1}{2m}\times 2\sum_{1}^{m}(f(x)-y)\times\frac{\partial(f(x))}{\partial w_1}=\frac{1}{m}\sum_{1}^{m}(f(x)-y)\times x=0$$

$$\cdots$$

$$\frac{\partial J}{\partial w_n}=\frac{1}{2m}\times 2\sum_{1}^{m}(f(x)-y)\times\frac{\partial(f(x))}{\partial w_n}=\frac{1}{m}\sum_{1}^{m}(f(x)-y)\times x=0$$

具体实现了最小二乘法的代码如下所示（注意，简化起见，这里使用一元一次方程组来演示拟合）。

```
import numpy as np
from matplotlib import pyplot as plt

A = np.array([[5],[4]])
C = np.array([[4],[6]])
B = A.T.dot(C)
AA = np.linalg.inv(A.T.dot(A))
l=AA.dot(B)
P=A.dot(l)
x=np.linspace(-2,2,10)
x.shape=(1,10)
xx=A.dot(x)
fig = plt.figure()
ax= fig.add_subplot(111)
ax.plot(xx[0,:],xx[1,:])
ax.plot(A[0],A[1],'ko')
ax.plot([C[0],P[0]],[C[1],P[1]],'r-o')
ax.plot([0,C[0]],[0,C[1]],'m-o')
ax.axvline(x=0,color='black')
ax.axhline(y=0,color='black')
margin=0.1
ax.text(A[0]+margin, A[1]+margin, r"A",fontsize=20)
ax.text(C[0]+margin, C[1]+margin, r"C",fontsize=20)
ax.text(P[0]+margin, P[1]+margin, r"P",fontsize=20)
ax.text(0+margin,0+margin,r"O",fontsize=20)
ax.text(0+margin,4+margin, r"y",fontsize=20)
ax.text(4+margin,0+margin, r"x",fontsize=20)
plt.xticks(np.arange(-2,3))
plt.yticks(np.arange(-2,3))
ax.axis('equal')
plt.show()
```

最终结果如图4-4所示。

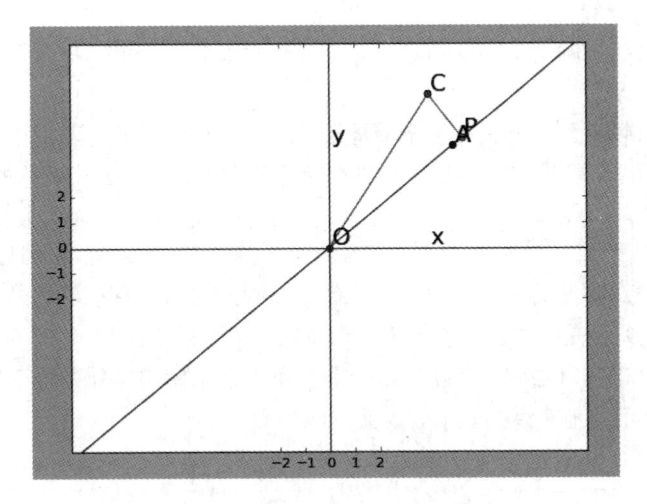

图 4-4　最小二乘法拟合曲线

4.2.2　随机梯度下降算法

在介绍随机梯度下降算法之前，先讲一个道士下山的故事。请看图 4-5。

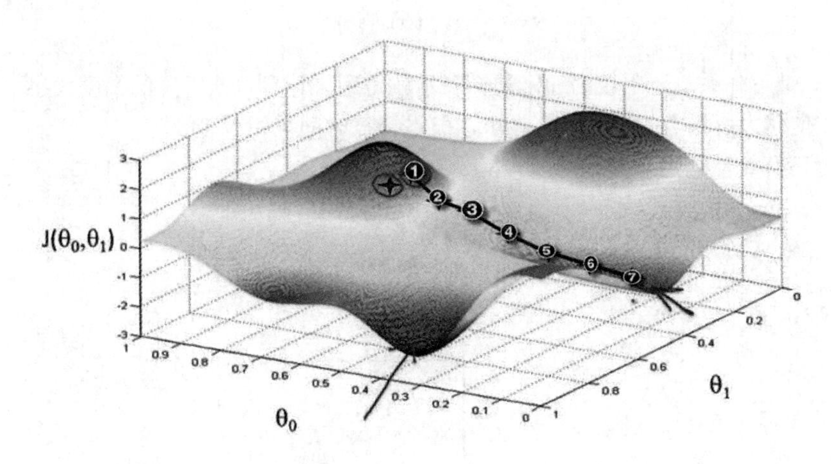

图 4-5　模拟随机梯度下降算法的演示图

这是一个模拟随机梯度下降算法的演示图。为了便于理解，我们将它比喻成道士想要下山。

设想有一天道士到一座不太熟悉的山上去玩，在兴趣盎然中他很快登上了山顶。但是天有不测，突然下起了雨。如果这时需要道士用最快的速度下山，那该怎么办呢？

如果想以最快的速度下山，那么最快的办法就是顺着坡度最陡峭的地方走下去。但是由于不熟悉路，因此道士在下山的过程中，每走过一段路程就需要停下来观望，从而选择最陡峭的下山路。这样一路走下来的话，可以在最短时间内走到山底。

在图 4-5 中可以近似地表示为：

① → ② → ③ → ④ → ⑤ → ⑥ → ⑦

每个数字代表每次停顿的地点，这样只需要在每个停顿的地点选择最陡峭的下山路即可。

这就是道士下山的故事，随机梯度下降算法与之类似。如果想要使用最迅捷的下山方法，那么最简单的办法就是在下降一个梯度的阶层后，寻找当前获得的最大坡度继续下降。这就是随机梯度算法的原理。

从上面的例子可以看到，随机梯度下降算法就是不停地寻找某个节点中下降幅度最大的那个趋势进行迭代计算，直到将数据收缩到符合要求的范围为止。数学公式表达如下：

$$f(\theta)=\theta_0 x_0+\theta_1 x_1+\cdots+\theta_n x_n=\sum\theta_i x_i$$

在上一节讲最小二乘法的时候，我们通过最小二乘法说明了直接求解最优化变量的方法，也介绍了在求解的前提条件是计算值与实际值的偏差的平方和最小。

但是在随机梯度下降算法中，对于系数，需要不停地求解出当前位置下最优化的数据，用数学方式表达的话就是不停地对系数 θ 求偏导数，即

$$\frac{\partial f(\theta)}{\partial w_n}=\frac{1}{2m}\times 2\sum_1^m(f(\theta)-y)\times\frac{\partial(f(\theta))}{\partial\theta}=\frac{1}{m}\sum_1^m(f(x)-y)\times x$$

公式中 θ 会向着梯度下降得最快的方向减少，从而推断出 θ 的最优解。

因此，随机梯度下降算法最终被归结为：通过迭代计算特征值来求出最合适的值。θ 求解的公式如下：

$$\theta=\theta-\alpha(f(\theta)-y_i)x_i$$

公式中 α 是下降系数，用较为通俗的话表示就是用来计算每次下降的幅度大小。系数越大则每次计算的差值越大，系数越小则差值越小，但是计算时间也相对延长。

随机梯度下降算法的迭代过程如图 4-6 所示。

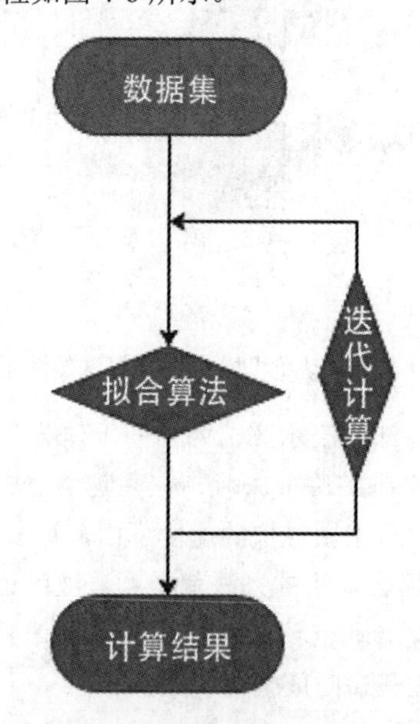

图 4-6　随机梯度下降算法的迭代过程

从图 4-6 中可以看到，实现随机梯度下降算法的关键是拟合算法的实现。本例的拟合算法实现较为简单，即通过不停地修正数据值来达到数据的最优值。

随机梯度下降算法在神经网络特别是机器学习中应用较广，但是由于其天生的缺陷——噪声

较多，使得它在计算过程中并不是都向着整体最优解的方向优化，往往可能只是一个局部最优解。因此，为了克服这个缺陷，最好的办法就是增大数据量，这样在不停地使用数据进行迭代处理的时候，能够确保整体的方向是全局最优解，或者最优结果在全局最优解附近。

具体实现随机梯度下降算法的代码如下：

```
x = [(2, 0, 3), (1, 0, 3), (1, 1, 3), (1,4, 2), (1, 2, 4)]
y = [5, 6, 8, 10, 11]
epsilon = 0.002
alpha = 0.02
diff = [0, 0]
max_itor = 1000
error0 = 0
error1 = 0
cnt = 0
m = len(x)
theta0 = 0
theta1 = 0
theta2 = 0
while True:
    cnt += 1
    for i in range(m):
        diff[0] = (theta0 * x[i][0] + theta1 * x[i][1] + theta2 * x[i][2]) - y[i]
        theta0 -= alpha * diff[0] * x[i][0]
        theta1 -= alpha * diff[0] * x[i][1]
        theta2 -= alpha * diff[0] * x[i][2]
    error1 = 0
    for lp in range(len(x)):
        error1 += (y[lp] - (theta0 + theta1 * x[lp][1] + theta2 * x[lp][2])) ** 
2 / 2
    if abs(error1 - error0) < epsilon:
        break
    else:
        error0 = error1
print('theta0 : %f, theta1 : %f, theta2 : %f, error1 : %f' % (theta0, theta1, 
theta2, error1))
print('Done: theta0 : %f, theta1 : %f, theta2 : %f' % (theta0, theta1, theta2))
print('迭代次数: %d' % cnt)
```

最终结果打印如下：

```
theta0 : 0.100684, theta1 : 1.564907, theta2 : 1.920652, error1 : 0.569459
Done: theta0 : 0.100684, theta1 : 1.564907, theta2 : 1.920652
迭代次数: 24
```

从结果上看，迭代 24 次即可获得最优解。

4.2.3　最小二乘法的梯度下降算法及其 Python 实现

从前面的介绍可以看到，任何一个需要进行梯度下降的函数都可以被比作一座山，而梯度下降的目标就是找到这座山的底部，也就是函数的最小值。根据之前道士下山的场景可知，最快的下山方式就是找到最为陡峭的山路，然后沿着这条山路走下去，直到到达下一个观望点，之后在下一个观望点重复这个过程，寻找最为陡峭的山路，直到到达山脚。

下面将带领读者实现这个梯度下降的过程，去求解最小二乘法的最小值。但是在开始之前，需要读者掌握如下数学原理。

1. 微分

高等数学中对函数微分的解释有很多，其中最主要的有以下两种：

- 函数曲线上某点切线的斜率。
- 函数的变化率。

因此，一个二元微分的计算如下：

$$\frac{\partial(x^2y^2)}{\partial x} = 2xy^2\mathrm{d}(x)$$

$$\frac{\partial(x^2y^2)}{\partial y} = 2x^2y\mathrm{d}(y)$$

$$(x^2y^2)' = 2xy^2\mathrm{d}(x) + 2x^2y\mathrm{d}(y)$$

2. 梯度

所谓的梯度就是微分的一般形式，对于多元微分来说微分则是各个变量的变化率的总和，例子如下：

$$J(\theta) = 2.17 - (17\theta_1 + 2.1\theta_2 - 3\theta_3)$$

$$\nabla J(\theta) = \left[\frac{\partial J}{\partial \theta_1}, \frac{\partial J}{\partial \theta_2}, \frac{\partial J}{\partial \theta_3}\right] = [17, 2.1, -3]$$

可以看到，求解的梯度值是分别对每个变量进行微分计算的值，并用逗号隔开。这里用方括号将每个变量的微分值包裹在一起，形成了一个三维向量，因此可以认为微分计算后的梯度是一个向量。

由此可以得出梯度的定义：在多元函数中，梯度是一个向量，而向量具有方向性，梯度的方向指出了函数在给定点上的变化最快的方向。

这与道士下山的过程联系在一起表达就是，如果道士想最快到达山底，就需要在每一个观察点寻找梯度最陡峭下降的地方，如图 4-7 所示。

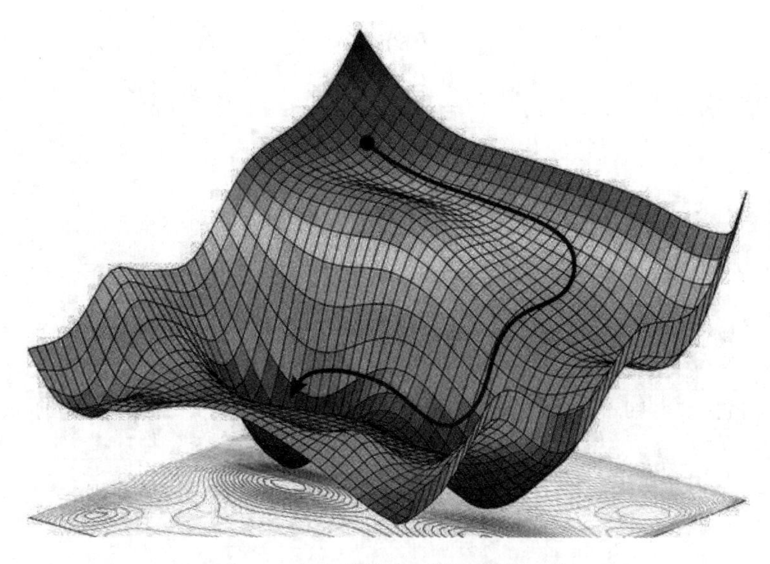

图 4-7　每个观测点下降最快的方向

而梯度的计算的目标就是得到这个多元向量的具体值。

3. 梯度下降的数学计算

在上一节中已经给出了梯度下降的公式，此时对它进行变形：

$$\theta' = \theta - \alpha \frac{\partial}{\partial \theta} f(\theta) = \theta - \alpha \nabla J(\theta)$$

公式中参数的含义如下：

- J是关于参数θ的函数，假设当前点为θ，如果需要找到这个函数的最小值，也就是山底的话，那么首先需要确定行进的方向，也就是梯度计算的反方向，然后走α的步长，走完这个步长之后就到了下一个观察点。
- α的意义在上一节已经介绍了，是学习率或者步长，使用α来控制每一步走的距离。α过小会造成拟合时间过长，而α过大会造成下降幅度太大，导致错过最低点，如图4-8所示。

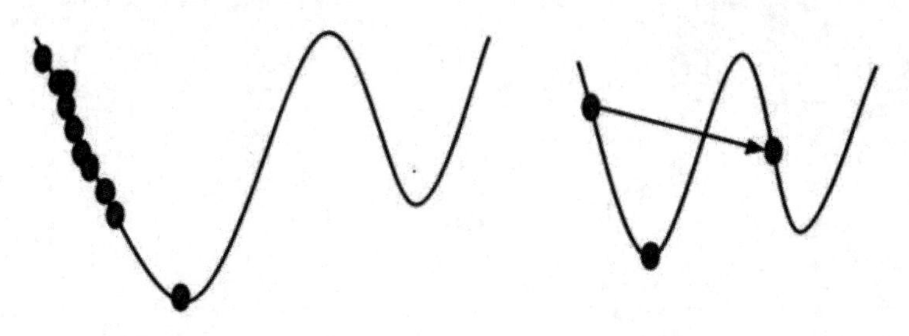

图 4-8　学习率太小（左）与学习率太大（右）

这里还要注意的是，梯度下降公式中$\nabla J(\theta)$求出的是斜率最大值，也就是梯度上升最大的方向，而这里所需要的是梯度下降最大的方向，因此在$\nabla J(\theta)$前加一个负号。下面用一个一元函数演示梯度下降法的计算。

假设公式为：

$$J(\theta)=\theta^2$$

此时的微分公式为：

$$\nabla J(\theta)=2\theta$$

设第一个值 $\theta^0=1$，$\alpha=0.3$，则根据梯度下降公式可得：

$$\theta^1=\theta^0-\alpha\times2\theta^0=1-\alpha\times2\times1=1-0.6=0.4$$
$$\theta^2=\theta^1-\alpha\times2\theta^1=0.4-\alpha\times2\times0.4=0.4-0.24=0.16$$
$$\theta^3=\theta^2-\alpha\times2\theta^2=0.16-\alpha\times2\times0.16=0.16-0.096=0.064$$

这样依次经过运算，即可到的 $J(\theta)$ 的最小值，也就是“山底”，如图 4-9 所示。

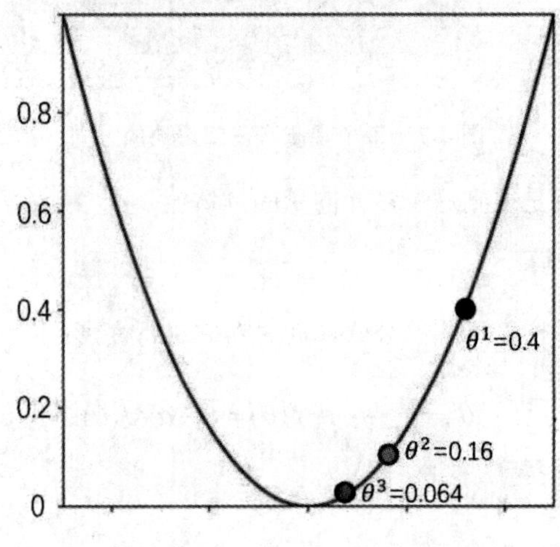

图 4-9　一元函数随机梯度下降过程

实现程序如下：

```
import numpy as np

x = 1

def chain(x,gama = 0.1):
    x = x - gama * 2 * x
    return x

for _ in range(4):
    x = chain(x)
    print(x)
```

多变量的梯度下降方法和前文所述的多元微分求导类似。例如一个二元函数形式如下：

$$J(\theta)=\theta_1^2+\theta_2^2$$

梯度微分为：

$$\nabla J(\theta)=2\theta_1+2\theta_2$$

此时将设置

$$J(\theta^0) = (2,5), \alpha = 0.3$$

则依次计算的结果如下：

$$\nabla J(\theta^1) = (\theta_{1\_0} + \alpha 2\theta_{1_0}, \theta_{2_0} - \alpha 2\theta_{2_0}) = (0.8, 4.7)$$

剩下的计算请读者自行完成。

如果把二元函数用图像的方式展示出来，结果如图 4-10 所示可以很明显地看到梯度下降的每个"观察点"坐标。

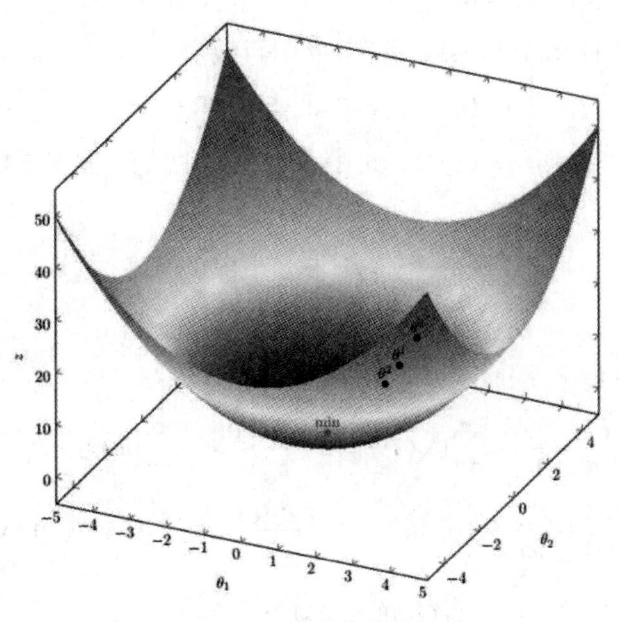

图 4-10　二元函数的随机下降过程

4. 使用梯度下降法求解最小二乘法

下面是本节的实战部分，使用梯度下降算法计算最小二乘法。假设最小二乘法的公式如下：

$$J(\theta) = \frac{1}{2m}\sum_{1}^{m}(h_\theta(x) - y)^2$$

参数解释如下：

- m是数据点总数。
- $\frac{1}{2}$是一个常量，这样是为了在求梯度的时候，二次方微分后的结果与$\frac{1}{2}$抵消，如此就没有了多余的常数系数，方便后续的计算，同时对结果不会有影响。
- y是数据集中每个点的真实y坐标的值。
- $h_\theta(x)$为预测函数，形式如下：

$$h_\theta(x) = \theta_0 + \theta_1 x$$

每个输入 x 都有一个经过参数计算后的预测值输出。

$h_\theta(x)$ 的 Python 实现如下：

```
h_pred = np.dot(x,theta)
```

其中 x 是输入的维度为[-1,2]的二维向量，-1 的意思是维度不定。这里使用了一个技巧，即将 $h_\theta(x)$ 的公式转换成矩阵相乘的形式，而 theta 是一个[2,1]维度的二维向量。

依照最小二乘法实现的 Python 代码如下：

```
def error_function(theta,x,y):
    h_pred = np.dot(x,theta)
    j_theta = (1./2*m) * np.dot(np.transpose(h_pred), h_pred)
    return j_theta
```

这里 j_theta 的实现同样是将原始公式转换成矩阵计算，即

$$(h_\theta(x)-y)^2=(h_\theta(x)-y)^{\mathrm{T}}\times(h_\theta(x)-y)$$

下面分析一下最小二乘法公式 $J(\theta)$，此时如果求 $J(\theta)$ 的梯度，则需要对其中涉及的两个参数 θ_0 和 θ_1 进行微分：

$$\nabla J(\theta)=\left[\frac{\partial J}{\partial\theta_0},\frac{\partial J}{\partial\theta_1}\right]$$

下面分别对 2 个参数的求导公式进行求导：

$$\frac{\partial J}{\partial\theta_0}=\frac{1}{2m}\times2\sum_1^m(h_\theta(x)-y)\times\frac{\partial(h_\theta(x))}{\partial\theta_0}=\frac{1}{m}\sum_1^m(h_\theta(x)-y)$$

$$\frac{\partial J}{\partial\theta_1}=\frac{1}{2m}\times2\sum_1^m(h_\theta(x)-y)\times\frac{\partial(h_\theta(x))}{\partial\theta_1}=\frac{1}{m}\sum_1^m(h_\theta(x)-y)\times x$$

此时将分开求导的参数合并，可得新的公式如下：

$$\frac{\partial J}{\partial\theta}=\frac{\partial J}{\partial\theta_0}+\frac{\partial J}{\partial\theta_1}=\frac{1}{m}\sum_1^m(h_\theta(x)-y)+\frac{1}{m}\sum_1^m(h_\theta(x)-y)\times x=\frac{1}{m}\sum_1^m(h_\theta(x)-y)\times(1+x)$$

公式最右边的常数 1 可以去掉，此时公式变为

$$\frac{\partial J}{\partial\theta}=\frac{1}{m}\times(x)\times\sum_1^m(h_\theta(x)-y)$$

则使用矩阵相乘表示的公式为

$$\frac{\partial J}{\partial\theta}=\frac{1}{m}\times(x)^{\mathrm{T}}\times(h_\theta(x)-y)$$

这里 $(x)^{\mathrm{T}}\times(h_\theta(x)-y)$ 已经转换为矩阵相乘的表示形式。使用 Python 表示如下：

```
def gradient_function(theta, X, y):
    h_pred = np.dot(X, theta) - y
    return (1./m) * np.dot(np.transpose(X), h_pred)
```

若读者对 np.dot(np.transpose(X), h_pred)这部分矩阵运算不太熟悉，可以将其理解为对每个样

本的预测误差与其对应特征值转置进行乘积计算的过程。读者也可以打印计算结果进行深入学习，此处不再详细展开。

最后，梯度下降的 Python 实现代码如下：

```
def gradient_descent(X, y, alpha):
    theta = np.array([1, 1]).reshape(2, 1)  #[2,1]  这里的 theta 是参数
    gradient = gradient_function(theta,X,y)
    for i in range(17):
        theta = theta - alpha * gradient
        gradient = gradient_function(theta, X, y)
    return theta
```

或者使用如下代码：

```
def gradient_descent(X, y, alpha):
    theta = np.array([1, 1]).reshape(2, 1)  #[2,1]  这里的 theta 是参数
    gradient = gradient_function(theta,X,y)
    while not np.all(np.absolute(gradient) <= 1e-4):   #采用 absolute 是因为
gradient 计算的是负梯度
        theta = theta - alpha * gradient
        gradient = gradient_function(theta, X, y)
        print(theta)
    return theta
```

这两组程序段的区别在于第一个是固定循环次数，可能会造成欠下降或者过下降，而第二个代码段使用的是数值判定，可以设定阈值或者停止条件。

完整代码如下：

```
import numpy as np

m = 20

#生成数据集 x，此时的数据集 x 是一个二维矩阵
x0 = np.ones((m, 1))
x1 = np.arange(1, m+1).reshape(m, 1)
x = np.hstack((x0, x1)) #[20,2]

y = np.array([
    3, 4, 5, 5, 2, 4, 7, 8, 11, 8, 12,
    11, 13, 13, 16, 17, 18, 17, 19, 21
]).reshape(m, 1)

alpha = 0.01

#这里的 theta 是一个[2,1]大小的矩阵，用来与输入 x 进行计算，获得计算的误差值 error
def error_function(theta,x,y):
    h_pred = np.dot(x,theta)
    j_theta = (1./2*m) * np.dot(np.transpose(h_pred), h_pred)
    return j_theta

def gradient_function(theta, X, y):
```

```
    h_pred = np.dot(X, theta) - y
    return (1./m) * np.dot(np.transpose(X), h_pred)

def gradient_descent(X, y, alpha):
    theta = np.array([1, 1]).reshape(2, 1)  #[2,1]  这里的theta是参数
    gradient = gradient_function(theta,X,y)
    while not np.all(np.absolute(gradient) <= 1e-6):
        theta = theta - alpha * gradient
        gradient = gradient_function(theta, X, y)
    return theta

theta = gradient_descent(x, y, alpha)
print('optimal:', theta)
print('error function:', error_function(theta, x, y)[0,0])
```

打印结果和拟合曲线请读者自行完成。

请读者再次回到之前描述的道士下山的场景：那位道士谨慎下山的过程，正是反向传播算法寻求最优解的生动比喻。他努力寻找的下山路径，对应着算法中不断调整的参数 θ，以求达到最优状态。如果将整个下山过程视作一个复杂的优化问题，那么“代价函数”就好比山势的高低起伏和陡峭程度，它反映了道士在不同位置所面临的挑战和难度。而微分作为精确的数学工具，则帮助道士准确地观察和识别出最陡峭的下山方向，从而更有效地实现目标。

4.3 反馈神经网络反向传播算法介绍

反向传播算法是神经网络的核心与精髓，在神经网络算法中具有举足轻重的地位。

用通俗的话说，反向传播算法就是复合函数的链式求导法则的一个强大应用，而且实际上的应用比起理论上的推导强大得多。本节将主要介绍反馈神经网络反向传播链式法则以及公式的推导，虽然整体过程简单，但这却是整个深度学习神经网络的理论基础。

4.3.1 深度学习基础

机器学习在理论上可以看作统计学在计算机科学上的一个应用。在统计学上，一个非常重要的内容就是拟合和预测，即基于以往的数据，建立光滑的曲线模型实现数据结果与数据变量的对应关系。

深度学习作为统计学的应用，同样是为了这个目的——寻找结果与影响因素的一一对应关系。只不过样本点由狭义的x和y扩展到向量、矩阵等广义的对应点。此时，由于数据的复杂度增加，对应关系模型的复杂度也随之增加，因而不能使用一个简单的函数表达。

数学上经常通过建立复杂的高次多元函数来解决复杂模型拟合的问题，但是大多数都失败了，因为过于复杂的函数式是无法进行求解的，也就是其公式的获取是不可能的。

基于前人的研究，科研工作人员发现可以通过神经网络来表示这样的一个一一对应关系，而神经网络本质就是一个多元复合函数，通过增加神经网络的层次和神经单元，可以更好地表达函数的复合关系。

图 4-11 所示是多层神经网络的一个图像表达方式，通过设置输入层、隐藏层与输出层，可以

形成一个多元函数来求解相关问题。

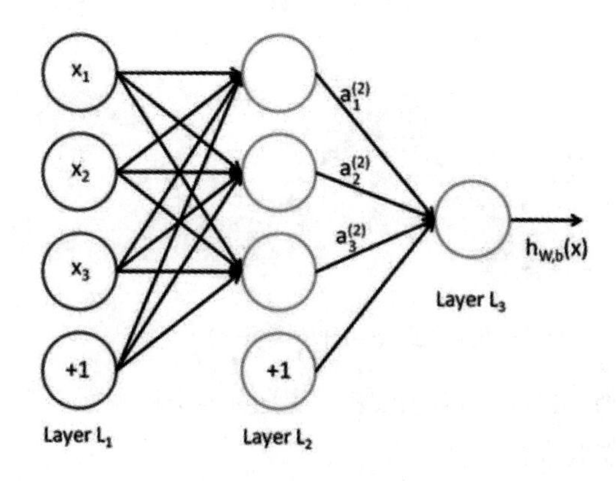

图 4-11　多层神经网络的表示

通过数学表达式将多层神经网络模型表达出来，公式如下：

$$
\begin{aligned}
a_1 &= f(w_{11}\times x_1 + w_{12}\times x_2 + w_{13}\times x_3 + b_1)\\
a_2 &= f(w_{21}\times x_1 + w_{22}\times x_2 + w_{23}\times x_3 + b_2)\\
a_3 &= f(w_{31}\times x_1 + w_{32}\times x_2 + w_{33}\times x_3 + b_3)\\
h(x) &= f(w_{11}\times a_1 + w_{12}\times a_2 + w_{13}\times a_3 + b_1)
\end{aligned}
$$

其中 x 是输入数值，w 是相邻神经元之间的权重，也就是神经网络在训练过程中需要学习的参数。与线性回归类似，神经网络学习同样需要一个“损失函数”，即训练目标通过调整每个权重值 w 来使得损失函数值最小。前面在讲解梯度下降算法的时候已经说过，如果权重过多或者指数过大，直接求解系数是一个不可能的事情，因此梯度下降算法是一个能够求解权重问题的比较好的方法。

4.3.2　链式求导法则

在梯度下降算法的介绍中，没有对其背后的原理做出更为详细的介绍。实际上梯度下降算法就是链式法则的一个具体应用，如果把前面公式中的损失函数以向量的形式表示为：

$$h(x) = f(w_{11},\ w_{12},\ w_{13},\ w_{14},\cdots,\ w_{ij})$$

那么其梯度向量为：

$$\nabla h = \frac{\partial f}{\partial w_{11}} + \frac{\partial f}{\partial w_{12}} + \cdots + \frac{\partial f}{\partial w_{ij}}$$

可以看到，其实所谓的梯度向量就是求出函数在每个向量上的偏导数之和。这也是链式法则用于解决问题的一个实例。

下面以 $e=(a+b)\times(b+1)$为例（其中 $a=2$、$b=1$），计算其偏导数，如图 4-12 所示。

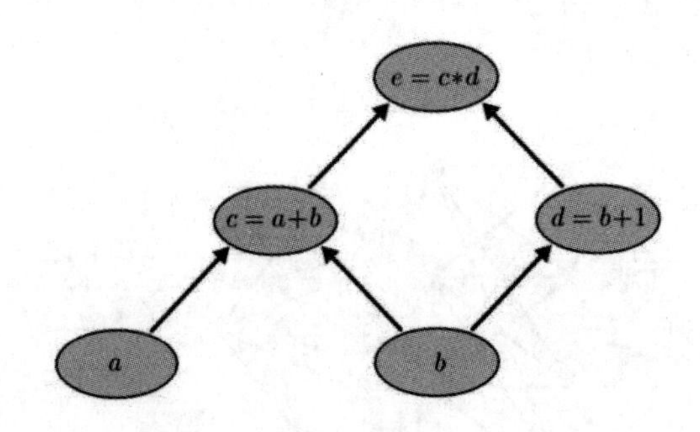

图 4-12 $e=(a+b)\times(b+1)$示意图

本例中为了求得最终值 e 对各个点的梯度，需要将各个点与 e 联系在一起。例如，期望求得 e 对输入点 a 的梯度，则只需要求得：

$$\frac{\partial e}{\partial a}=\frac{\partial e}{\partial c}\times\frac{\partial c}{\partial a}$$

这样就把 e 与 a 的梯度联系在一起了。同理可得：

$$\frac{\partial e}{\partial b}=\frac{\partial e}{\partial c}\times\frac{\partial c}{\partial b}+\frac{\partial e}{\partial d}\times\frac{\partial d}{\partial b}$$

用图表示，如图 4-13 所示。

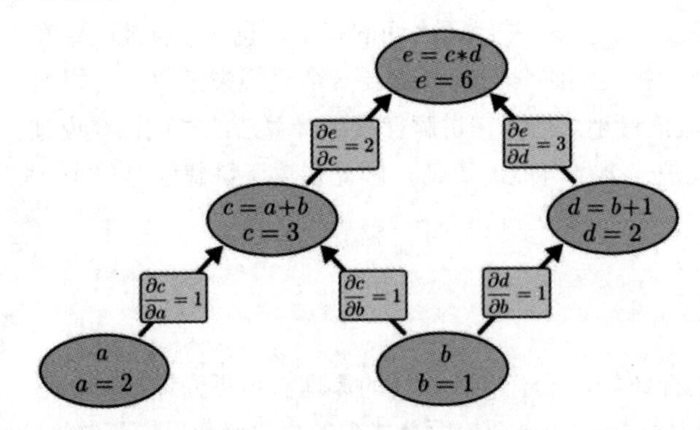

图 4-13 链式法则的应用

这样做的好处是显而易见的，求 e 对 a 的偏导数只需建立一个 e 到 a 的路径，图 4-13 中经过了 c，因此通过相关的求导链接就可以得到所需要的值。对于求 e 对 b 的偏导数，也只需建立一个 e 到 b 的求导路径即可获得需要的值。

4.3.3 反馈神经网络原理与公式推导

在上面的链式求导过程中，可能有读者已经注意到，如果拉长了求导过程或者增加了其中的单元，就会大大增加其中的计算过程，即很多偏导数的求导过程会被反复计算。因此，对于实际中权值达到数十万或者数百万的神经网络来说，这样的重复冗余所导致的计算量很大。

同样是为了求得对权重的更新，反馈神经网络算法将训练误差看作以权重向量中的每个元素为变量的高维函数，通过不断更新权重，寻找训练误差的最低点，按误差函数梯度下降的方向更新权值。

提示： 反馈神经网络算法的具体计算公式在本节后半部分进行推导。

首先求得最后的输出层与真实值之间的差距，如图 4-14 所示。

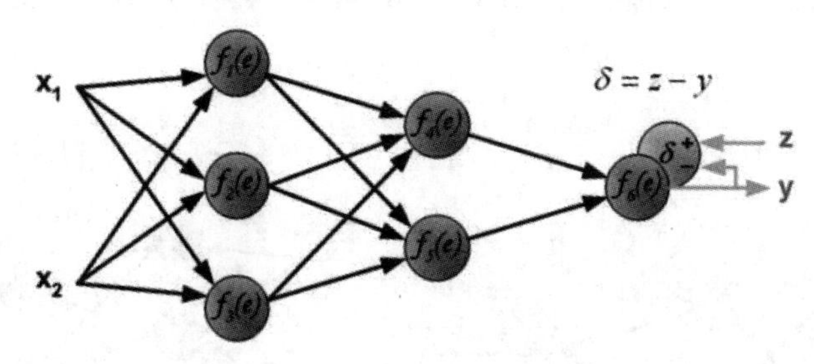

图 4-14　反馈神经网络最终误差的计算

然后以计算出的测量值与真实值为起点，反向传播到上一个节点，并计算出节点的误差值，如图 4-15 所示。

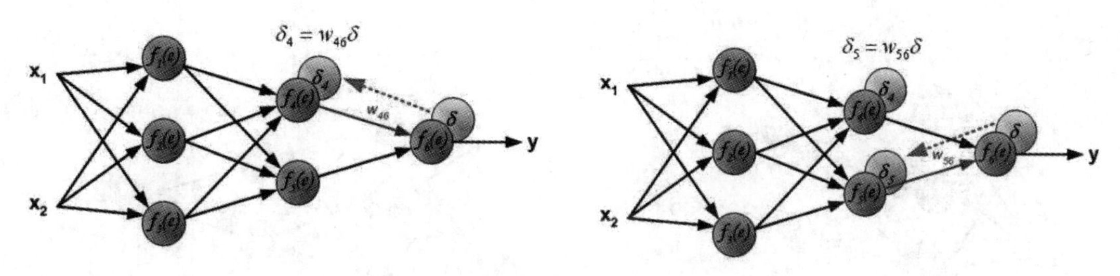

图 4-15　反馈神经网络输出层误差的反向传播

再将计算出的节点误差重新设置为起点，依次向后传播误差，如图 4-16 所示。

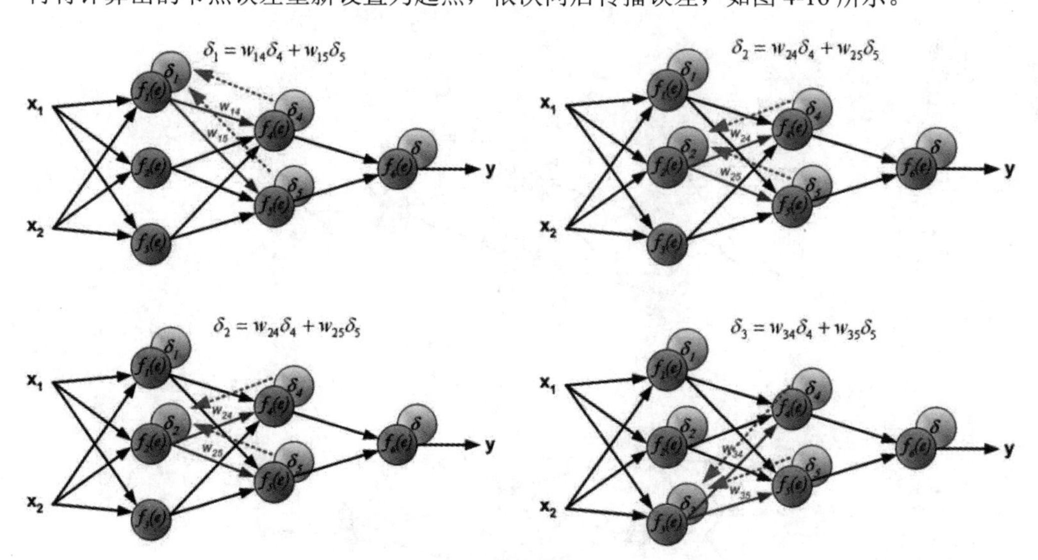

图 4-16　反馈神经网络隐藏层误差的反向传播

注意： 对于隐藏层，误差并不是像输出层一样由单个节点确定，而是由多个节点确定，因此对它的计算需要求出所有的误差值之和。

通俗地解释，一般情况下误差的产生是由于输入值与权重的计算产生了错误而导致的，对于输入值来说，输入值往往是固定不变的，因此对于误差的调节，则需要对权重进行更新。而权重的更新又以输入值与真实值的偏差为基础，当最终层的输出误差被反向一层一层地传递回来后，每个节点被相应地分配适合其在神经网络地位中所担负的误差，即只需要更新其所需承担的误差量，如图 4-17 所示。

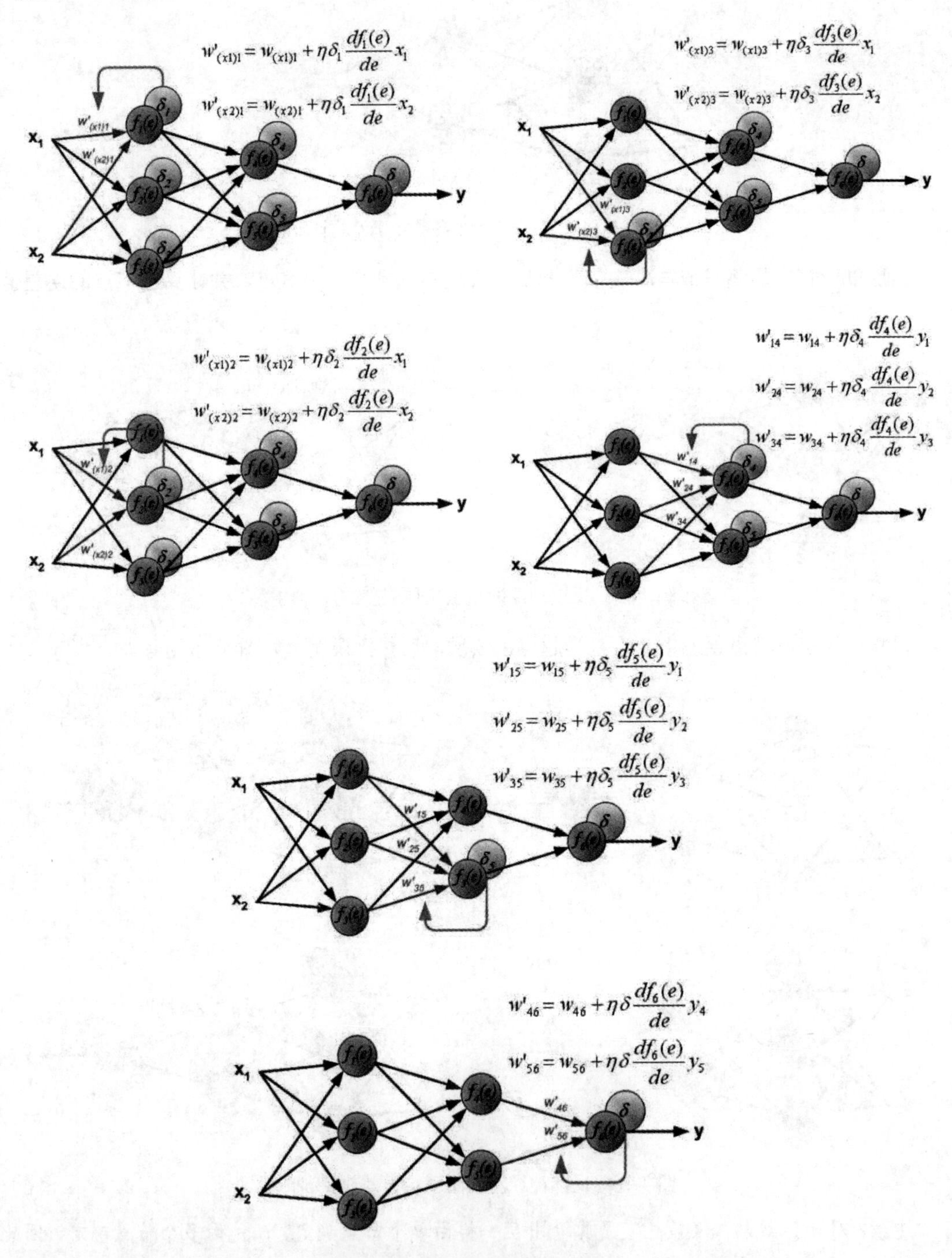

图 4-17　反馈神经网络权重的更新

在每一层中，都需要维护输出对当前层的微分值，该微分值被复用于之前每一层里权值的微分计算。因此算法的空间复杂度没有变化，同时也避免了重复计算，因为每一个微分值都在之后的迭代中得到有效使用。

下面介绍一下公式的推导。公式的推导需要使用一些高等数学的知识，因此读者可以自由选择学习。

从前文分析来看，对于反馈神经网络算法，主要需要得到输出值与真实值之间的差值，之后再利用这个差值去对权重进行更新。而这个差值在不同的传递层中有着不同的计算方法：

- 对于输出层单元，误差项是真实值与模型计算值之间的差值。
- 对于隐藏层单元，由于缺少直接的目标值来计算隐藏层单元的误差，因此需要以间接的方式来计算隐藏层的误差项，并对受隐藏层单元影响的每一个单元的误差进行加权求和。

而在其后的权值更新部分，则主要依靠学习速率、该权值对应的输入，以及单元的误差项来完成。

定义一：前向传播算法

对于前向传播的值传递，隐藏层输出值定义如下：

$$a_h^{Hl} = W_h^{Hl} \times X_i$$
$$b_h^{Hl} = f(a_h^{Hl})$$

其中 X_i 是当前节点的输入值，W_h^{Hl} 是连接到此节点的权重，a_h^{Hl} 是输出值，f 是当前阶段的激活函数，b_h^{Hl} 是当前节点的输入值经过计算后被激活的值。

而对于输出层，定义如下：

$$a_k = \sum W_{hk} \times b_h^{Hl}$$

其中 W_{hk} 为输入的权重，b_h^{Hl} 为输入值，即节点输入数据经过计算后的激活值。这里对所有输入值进行权重计算后求得和值，作为神经网络的最后输出值 a_k。

定义二：反向传播算法

与前向传播类似，反向传播首先需要定义两个值 δ_k 与 δ_h^{Hl}：

$$\delta_k = \frac{\partial L}{\partial a_k} = (Y - T)$$
$$\delta_h^{Hl} = \frac{\partial L}{\partial a_h^{Hl}}$$

其中 δ_k 为输出层的误差项，其计算值为真实值与模型计算值之间的差值；Y 是计算值；T 是真实值；δ_h^{Hl} 为输出层的误差。

提示：对于 δ_k 与 δ_h^{Hl} 来说，无论定义在哪个位置，都可以看作当前的输出值对于输入值的梯度计算。

通过前面的分析可以知道，所谓的神经网络反馈算法，就是逐层地将最终误差进行分解，即每一层只与下一层打交道，如图 4-18 所示。

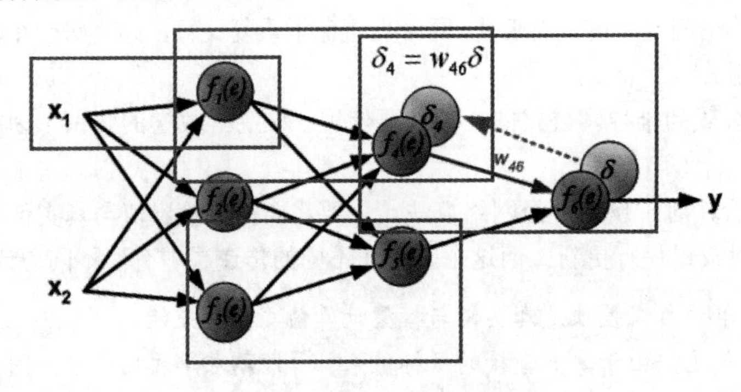

图 4-18　权重的逐层反向传导

据此可以假设每一层均为输出层的前一个层级，通过计算前一个层级与输出层的误差得到权重的更新。因此反馈神经网络计算公式定义为：

$$
\begin{aligned}
\delta_h^{Hl} &= \frac{\partial L}{\partial a_h^{Hl}} \\
&= \frac{\partial L}{\partial b_h^{Hl}} \times \frac{\partial b_h^{Hl}}{\partial a_h^{Hl}} \\
&= \frac{\partial L}{\partial b_h^{Hl}} \times f'(a_h^{Hl}) \\
&= \frac{\partial L}{\partial a_k} \times \frac{\partial a_k}{\partial b_h^{Hl}} \times f'(a_h^{Hl}) \\
&= \delta_k \times \sum W_{hk} \times f'(a_h^{Hl}) \\
&= \sum W_{hk} \times \delta_k \times f'(a_h^{Hl})
\end{aligned}
$$

即当前层输出值对误差的梯度可以通过下一层的误差与权重和输入值的梯度乘积获得。公式 $\sum W_{hk} \times \delta_k \times f'(a_h^{Hl})$ 中，若 δ_k 为输出层，则可以通过 $\delta k = \frac{\partial L}{\partial a_k} = (Y - T)$ 求得 δ_k 的值；若 δ_k 为非输出层，则可以使用逐层反馈的方式求得 δ_k 的值。

注意： 对于 δ_k 与 δ_h^{Hl} 来说，其计算结果都是当前的输出值对于输入值的梯度计算，是权重更新过程中一个非常重要的数据计算内容。

或者换一种表述形式，将前面公式表示为：

$$
\delta^l = \sum W_{ij}^l \times \delta_j^{l+1} \times f'(a_i^l)
$$

可以看到，通过更为泛化的公式，把当前层的输出对输入的梯度计算转换成求下一个层级的梯度计算值。

定义三：权重的更新

反馈神经网络计算的目的是对权重进行更新，由于与梯度下降算法类似，因此其更新可以仿照梯度下降对权值的更新公式：

$$\theta=\theta-a(f(\theta)-y_i)x_i$$

即：

$$W_{ji}=W_{ji}+a\times\delta_j^l\times x_{ji}$$
$$b_{ji}=b_{ji}+a\times\delta_j^l$$

其中 ji 表示为反向传播时对应的节点系数，通过对 δ_j^l 的计算就可以更新对应的权重值 W_{ji}。而对于还没有推导的 b_{ji}，其推导过程与 W_{ji} 类似，但是它的输入值在推导过程中是被消去的，请读者自行学习。

4.3.4　反馈神经网络原理的激活函数

现在回到反馈神经网络的函数：

$$\delta^l=\sum W_{ij}^l\times\delta_j^{l+1}\times f'(a_i^l)$$

对于此公式中的 W_{ij}^l、δ_j^{l+1} 以及所需要计算的目标 δ^l，已经做了较为详尽的解释，但是对于 $f'(a_i^l)$，却一直没有做出介绍。

在生物神经元中，传递进来的电信号通过神经元进行传递，而神经元的突触是有一定的敏感度的，只会对超过一定范围的信号进行反馈，即这个电信号必须大于某个阈值，神经元才会被激活，从而引起后续的传递。

在训练模型中同样需要设置神经元的阈值，即神经元被激活的频率，用于传递相应的信息。模型中这种能够确定是否激活当前神经元节点的函数被称为“激活函数”，如图 4-19 所示。

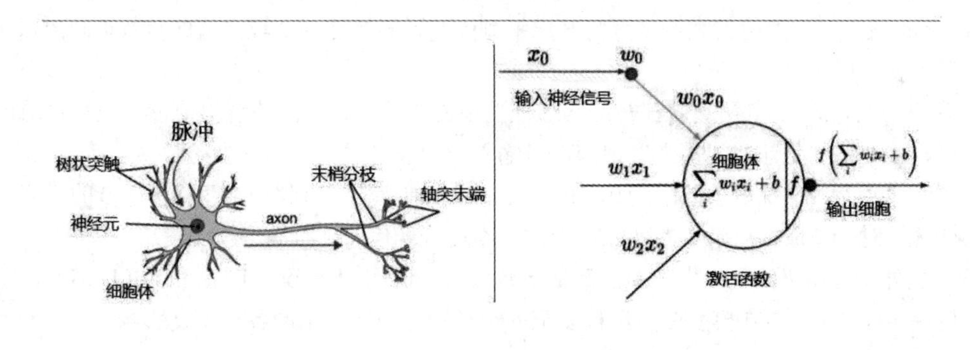

图 4-19　激活函数示意图

激活函数代表了生物神经元中接收到的信号强度，目前应用范围较广的激活函数为 sigmoid 函数。因为它在运行过程中只接受一个值，输出也是一个经过公式计算后的值，且其输出值范围为 0~1。sigmoid 函数公式：

$$y=\frac{1}{1+\mathrm{e}^{-x}}$$

其图形如图 4-20 所示。

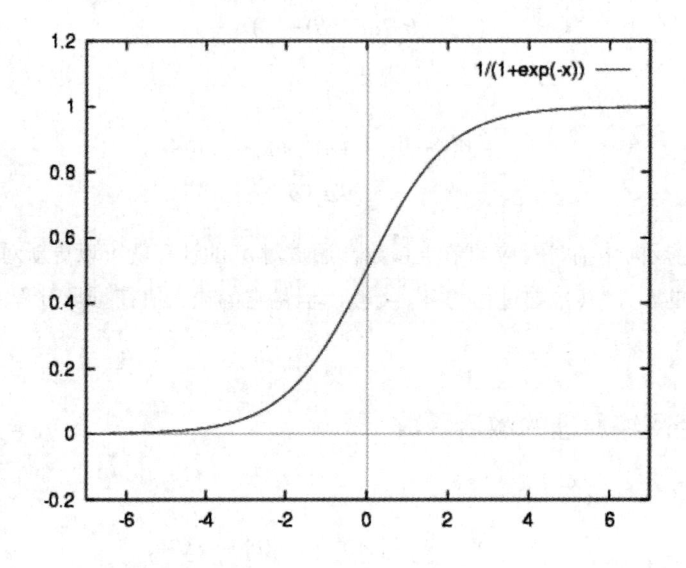

图 4-20　sigmoid 激活函数图

其导函数求法也较为简单，即

$$y' = \frac{e^{-x}}{(1+e^{-x})^2}$$

换一种表示方式为：

$$f(x)' = f(x) \times (1 - f(x))$$

sigmoid 输入一个实值的数，之后将其压缩到[0,1]区间，特别是较大值的负数被映射成 0，而大的正数被映射成 1。

顺带说一句，sigmoid 函数曾在神经网络模型中占据了很长时间的统治地位，但是目前已经不常使用了，主要原因是非常容易区域饱和，当输入开始非常大或者非常小的时候，sigmoid 会产生一个平缓区域，其中的梯度值几乎为 0，而这又会造成梯度传播过程中产生接近于 0 的梯度，这样在后续的传播时会造成梯度消散的现象，因此并不适合现代的神经网络模型使用。

除此之外，近年来涌现出大量新的激活函数模型，例如 Maxout、Tanh 和 ReLU 模型，它们都是为了解决传统的 sigmoid 模型在更深程度上的神经网络中所产生的各种不良影响。

4.3.5　反馈神经网络原理的 Python 实现

经过前几节的学习，读者对神经网络的算法和描述有了一定的理解，本节将使用 Python 代码去实现一个自己的反馈神经网络。

简化起见，这里的反馈神经网络被设置成 3 层，即只有一个输入层、一个隐藏层以及最终的输出层。

（1）确定辅助函数：

```
def rand(a, b):
    return (b - a) * random.random() + a
```

```
def make_matrix(m,n,fill=0.0):
     mat = []
     for i in range(m):
        mat.append([fill] * n)
     return mat
def sigmoid(x):
     return 1.0 / (1.0 + math.exp(-x))
def sigmod_derivate(x):
     return x * (1 - x)
```

代码中首先定义了随机值，使用 random 包中的 random 函数生成了一系列随机数，之后的 make_matrix 函数生成了相对应的矩阵。sigmoid 和 sigmod_derivate 分别是激活函数和激活函数的导函数，这也是前文所定义的内容。

（2）进入反馈神经网络类的正式定义，在类的定义中对数据进行内容的设定。

```
def __init__(self):
    self.input_n = 0
    self.hidden_n = 0
    self.output_n = 0
    self.input_cells = []
    self.hidden_cells = []
    self.output_cells = []
    self.input_weights = []
    self.output_weights = []
```

init 函数的作用是对神经网络参数进行初始化，即在其中设置了输入层、隐藏层以及输出层中节点的个数；各个 cells 数据是各个层中节点的数值；weights 数据代表各个层的权重。

（3）定义 setup 函数，作用是对 init 函数中设定的数据进行初始化。

```
def setup(self,ni,nh,no):
    self.input_n = ni + 1
    self.hidden_n = nh
    self.output_n = no
    self.input_cells = [1.0] * self.input_n
    self.hidden_cells = [1.0] * self.hidden_n
    self.output_cells = [1.0] * self.output_n
    self.input_weights = make_matrix(self.input_n,self.hidden_n)
    self.output_weights = make_matrix(self.hidden_n,self.output_n)
    #随机激活
    for i in range(self.input_n):
       for h in range(self.hidden_n):
          self.input_weights[i][h] = rand(-0.2, 0.2)
    for h in range(self.hidden_n):
       for o in range(self.output_n):
          self.output_weights[h][o] = rand(-2.0, 2.0)
```

需要注意，输入层节点个数被设置成 ni+1，这是因为其中包含了 bias 偏置数；各个节点与 1.0 相乘的结果是初始化节点的数值；各个层的权重值根据输入、隐藏层以及输出层中节点的个数被初始化并被赋值。

（4）定义完各个层的数目后，下面正式进入神经网络内容的定义。首先是神经网络前向的计算。

```
    def predict(self,inputs):
        for i in range(self.input_n - 1):
            self.input_cells[i] = inputs[i]
        for j in range(self.hidden_n):
            total = 0.0
            for i in range(self.input_n):
                total += self.input_cells[i] * self.input_weights[i][j]
            self.hidden_cells[j] = sigmoid(total)
        for k in range(self.output_n):
            total = 0.0
            for j in range(self.hidden_n):
                total += self.hidden_cells[j] * self.output_weights[j][k]
            self.output_cells[k] = sigmoid(total)
        return self.output_cells[:]
```

代码段中将数据输入函数中，通过隐藏层和输出层的计算，最终以数组的形式输出。案例的完整代码如下：

```
import numpy as np
import math
import random
def rand(a, b):
    return (b - a) * random.random() + a
def make_matrix(m,n,fill=0.0):
    mat = []
    for i in range(m):
        mat.append([fill] * n)
    return mat
def sigmoid(x):
return 1.0 / (1.0 + math.exp(-x))
def sigmod_derivate(x):
    return x * (1 - x)
class BPNeuralNetwork:
    def __init__(self):
        self.input_n = 0
        self.hidden_n = 0
        self.output_n = 0
        self.input_cells = []
        self.hidden_cells = []
        self.output_cells = []
        self.input_weights = []
        self.output_weights = []
    def setup(self,ni,nh,no):
        self.input_n = ni + 1
        self.hidden_n = nh
        self.output_n = no
        self.input_cells = [1.0] * self.input_n
        self.hidden_cells = [1.0] * self.hidden_n
```

```
        self.output_cells = [1.0] * self.output_n
        self.input_weights = make_matrix(self.input_n,self.hidden_n)
        self.output_weights = make_matrix(self.hidden_n,self.output_n)
        #随机激活
        for i in range(self.input_n):
            for h in range(self.hidden_n):
                self.input_weights[i][h] = rand(-0.2, 0.2)
        for h in range(self.hidden_n):
            for o in range(self.output_n):
                self.output_weights[h][o] = rand(-2.0, 2.0)
    def predict(self,inputs):
        for i in range(self.input_n - 1):
            self.input_cells[i] = inputs[i]
        for j in range(self.hidden_n):
            total = 0.0
            for i in range(self.input_n):
                total += self.input_cells[i] * self.input_weights[i][j]
            self.hidden_cells[j] = sigmoid(total)
        for k in range(self.output_n):
            total = 0.0
            for j in range(self.hidden_n):
                total += self.hidden_cells[j] * self.output_weights[j][k]
            self.output_cells[k] = sigmoid(total)
        return self.output_cells[:]
    def back_propagate(self,case,label,learn):
        self.predict(case)
        #计算输出层的误差
        output_deltas = [0.0] * self.output_n
        for k in range(self.output_n):
            error = label[k] - self.output_cells[k]
            output_deltas[k] = sigmod_derivate(self.output_cells[k]) * error
        #计算隐藏层的误差
        hidden_deltas = [0.0] * self.hidden_n
        for j in range(self.hidden_n):
            error = 0.0
            for k in range(self.output_n):
                error += output_deltas[k] * self.output_weights[j][k]
            hidden_deltas[j] = sigmod_derivate(self.hidden_cells[j]) * error
        #更新输出层权重
        for j in range(self.hidden_n):
            for k in range(self.output_n):
               self.output_weights[j][k] += learn * output_deltas[k] *
self.hidden_cells[j]
        #更新隐藏层权重
        for i in range(self.input_n):
            for j in range(self.hidden_n):
                self.input_weights[i][j] += learn * hidden_deltas[j] *
self.input_cells[i]
        error = 0
        for o in range(len(label)):
            error += 0.5 * (label[o] - self.output_cells[o]) ** 2
```

```
        return error
    def train(self,cases,labels,limit = 100,learn = 0.05):
        for i in range(limit):
            error = 0
            for i in range(len(cases)):
                label = labels[i]
                case = cases[i]
                error += self.back_propagate(case, label, learn)
        pass
    def test(self):
        cases = [
            [0, 0],
            [0, 1],
            [1, 0],
            [1, 1],
        ]
        labels = [[0], [1], [1], [0]]
        self.setup(2, 5, 1)
        self.train(cases, labels, 10000, 0.05)
        for case in cases:
            print(self.predict(case))
if __name__ == '__main__':
    nn = BPNeuralNetwork()
    nn.test()
```

4.4 本章小结

本章完整介绍了深度学习的起始知识——反向传播神经网络的原理和实现，这是整个深度学习最为基础的内容。反向传播神经网络是一种通过误差反向传播来进行训练的多层前馈网络，它包含了输入层、隐藏层和输出层，通过激活函数将输入信号转换为输出信号。在训练过程中，通过反向传播算法来更新网络中的权重和偏置，以使得网络的输出更好地逼近真实值。

在后续章节中，笔者会带领读者了解更多的神经网络，如卷积神经网络、循环神经网络、基于注意力机制的神经网络等。这些神经网络都是在反向传播神经网络的基础上发展而来的，并针对不同的任务和数据类型进行了优化和改进。

通过本章的学习，读者将能够掌握反向传播神经网络的基本原理和实现方法，了解深度学习的基本框架和流程。这将为读者在后续章节中学习和应用更复杂的神经网络打下坚实的基础。

第5章

基于PyTorch卷积层的MNIST分类实战

在第3章中，通过多层感知机完成了MNIST分类的实战演示。多层感知机是一种基于整体分类目标数据的计算方法。尽管从演示效果来看，多层感知机也能够较好地完成项目的分类目标，但它使用了大量的参数。此外，由于多层感知机对数据进行的是总体性处理，因此无法避免地忽略了数据的局部特征的处理与掌握。这就需要一种能够对输入数据的局部特征进行抽取和计算的新工具。

卷积神经网络（CNN）是从信号处理领域衍生出的一种数字信号处理方式，专为处理具有矩阵特征的网络结构而设计。在音频处理和图像处理等领域，卷积神经网络具有独特的优势，甚至可以说是无可比拟的。

本章首先将详细介绍卷积运算的概念，包括基本卷积运算示例、卷积函数实现、池化运算和卷积神经网络原理，然后介绍基于卷积的MNIST手写体分类实战，最后介绍PyTorch的深度可分离膨胀卷积。

5.1 卷积运算的基本概念

在数字图像处理中有一种基本的处理方法，即线性滤波。它将待处理的二维数字看作一个大型矩阵，图像中的每个像素可以看作矩阵中的每个元素，像素的大小就是矩阵中的元素值。

使用的滤波工具是另一个小型矩阵，这个矩阵被称为卷积核。卷积核的大小远远小于图像矩阵的大小，而具体的计算方式就是对于图像大矩阵中的每个像素，计算其周围的像素和卷积核对应位置的乘积，之后将结果相加，最终得到的数值就是该像素的值，这样就完成了一次卷积。最简单的图像卷积运算如图5-1所示。

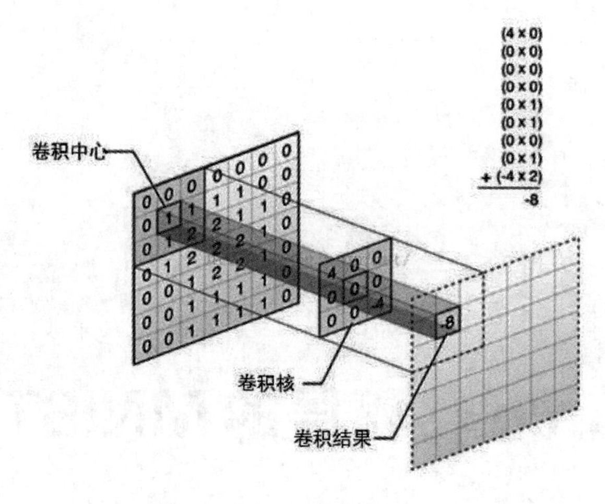

图 5-1　卷积运算

本节将详细介绍卷积的运算和定义，以及一些细节调整，这些都是卷积使用中必不可少的内容。

5.1.1　基本卷积运算示例

前面已经说过了，卷积实际上是使用两个大小不同的矩阵进行的一种数学运算。为了便于读者理解，我们从一个例子开始。

需要对高速公路上的跑车进行位置追踪，这也是卷积神经网络图像处理的一个非常重要的应用。摄像头接收到的信号被计算为 $x(t)$，表示跑车在时刻 t 时的位置。但是实际上的处理往往没那么简单，因为会受到各种自然因素和摄像头传感器滞后的影响。因此，为了得到跑车位置的实时数据，采用的方法就是对测量结果进行均值化处理。对于运动中的目标，由于滞后性的原因，采样时间越长，定位的准确率越低，而采样时间越短，则越接近于真实值。因此可以对不同的时间段赋予不同的权重，即通过一个权值定义来计算，这个可以表示为：

$$s(t)=\int x(a)\omega(t-a)\mathrm{d}a$$

这种运算方式被称为卷积运算。换个符号表示为：

$$s(t)=(x\times\omega)(t)$$

在卷积公式中，第一个参数 x 被称为“输入数据”，而第二个参数 ω 被称为“核函数”，$s(t)$ 是输出，即特征映射。

对于稀疏矩阵来说，卷积网络具有稀疏性，即卷积核的大小远远小于输入数据矩阵的大小。例如，当输入一个图片信息时，数据的大小可能为上万的结构，但是使用的卷积核却只有几十，这样能够在计算后获取更少的参数特征，极大地减少了后续的计算量，如图 5-2 所示。

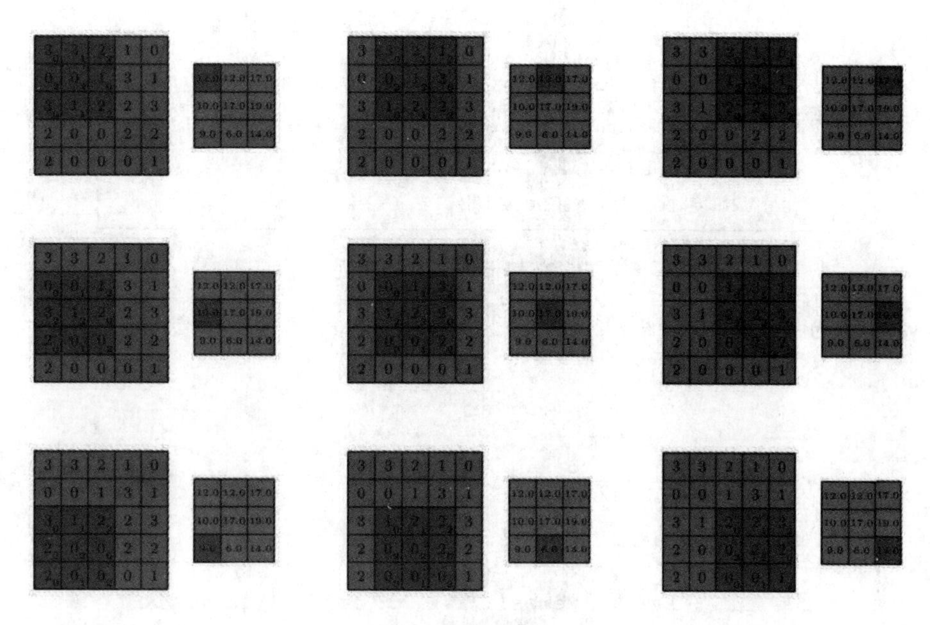

图5-2 稀疏矩阵

在传统的神经网络中，每个权重只对其连接的输入和输出起作用，当其连接的输入和输出元素结束后就不会再用到。而参数共享指的是在卷积神经网络中，核的每一个元素都被用在输入的每一个位置上，在过程中只需学习一个参数集合，就能把这个参数应用到所有的图片元素中。

```
import  numpy as np
dateMat = np.ones((7,7))
kernel = np.array([[2,1,1],[3,0,1],[1,1,0]])
def convolve(dateMat,kernel):
    m,n = dateMat.shape
    km,kn = kernel.shape
    newMat = np.ones(((m - km + 1),(n - kn + 1)))
    tempMat = np.ones(((km),(kn)))
    for row in range(m - km + 1):
        for col in range(n - kn + 1):
            for m_k in range(km):
                for n_k in range(kn):
                    tempMat[m_k,n_k] = dateMat[(row + m_k),(col + n_k)] *
kernel[m_k,n_k]
            newMat[row,col] = np.sum(tempMat)
    return newMat
```

上面代码实现了由Python基础运算包完成卷积操作，卷积核从左到右、从上到下进行卷积计算，最后返回新的矩阵。

5.1.2 PyTorch中卷积函数实现详解

5.1.1节通过Python实现了卷积的计算，PyTorch为了框架计算的迅捷，也使用了专门的高级API函数Conv2D(Conv)作为卷积计算函数，如图5-3所示。

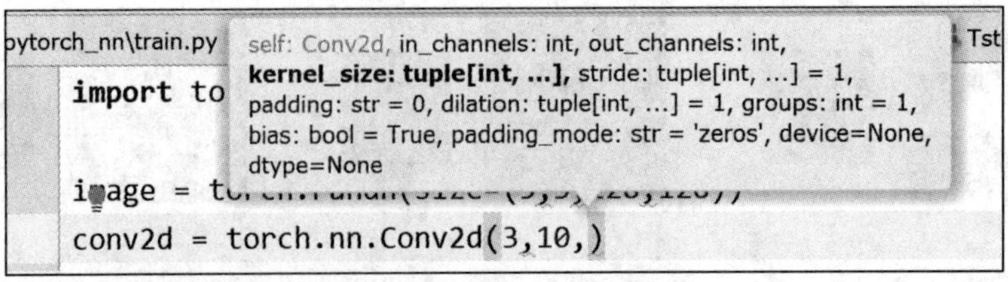

```
pytorch_nn\train.py                                                              Tst
    import to    self: Conv2d, in_channels: int, out_channels: int,
                 kernel_size: tuple[int, ...], stride: tuple[int, ...] = 1,
                 padding: str = 0, dilation: tuple[int, ...] = 1, groups: int = 1,
                 bias: bool = True, padding_mode: str = 'zeros', device=None,
                 dtype=None
    image = to
    conv2d = torch.nn.Conv2d(3,10,)
```

图 5-3　Conv2d(Conv)函数

Conv2d(Conv)函数是搭建卷积神经网络最为核心的函数之一，其说明如下：

```
    class Conv2d(_ConvNd):
        ...
    def __init__(
            self, in_channels: int, out_channels: int, kernel_size: _size_2_t,
stride: _size_2_t = 1,
            padding: Union[str, _size_2_t] = 0,dilation: _size_2_t = 1,groups: int
= 1, bias: bool = True,
            padding_mode: str = 'zeros',  #TODO: refine this type
            device=None,
            dtype=None
        ) -> None:
```

Conv2d是PyTorch的卷积层所自带的函数，其中最重要的5个参数如下：

- in_channels：输入的卷积核数目。
- out_channels：输出的卷积核数目。
- kernel_size：卷积核大小，它要求是一个输入向量，具有[filter_height, filter_width]这样的维度，具体含义是[卷积核的高度，卷积核的宽度]，要求类型与参数input相同。
- stride：步长，卷积在图形计算时移动的步长，默认为1。如果参数是stride=(2, 1),2代表着高（h）的步长为2，1代表着宽（w）的步长为1。
- padding：补全方式，int类型，取值只能是"1"和"0"其中之一，值为0表示维度变化补偿，值为1表示维度不变补偿。这个值决定了使用的卷积方式。

一个使用卷积计算的代码示例如下：

```
import torch

image = torch.randn(size=(5,3,128,128))

#下面是定义的卷积层示例
"""
输入维度：3
输出维度：10
卷积核大小：基本写法是[3,3]，下面的简略写法3代表卷积核的长和宽大小一致
步长：2
补偿方式：维度不变补偿
"""
conv2d = torch.nn.Conv2d(3,10,kernel_size=3,stride=1,padding=1)
image_new = conv2d(image)
print(image_new.shape)
```

上面代码段展示了一个使用 PyTorch 2.0 高级 API 函数 Conv2d 进行卷积计算的例子，首先随机生成 5 个[3,128,128]大小的矩阵，然后使用 1 个大小为[3,3]的卷积核对它进行计算。打印结果如下：

```
torch.Size([5, 10, 128, 128])
```

这是计算后生成的新图形，其维度大小根据设置而没有变化，这是因为我们所使用的补偿方式是将它按原有大小进行补偿。

卷积在工作时，边缘被处理消失，因此生成的结果小于原有的图像。但是有时候需要生成的卷积结果和原输入矩阵的大小一致，此时就需要将参数 padding 的值设为"1"，表示图像边缘将由一圈 0 补齐，使得卷积后的图像大小和输入大小一致，示意如下：

```
0 000000000 0
0 xxxxxxxxx 0
0 xxxxxxxxx 0
0 xxxxxxxxx 0
0 000000000 0
```

从中可以看到，内部的 x 是图片的矩阵信息，而外面一圈是补齐的 0，而 0 在卷积处理时对最终结果没有任何影响。这里只略微对它进行了修改，更多的参数调整请读者自行调试查看。

下面修改一下卷积核 stride，也就是步长，代码如下：

```
import torch

image = torch.randn(size=(5,3,128,128))

conv2d = torch.nn.Conv2d(3,10,kernel_size=3,stride=2,padding=1)
image_new = conv2d(image)
print(image_new.shape)
```

使用同样大小的输入数据修正了卷积核的步长，最终结果如下：

```
torch.Size([5, 10, 64, 64])
```

下面对这个情况进行总结，经过卷积计算后图像的大小变化可以由如下公式进行确定：

$$N=(W-F+2P)//S+1$$

- W：输入图片的大小（W×W）。
- F：卷积核大小（F×F）。
- S：步长。
- P：padding的像素数，一般情况下P=1或者0。

把上述数据代入公式可得：

$$N=(128-3+2)//2+1$$

需要注意的是，这里是取模计算，因此 127//2 = 63。

5.1.3　池化运算

在通过卷积获得了特征之后，下一步希望利用这些特征去做分类。理论上讲，人们可以用所有提取到的特征去训练分类器，例如softmax分类器，但这样做面临计算量的挑战。为了降低计算量，我们尝试利用神经网络的“参数共享”这一特性，这也就意味着在一个图像区域中有用的特征极有可能在另一个区域中同样适用。因此，为了描述大的图像，一个很自然的想法就是对不同位置的特征进行聚合统计。

特征提取可以计算图像一个区域上的某个特定特征的平均值（或最大值），如图5-4所示。这些概要统计特征不仅具有低得多的维度（相比使用所有提取得到的特征），同时还会改善结果（不容易过拟合）。这种聚合的操作就叫作池化（Pooling），有时也称为平均池化或者最大池化（取决于计算池化的方法）。

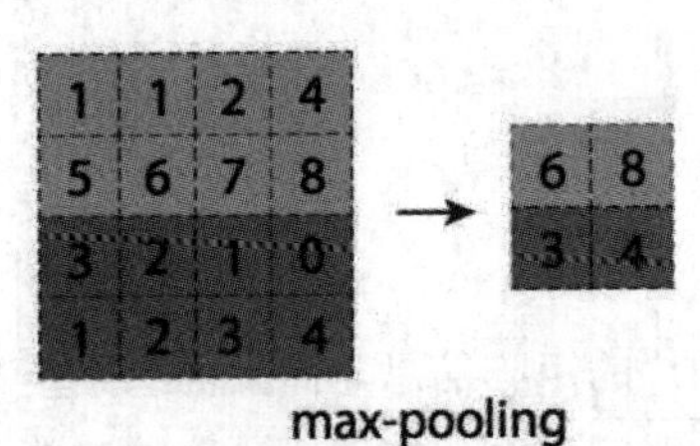

图5-4　max-pooling 后的图像

如果选择图像中的连续范围作为池化区域，并且只是池化相同（重复）的隐藏单元产生的特征，那么，这些池化单元就具有平移不变性（Translationinvariant）。这就意味着即使图像经历了一个小的平移，依然会产生相同的（池化的）特征。在很多任务中（例如物体检测、声音识别），我们都更希望得到具有平移不变性的特征，即使图像经过了平移，但样例（图像）的标记仍然保持不变。

PyTorch 2.0 中池化运算的函数如下：

```
    class AvgPool2d(_AvgPoolNd):
        ...
    def __init__(self, kernel_size: _size_2_t, stride: Optional[_size_2_t] = None,
padding: _size_2_t = 0,
                ceil_mode: bool = False, count_include_pad: bool = True,
divisor_override: Optional[int] = None) -> None:
```

重要的参数如下：

- kernel_size：池化窗口的大小，默认大小一般是[2, 2]。
- strides：和卷积类似，窗口在每一个维度上滑动的步长，默认大小一般也是[2,2]。
- padding：和卷积类似，可以取1 或者0，返回一个张量，类型不变，shape仍然是[batch, channel,height, width]这种形式。

池化在处理输入数据时发挥着重要作用，能够实现数据表示的近似不变性。其中，平移不变性是一种特殊情况，指的是即使输入数据发生少量平移，池化后的输出结果依然保持稳定。这种局部平移不变性在处理图像和特征识别任务时尤为有用，因为它关注的是特征是否存在，而非其出现的精确位置。

例如，在判定一幅图像中是否包含人脸时，并不需要判定眼睛的位置，只需要知道有一只眼睛出现在脸部的左侧，另外一只出现在脸部的右侧就可以了。使用池化层的代码如下：

```
import torch

image = torch.randn(size=(5,3,28,28))

pool = torch.nn.AvgPool2d(kernel_size=3,stride=2,padding=0)
image_pooled = pool(image)
print(image_pooled.shape)
```

除此之外，PyTorch 2.0 中还提供了一种新的池化层，叫作“全局池化层”，使用方法如下：

```
import torch

image = torch.randn(size=(5,3,28,28))
image_pooled = torch.nn.AdaptiveAvgPool2d(1)(image)
print(image_pooled.shape)
```

这个函数的作用是对输入的图形进行全局池化，也就是在每个 channel 上对图形整体进行“归一化”的池化计算，结果请读者自行打印验证。

5.1.4　softmax 激活函数

softmax 函数在 2.1.3 节已经做过介绍，并且使用 NumPy 自定义实现了 softmax 函数。softmax 是一个对概率进行计算的模型，因为在真实的计算模型系统中，对一个实物的判定并不是 100%，而是只是有一定的概率，并且在所有的结果标签上，都可以求出一个概率。

$$f(x)=\sum_{i}^{j} w_{ij}x_j+b$$

$$\text{softmax}=\frac{\mathrm{e}^{v_i}}{\sum_{0}^{j}\mathrm{e}^{v_i}}$$

$$y=\text{softmax}(f(x))=\text{softmax}(w_{ij}x_j+b)$$

其中第一个公式是人为定义的训练模型，这里采用的是输入数据与权重的乘积之和加上一个偏置 b 的方式。偏置 b 存在的意义是为了加上一定的噪声。

对于求出的 $f(x)=\sum_{i}^{j} w_{ij}x_j+b$，softmax 的作用就是将它转换成概率。换句话说，这里的 softmax 可以看作一个激励函数，将计算的模型输出转换为在一定范围内的数值，并且这些数值的和为 1，而每个单独的数据结果都有其特定的概率分布。

用更为正式的语言表述就是 softmax 是模型函数定义的一种形式，把输入值当成幂指数求值，再正则化这些结果值。这个幂运算表示，更大的概率计算结果意味着在假设模型里面拥有更大的乘数权重值；反之，更少的概率计算结果意味着在假设模型里面拥有更小的乘数权重值。假设模型里的权值不可以是 0 值或者负值。softmax 会正则化这些权重值，使它们的总和等于 1，以此构造一个有效的概率分布。

对于最终的公式 $y = \mathrm{softmax}(f(x)) = \mathrm{softmax}(w_{ij}x_j + b)$ 来说，可以将它看作如图 5-5 所示的形式。

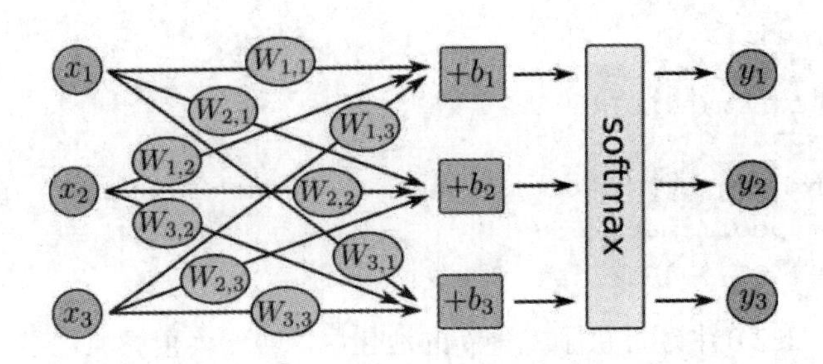

图 5-5　softmax 计算形式

图 5-5 演示了 softmax 的计算公式，这实际上就是输入的数据通过与权重相乘之后进行 softmax 计算得到的结果。

如果将这个计算过程用矩阵形式表示出来，就是矩阵乘法和向量加法，如图 5-6 所示。这样有利于使用 PyTorch 内置的数学公式进行计算，极大地提高了程序效率。

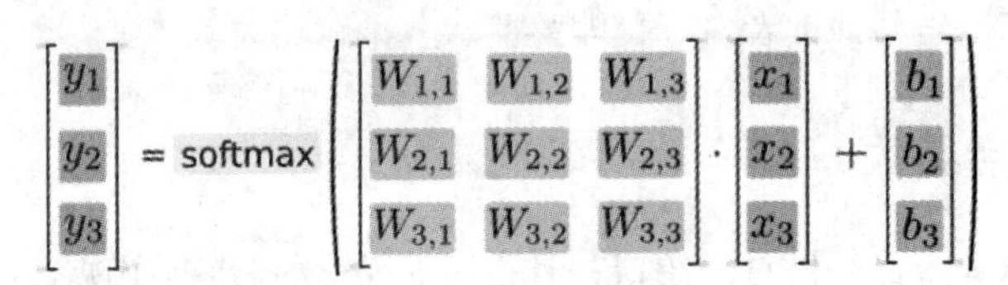

图 5-6　softmax 矩阵表示

5.1.5　卷积神经网络原理

卷积神经网络从本质上来说就是将图像处理中的二维离散卷积运算和神经网络相结合。这种卷积运算可以用于自动提取特征，而卷积神经网络也主要应用于二维图像的识别。下面将采用图示的方法更加直观地介绍卷积神经网络的工作原理。

一个典型的卷积神经网络结构通常包括输入层、卷积层、池化层、全连接层以及输出层。然而，在实际应用中，为了更有效地提取和抽象特征，我们往往会采用多层的卷积神经网络结构。通过逐层地提取和抽象特征，我们可以获得更为高级和抽象的特征表示，这些特征对于图像识别（分类）等任务至关重要，因为它们能够捕捉到数据中的本质模式，从而提高模型的识别性能。

图 5-7 展示了一幅图片进行卷积神经网络处理的过程，其中主要包含 4 个步骤：

（1）输入图像：获取输入的数据图像。

（2）卷积：对图像特征进行提取。

（3）池化层：用于缩小在卷积时获取的图像特征。

（4）全连接层：用于对图像进行分类。

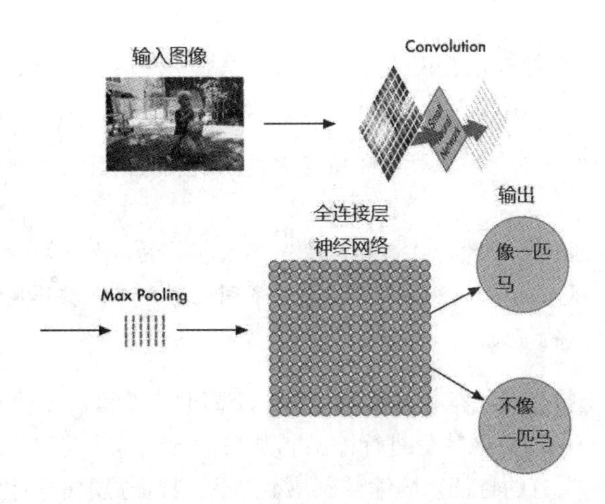

图 5-7　卷积神经网络处理图像的步骤

这 4 个步骤依次进行，分别具有不同的作用。经过卷积处理后的图像被分为若干个大小相同的、只具有局部特征的图像，如图 5-8 所示。

图 5-8　卷积处理的分解图像

图 5-9 表示对分解后的图像使用一个小型神经网络做更进一步的处理，即将二维矩阵转换成一维数组。

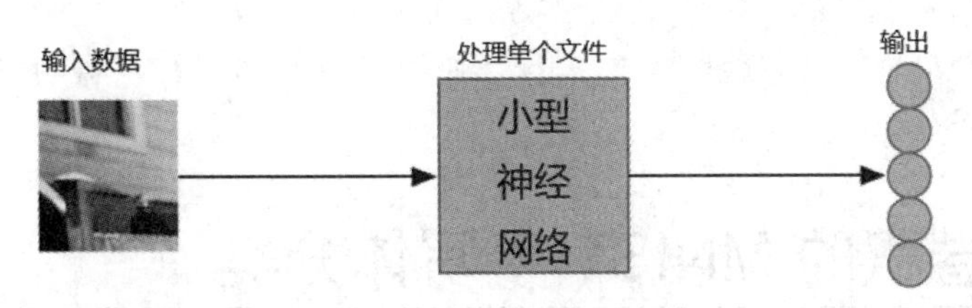

图 5-9　分解后的图像的处理

这里需要说明，在对图像进行卷积化处理时，卷积算法对所有的分解后的局部特征进行同样的计算，这个步骤称为“权值共享”。这样做的依据如下：

- 对图像等数组数据来说，局部数组的值经常是高度相关的，可以形成容易被探测到的、独特的局部特征。
- 图像和其他信号的局部统计特征与其位置是不太相关的，如果特征图能在图像的一个部分出现，那么它也能出现在任何地方。因此，不同位置的单元共享同样的权重，并在数组的不同部分探测相同的模式。

数学上，这种由一个特征图执行的过滤操作是一个离散的卷积，卷积神经网络由此得名。

池化层的作用是对获取的图像特征进行缩减。从前面的例子中可以看到，使用[2,2]大小的矩阵来处理特征矩阵，使得原有的特征矩阵缩减到1/4大小。特征提取的池化效应如图5-10所示。

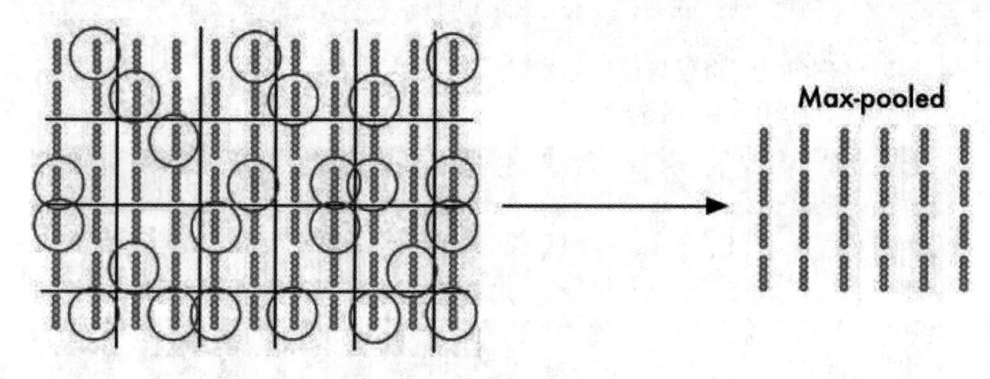

图5-10　池化处理后的图像

经过池化处理后的矩阵作为下一层神经网络的输入，使用一个全连接层对输入的数据进行分类计算（见图5-11），从而计算出这个图像所对应位置的最大概率类别。

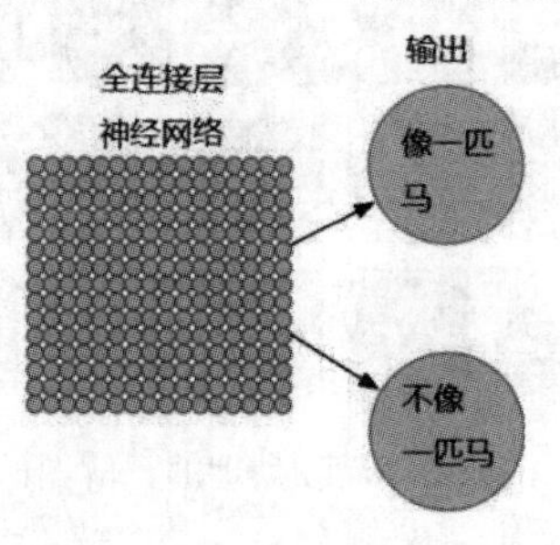

图5-11　全连接层判断

采用较为通俗的语言概括，卷积神经网络是一个层级递增的结构，是从边缘、结构和位置等角度一起感知物体的形状。可以将它看作一个人在读报纸，首先一字一句地读取，之后整段地理解，最后获得全文的表述。

5.2　基于卷积的MNIST手写体分类

在3.1节中，我们实现了基于多层感知机的MNIST手写体识别，本节将实现用卷积神经网络完成的 MNIST 手写体识别。

5.2.1　数据的准备

在本例中我们依旧使用 MNIST 数据集。相对于前面章节直接对数据进行“折叠”处理，这里需要显式地标注出数据的通道，代码如下：

```
import numpy as np
import einops.layers.torch as elt

#载入数据
x_train = np.load("../dataset/mnist/x_train.npy")
y_train_label = np.load("../dataset/mnist/y_train_label.npy")

x_train = np.expand_dims(x_train,axis=1)    #在指定维度上进行扩充
print(x_train.shape)
```

在上面代码中，np.expand_dims 的作用是在指定维度上进行扩充，这里是在第二维，也就是 PyTorch 的通道维度上进行扩充，结果如下：

```
(60000, 1, 28, 28)
```

5.2.2　模型的设计

在本例中，我们将使用卷积层对数据进行处理，完整的模型代码如下：

```
import torch
import torch.nn as nn
import numpy as np
import einops.layers.torch as elt

class MnistNetword(nn.Module):
    def __init__(self):
        super(MnistNetword, self).__init__()
        #前置的特征提取模块
self.convs_stack = nn.Sequential(
            nn.Conv2d(1,12,kernel_size=7),    #第一个卷积层
            nn.ReLU(),
            nn.Conv2d(12,24,kernel_size=5),   #第二个卷积层
            nn.ReLU(),
            nn.Conv2d(24,6,kernel_size=3)     #第三个卷积层
        )
        #最终分类器层
        self.logits_layer = nn.Linear(in_features=1536,out_features=10)

    def forward(self,inputs):
        image = inputs
        x = self.convs_stack(image)

        #elt.Rearrange 的作用是对输入数据维度进行调整，读者可以使用 torch.nn.Flatten
函数完成此工作
```

```
        x = elt.Rearrange("b c h w -> b (c h w)")(x)
        logits = self.logits_layer(x)
        return logits

model = MnistNetword()
torch.save(model,"model.pth")
```

这里首先设定了 3 个卷积层作为前置的特征提取层，最后一个全连接层作为分类器层。需要注意，对于分类器的全连接层，输入维度需要手动计算。当然，读者也可以一步一步地尝试打印特征提取层的结果，使用 shape 函数打印维度后计算。

最后将模型进行保存。

5.2.3　基于卷积的 MNIST 分类模型

下面进入最后的示例部分，也就是 MNIST 手写体的分类。完整的训练代码如下：

```
import torch
import torch.nn as nn
import numpy as np
import einops.layers.torch as elt

#载入数据
x_train = np.load("../dataset/mnist/x_train.npy")
y_train_label = np.load("../dataset/mnist/y_train_label.npy")

x_train = np.expand_dims(x_train,axis=1)
print(x_train.shape)

class MnistNetword(nn.Module):
    def __init__(self):
        super(MnistNetword, self).__init__()
        self.convs_stack = nn.Sequential(
            nn.Conv2d(1,12,kernel_size=7),
            nn.ReLU(),
            nn.Conv2d(12,24,kernel_size=5),
            nn.ReLU(),
            nn.Conv2d(24,6,kernel_size=3)
        )

        self.logits_layer = nn.Linear(in_features=1536,out_features=10)

    def forward(self,inputs):
        image = inputs
        x = self.convs_stack(image)
        x = elt.Rearrange("b c h w -> b (c h w)")(x)
        logits = self.logits_layer(x)
        return logits

device = "cuda" if torch.cuda.is_available() else "cpu"
#注意，需要将model发送到GPU上进行计算
```

```
    model = MnistNetword().to(device)
    #model = torch.compile(model)        #PyTorch 2.0 的特性，加速计算速度，选择性使用
    loss_fn = nn.CrossEntropyLoss()

    optimizer = torch.optim.SGD(model.parameters(), lr=1e-4)

    batch_size = 128
    for epoch in range(42):
        train_num = len(x_train)//128
        train_loss = 0.
        for i in range(train_num):
            start = i * batch_size
            end = (i + 1) * batch_size

            x_batch = torch.tensor(x_train[start:end]).to(device)
            y_batch = torch.tensor(y_train_label[start:end]).to(device)

            pred = model(x_batch)
            loss = loss_fn(pred, y_batch)
            optimizer.zero_grad()
            loss.backward()
            optimizer.step()
            train_loss += loss.item()  #记录每个批次的损失值

        #计算并打印损失值
        train_loss /= train_num
        accuracy = (pred.argmax(1) == y_batch).type(torch.float32).sum().item() /
batch_size
        print("epoch: ",epoch,"train_loss:",
round(train_loss,2),"accuracy:",round(accuracy,2))
```

这里使用了本章新定义的卷积神经网络模块进行局部特征抽取，而对于其他的损失函数以及优化函数，只使用了与之前一样的模式进行模型的训练。最终结果如图 5-12 所示。

```
epoch:  0 train_loss: 2.3 accuracy: 0.15
epoch:  1 train_loss: 2.3 accuracy: 0.16
epoch:  2 train_loss: 2.29 accuracy: 0.24
epoch:  3 train_loss: 2.29 accuracy: 0.27
epoch:  4 train_loss: 2.29 accuracy: 0.34
epoch:  5 train_loss: 2.28 accuracy: 0.35
epoch:  6 train_loss: 2.28 accuracy: 0.37
epoch:  7 train_loss: 2.27 accuracy: 0.38
epoch:  8 train_loss: 2.26 accuracy: 0.41
epoch:  9 train_loss: 2.24 accuracy: 0.45
epoch:  10 train_loss: 2.23 accuracy: 0.48
```

图 5-12　训练结果

5.3 PyTorch 的深度可分离膨胀卷积详解

在本章开头就说明了，相对于多层感知机，卷积神经网络能够对局部输入特征进行计算，同

时能够节省大量的待训练参数。本节将对此介绍更为深入的内容，即深度可分离膨胀卷积。

需要说明的是，本例中的深度可分离膨胀卷积可以按功能分为“深度”“可分离”“膨胀”“卷积”。

在讲解具体的内容之前，首先让我们回到PyTorch 2.0中的卷积定义类：

```
class Conv2d(_ConvNd):
    …
    def __init__(
        self, in_channels: int, out_channels: int, kernel_size: _size_2_t,
stride: _size_2_t = 1,
        padding: Union[str, _size_2_t] = 0,dilation: _size_2_t = 1,groups: int
= 1, bias: bool = True,
        padding_mode: str = 'zeros',  #TODO: refine this type
        device=None,
        dtype=None
    ) -> None:
```

在前面章节中已经讲解了卷积类中常用的输入和输出维度（in_channels，out_channels）的定义，以及卷积核（kernel_size）和步长（stride）的设置，而对于其他的参数定义却没有做更详细的说明，下面将通过对深度可分离膨胀卷积的讲解讲解一下卷积类的定义与使用。

5.3.1　深度可分离卷积的定义

对于普通卷积的定义，更为细致的思想是，将普通卷积分为两个步骤进行计算：

- 跨通道计算。
- 平面内计算。

这是由于卷积的局部跨通道计算的性质而形成的，由此产生一个非常简单的思想：能否使用另一个方法将这部分计算过程分开，从而减少参数的数据量。答案是可以的，深度可分离卷积应运而生。深度可分离卷积总体如图5-13所示。

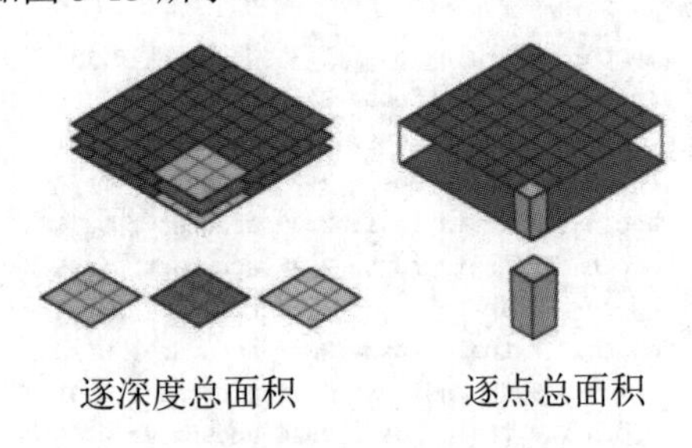

图5-13　深度可分离卷积

在进行深度卷积的时候，每个卷积核只关注单个通道的信息，而在分离卷积中，每个卷积核可以联合多个通道的信息。这在PyTorch 2.0中的具体实现可表示如下：

```
#group=3是依据通道数设置的分离卷积数
Conv2d(in_channels=3, out_channels=3, kernel_size=3, groups=3) #这是第一步，完成跨通道计算
Conv2d(in_channels=4, out_channels=4, kernel_size=1) #这是第二步，完成平面内计算
```

此时我们在传统的卷积层定义上额外增加了 groups=3 的定义，这是根据通道数对卷积类的定义进行划分。下面通过一个具体的例子来说明普通卷积与深度可分离卷积的区别。

普通卷积操作如图 5-14 所示。

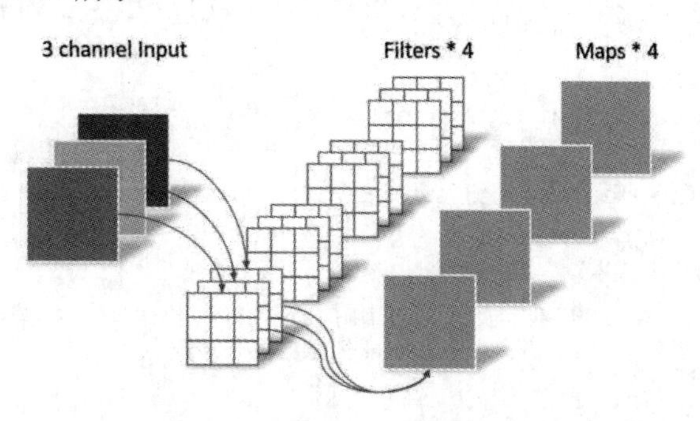

图 5-14　普通卷积操作

假设输入层为一个大小为 28×28 像素、具有 3 个通道的彩色图片。经过一个包含 4 个卷积核的卷积层，卷积核尺寸为3×3×3。最终会输出具有4个通道数据的特征向量，而尺寸大小由卷积的填充方式决定。

深度可分离卷积操作由以下两个步骤完成。

（1）分离卷积的独立计算，如图 5-15 所示。图中深度卷积使用 3 个尺寸为 3×3 的卷积核，经过该操作之后，输出的特征图尺寸为 28×28×3（pad=1）。

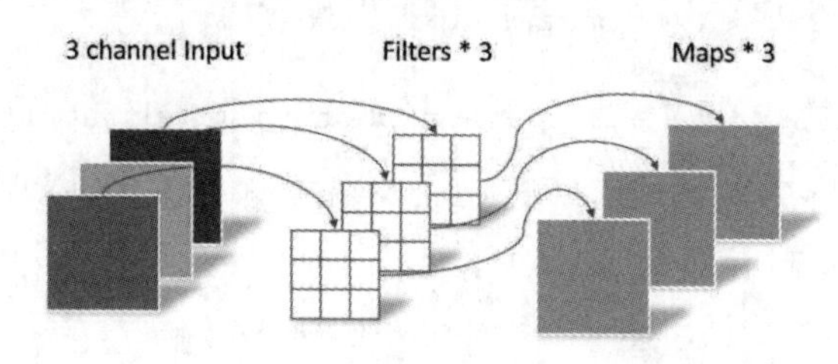

图 5-15　分离卷积的独立计算

（2）堆积多个可分离卷积计算，如图 5-16 所示（注意图 5-16 中的输入是图 5-15 中的输出）。

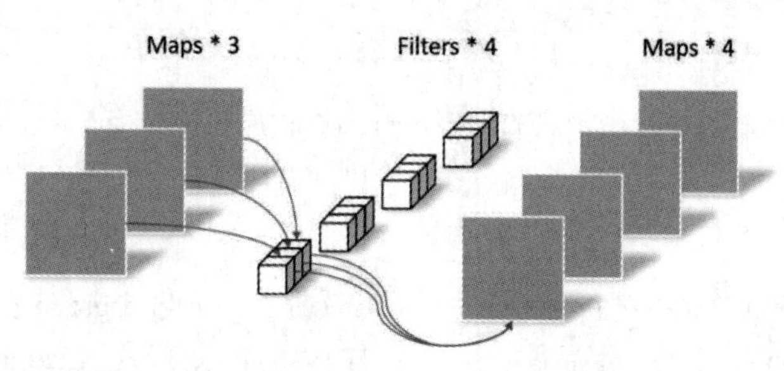

图 5-16　堆积多个可分离卷积计算

可以看到图 5-16 中使用了 4 个独立的通道来进行计算。经过此步骤后，第一个步骤输入的特征图在 4 个独立通道的计算下其输出维度变为 28×28×3。

5.3.2 深度的定义以及不同计算层待训练参数的比较

在上一小节介绍了深度可分离卷积，并在一开始的时候就提到了深度可分离卷积可以减少待训练参数，那么事实是否如此呢？我们通过代码打印的方式进行比较，代码如下：

```
import torch
from torch.nn import Conv2d,Linear

linear = Linear(in_features=3*28*28, out_features=3*28*28)
linear_params = sum(p.numel() for p in linear.parameters() if p.requires_grad)

conv = Conv2d(in_channels=3, out_channels=3, kernel_size=3)
params = sum(p.numel() for p in conv.parameters() if p.requires_grad)

depth_conv = Conv2d(in_channels=3, out_channels=3, kernel_size=3, groups=3)
point_conv = Conv2d(in_channels=3, out_channels=3, kernel_size=1)

#需要注意的是，这里先进行 depth，再进行逐点卷积，两者结合，就得到了深度，分离，卷积
depthwise_separable_conv = torch.nn.Sequential(depth_conv, point_conv)
params_depthwise = sum(p.numel() for p in depthwise_separable_conv.parameters()
if p.requires_grad)

print(f"多层感知机使用参数为 {params} parameters.")
print("----------------")
print(f"普通卷积层使用参数为 {params} parameters.")
print("----------------")
print(f"深度可分离卷积使用参数为 {params_depthwise} parameters.")
```

在上面的代码段中，依次准备了多层感知机、普通卷积层以及深度可分离卷积，打印它们的待训练参数，结果如图 5-17 所示。

```
多层感知机使用参数为 84 parameters.
----------------
普通卷积层使用参数为 84 parameters.
----------------
深度可分离卷积使用参数为 42 parameters.
```

图 5-17　待训练参数比较

可以很明显地看到，即使一个普通的深度可分离卷积层也能减少一半的参数使用量。

5.3.3 膨胀卷积详解

我们先回到 PyTorch 2.0 中对卷积的说明，此时读者应该了解了 group 参数的含义，但还有一个不常用的参数 dilation，它是决定卷积层在计算时的“膨胀系数”。dilation 有点类似于 stride，其实际含义为：每个点之间有空隙的过滤器即为 dilation。膨胀卷积与标准卷积的比较如图 5-18 所示。

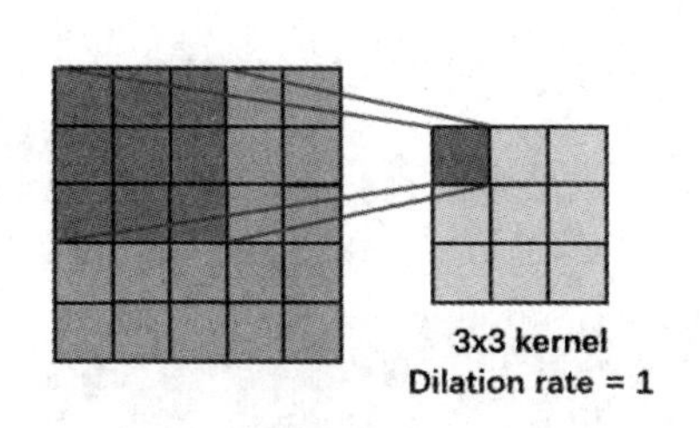

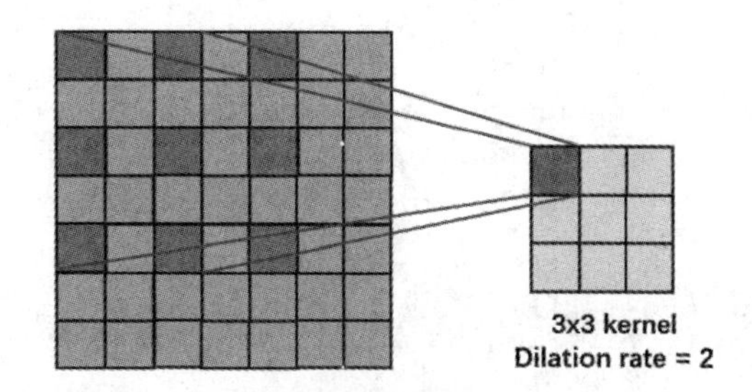

图 5-18　膨胀卷积与标准卷积的比较

膨胀卷积通过在卷积核中增加空洞，可以增加单位面积中计算的大小，从而扩大模型的计算视野。

卷积核的膨胀系数（即空洞的大小）每一层是不同的，一般可以取(1, 2, 4, 8, ...)，即后一层是前一层的两倍。注意，膨胀卷积的上下文大小和层数是指数相关的，可以通过比较少的卷积层得到更大的计算面积。使用膨胀卷积的方法如下：

```
    #注意这里 dilation 被设置为 2
    depth_conv = Conv2d(in_channels=3, out_channels=3, kernel_size=3,
groups=3,dilation=2)
    point_conv = Conv2d(in_channels=3, out_channels=3, kernel_size=1)
    #深度，可分离，膨胀，卷积定义
    depthwise_separable_conv = torch.nn.Sequential(depth_conv, point_conv)
```

需要注意，在卷积层的定义中，只有 dilation 被设置成大于或等于 2 以上的整数时，才能实现膨胀卷积。而对于其参数大小的计算，读者可以自行完成。

5.3.4　PyTorch 中基于深度可分离膨胀卷积的 MNIST 手写体识别

下面就到了实战部分，基于前面介绍的深度可分离膨胀卷积完成 MNIST 手写体识别实战。

首先是模型的定义，这里使用自定义的卷积替代部分原生卷积来完成模型的设计，代码如下：

```
    import torch
    import torch.nn as nn
    import numpy as np
    import einops.layers.torch as elt

    #下面是自定义的深度，可分离，膨胀，卷积
    depth_conv = nn.Conv2d(in_channels=12, out_channels=12, kernel_size=3,
groups=6,dilation=2)
    point_conv = nn.Conv2d(in_channels=12, out_channels=24, kernel_size=1)
    depthwise_separable_conv = torch.nn.Sequential(depth_conv, point_conv)

    class MnistNetword(nn.Module):
        def __init__(self):
            super(MnistNetword, self).__init__()
            self.convs_stack = nn.Sequential(
```

```
            nn.Conv2d(1,12,kernel_size=7),
            nn.ReLU(),
            depthwise_separable_conv,     #使用自定义卷积替代了原生卷积层
            nn.ReLU(),
            nn.Conv2d(24,6,kernel_size=3)
        )

        self.logits_layer = nn.Linear(in_features=1536,out_features=10)

    def forward(self,inputs):
        image = inputs
        x = self.convs_stack(image)
        x = elt.Rearrange("b c h w -> b (c h w)")(x)
        logits = self.logits_layer(x)
        return logits
```

可以看到，我们在中层部分使用自定义的卷积层替代了部分原生卷积层。

完整的训练代码如下：

```
import torch
import torch.nn as nn
import numpy as np
import einops.layers.torch as elt

#载入数据
x_train = np.load("../dataset/mnist/x_train.npy")
y_train_label = np.load("../dataset/mnist/y_train_label.npy")
x_train = np.expand_dims(x_train,axis=1)
print(x_train.shape)

depth_conv = nn.Conv2d(in_channels=12, out_channels=12, kernel_size=3,
groups=6,dilation=2)
point_conv = nn.Conv2d(in_channels=12, out_channels=24, kernel_size=1)
#深度，可分离，膨胀，卷积定义
depthwise_separable_conv = torch.nn.Sequential(depth_conv, point_conv)

class MnistNetword(nn.Module):
    def __init__(self):
        super(MnistNetword, self).__init__()
        self.convs_stack = nn.Sequential(
            nn.Conv2d(1,12,kernel_size=7),
            nn.ReLU(),
            depthwise_separable_conv,
            nn.ReLU(),
            nn.Conv2d(24,6,kernel_size=3)
        )
        self.logits_layer = nn.Linear(in_features=1536,out_features=10)

    def forward(self,inputs):
        image = inputs
        x = self.convs_stack(image)
```

```
        x = elt.Rearrange("b c h w -> b (c h w)")(x)
        logits = self.logits_layer(x)
        return logits

device = "cuda" if torch.cuda.is_available() else "cpu"
#注意，需要将 model 发送到 GPU 上进行计算
model = MnistNetword().to(device)
#model = torch.compile(model)      #PyTorch 2.0 的特性，加速计算速度，选择性使用
loss_fn = nn.CrossEntropyLoss()
optimizer = torch.optim.SGD(model.parameters(), lr=1e-4)

batch_size = 128
for epoch in range(63):
    train_num = len(x_train)//128
    train_loss = 0.
    for i in range(train_num):
        start = i * batch_size
        end = (i + 1) * batch_size
        x_batch = torch.tensor(x_train[start:end]).to(device)
        y_batch = torch.tensor(y_train_label[start:end]).to(device)
        pred = model(x_batch)
        loss = loss_fn(pred, y_batch)
        optimizer.zero_grad()
        loss.backward()
        optimizer.step()
        train_loss += loss.item()  #记录每个批次的损失值

    #计算并打印损失值
    train_loss /= train_num
    accuracy = (pred.argmax(1) == y_batch).type(torch.float32).sum().item() /
batch_size
    print("epoch: ",epoch,"train_loss:",
round(train_loss,2),"accuracy:",round(accuracy,2))
```

最终计算结果请读者自行打印完成。

5.4　本章小结

本章重点介绍了 PyTorch 2.0 中卷积神经网络在 MNIST 手写数字识别任务上的应用。虽然 MNIST 是一个基础的入门数据集，但通过这个案例，读者能够深入理解构建卷积神经网络所需的各种组件，如卷积层、池化层和全连接层。此外，本章还介绍了如何通过调整模型参数来优化性能，这是实际应用中不可或缺的一个做法。

通过学习本章内容，读者不仅能够掌握 PyTorch 2.0 中卷积神经网络的基本使用方法，还能够了解如何构建更复杂的模型结构，并通过组合不同的层来提升性能。这些知识和技能对于读者在计算机视觉领域的研究和实践具有重要的指导意义，为在这一领域的深入探索提供了坚实的基础。

第 6 章

PyTorch 数据处理与模型可视化

在前面的章节中，我们介绍了基于 PyTorch 2.0 的模型和训练，相信读者现在已经具备了完成基础深度学习应用项目的能力。读者可能也会意识到，前面的内容更多的是对 PyTorch 2.0 模型本身的理解，而对其他处理方法的介绍相对较少，特别是数据处理部分，一直使用的是 NumPy 计算包，缺乏一个与 PyTorch 自身相贴合的数据处理器。

为了解决这个问题，PyTorch 2.0 版本提供了专门的数据下载和处理包，集中在 torch.utils.data 这个工具箱中。通过使用这个工具箱中的数据处理工具，可以极大地提高我们的开发效率和质量。torch.utils.data 包中提供的数据处理工具箱如图 6-1 所示。

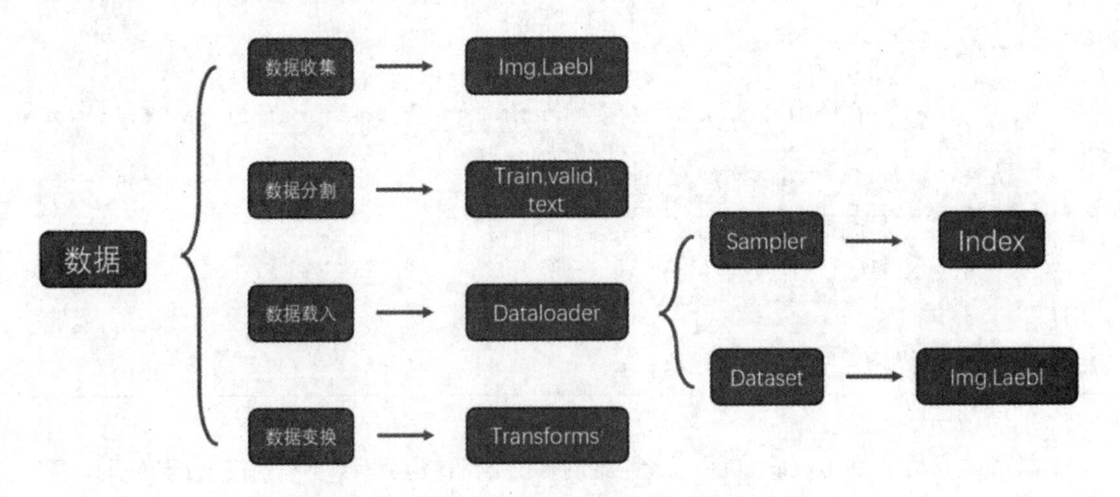

图 6-1　torch.utils.data 包中提供的数据处理工具箱

其中用于数据处理的主要有 3 个类：

- Dataset：是一个抽象类，其他数据需要继承这个类，并且覆写其中的__getitem__和__len__方法。
- DataLoader：定义一个新的迭代器，实现批量（batch）读取。打乱数据（shuffle）并提供并行加速等功能。
- Sampler：提供多种采样方法的函数。

本章将详细介绍 torch.utils.data 工具包中的各个数据处理工具，包括数据下载、数据加载、数据转换等方面的内容。通过学习和使用这些工具，读者将能够更好地理解和应用 PyTorch 2.0 的数据处理功能，提高自己的应用开发效率和代码质量。

6.1 用于自定义数据集的 torch.utils.data 工具箱的用法

现在我们知道，torch.utils.data 工具箱是 PyTorch 中一个功能强大的数据处理工具集。它提供了 DataLoader、Dataset 和 Sampler 等组件，这些组件协同工作，使得数据的加载、采样和打包变得高效且灵活。具体来说，DataLoader 则负责以高效的方式加载这些数据，Dataset 负责将原始数据转换成模型可以接收的格式，而 Sampler 则定义了如何从数据集中抽取样本的策略。这 3 个组件的组合使用，为 PyTorch 模型提供了强大且灵活的数据处理支持。数据载入的流程如图 6-2 所示。

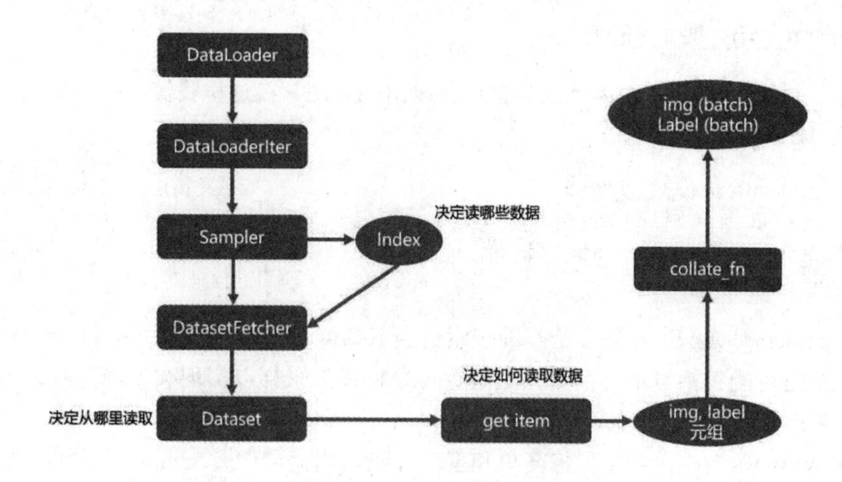

图 6-2　数据载入的流程

6.1.1 使用 torch.utils.data. Dataset 封装自定义数据集

在 PyTorch 2.0 中，数据集的自定义使用需要继承 torch.utils.data.Dataset 类，之后实现其中的__getitem__和__len__方法。最基本的 Dataset 类架构如下：

```
class Dataset():
    def __init__(self, transform=None): #transform 参数会在 6.1.2 节中进行介绍
        super(Dataset, self).__init__()

    def __getitem__(self, index):
        pass

    def __len__(self):
        pass
```

可以清楚看到，Dataset 除了最基本的__init__方法外，还需要填充两个额外的方法，即__getitem__与__len__。这是仿照 Python 中数据列表的写法对它进行定义，其使用如下：

```
data = Customer(Dataset)[index]      #打印出 index 序号对应的数据
length = len(Customer(Dataset))      #打印出数据集总行数
```

下面就以前面章节中一直使用的 MNIST 数据集为例进行介绍。

1. __init__的初始化方法

在对数据进行输出之前，首先需要将数据加载到 Dataset 类中，可以直接按数据读取的方法使用 NumPy 进行载入。当然，也可以使用任何读取数据的技术获取数据本身。在这里我们所使用的数据读取代码如下：

```
def __init__(self, transform=None):    #transform 参数会在 6.1.2 节中进行介绍
super(MNIST_Datset, self).__init__()
#载入数据
self.x_train = np.load("../dataset/mnist/x_train.npy")
self.y_train_label = np.load("../dataset/mnist/y_train_label.npy")
```

2. __getitem__与__len__的方法

__getitem__是父类 Dataset 中内置的数据迭代输出的方法，在这里我们只需要显式地提供此方法的实现即可，代码如下：

```
def __getitem__(self, item):
image =  (self.x_train[item])
label =  (self.y_train_label[item])
return image,label
```

在这个__getitem__方法中，除了基本的按索引提取数据功能外，通常还会集成一些 Sample 采样策略。这些策略可能包括对不均衡数据集进行过采样或欠采样以实现数据均衡，或者对图像数据进行各种增强操作以提升模型的泛化能力。

然而，在本节的示例中，为了保持简单和直观，我们选择了直接 Sample 采样的方法。具体来说就是直接从数据列表中根据提供的索引来获取相应的图像和标签数据组。

__len__方法用于获取数据的长度，在这里直接返回标签的长度即可，代码如下：

```
def __len__(self):
return len(self.y_train_label)
```

完整的自定义 MNIST_Dataset 数据输出代码如下：

```
class MNIST_Datset(torch.utils.data.Dataset):
    def __init__(self):
        super(MNIST_Datset, self).__init__()
        #载入数据
        self.x_train = np.load("../dataset/mnist/x_train.npy")
        self.y_train_label = np.load("../dataset/mnist/y_train_label.npy")

    def __getitem__(self, item):
        image =  self.x_train[item]
        label =  self.y_train_label[item]
        return image,label
    def __len__(self):
        return len(self.y_train_label)
```

读者可以将笔者定义的 MNIST_Datset 类作为模板去尝试更多的自定义数据集。

6.1.2　改变数据类型的 Dataset 类中的 transform 详解

对于获取的输入数据，在 PyTorch 2.0 中并不能够直接使用，因此最少需要一种转换方法，将初始化载入的数据转换成我们所需要的样式。

1. 将自定义载入的参数转换为PyTorch 2.0专用的tensor类

这一步的编写方法也很简单，只需要提供输入输出类的处理方法即可，代码如下：

```
class ToTensor:
    def __call__(self, inputs, targets):  #可调用对象
        return torch.tensor(inputs), torch.tensor(targets)
```

这里所提供的 ToTensor 类的作用是对输入的数据进行调整。需要注意的是，这个类的输入输出数据结构和类型需要与自定义 Dataset 类中的 def __getitem__ 数据结构和类型保持一致。

2. 新的自定义的Dataset类

对于原本的自定义数据 Dataset 类的定义，也需要做出修正，新的数据读取类的定义如下：

```
class MNIST_Datset(torch.utils.data.Dataset):
    def __init__(self,transform = None):    #在定义时需要定义 transform 参数
        super(MNIST_Datset, self).__init__()
        #载入数据
        self.x_train = np.load("../dataset/mnist/x_train.npy")
        self.y_train_label = np.load("../dataset/mnist/y_train_label.npy")

        self.transform = transform          #需要显式提供 transform 类

    def __getitem__(self, index):
        image = (self.x_train[index])
        label = (self.y_train_label[index])

        #通过判定 transform 类的存在对它进行调用
        if self.transform:
            image,label = self.transform(image,label)
        return image,label

    def __len__(self):
        return len(self.y_train_label)
```

当我们在使用自定义的 transform 类对数据进行预处理时，需要确保该类的定义与__getitem__函数的原有的输出结构相匹配。这意味着，transform 类应该能够接收并正确处理从数据集中提取的图像和标签数据，然后返回适合模型输入的数据格式。

因此，在定义 transform 类时，需要明确指定其输入和输出的数据结构，以确保与__getitem__方法无缝对接。在__getitem__方法内部，我们应该在向模型输出数据之前应用这些变换，以确保模型接收到的数据是经过适当预处理的。

完整的带有 transform 的自定义 Dataset 类的使用如下：

```
import numpy as np
import torch

class ToTensor:
   def __call__(self, inputs, targets):   #可调用对象
       return torch.tensor(inputs), torch.tensor(targets)


class MNIST_Dataset(torch.utils.data.Dataset):
   def __init__(self,transform = None):   #在定义时需要定义 transform 参数
       super(MNIST_Datset, self).__init__()
       #载入数据
       self.x_train = np.load("../dataset/mnist/x_train.npy")
       self.y_train_label = np.load("../dataset/mnist/y_train_label.npy")

       self.transform = transform          #需要显式提供 transform 类

   def __getitem__(self, index):
       image = (self.x_train[index])
       label = (self.y_train_label[index])

       #通过判定 transform 类的存在对它进行调用
       if self.transform:
          image,label = self.transform(image,label)
       return image,label

   def __len__(self):
       return len(self.y_train_label)

mnist_dataset = MNIST_Datset()
image,label = (mnist_dataset[1024])
print(type(image), type(label))
print("---------------------------------")
mnist_dataset = MNIST_Datset(transform=ToTensor())
image,label = (mnist_dataset[1024])
print(type(image), type(label))
```

在这里笔者做了尝试，对同一个 Dataset 类做了无 transform 传入和有 transform 传入的比较，最终结果如图 6-3 所示。

```
<class 'numpy.ndarray'> <class 'numpy.uint8'>
---------------------------------
<class 'torch.Tensor'> <class 'torch.Tensor'>
```

图 6-3　无 transform 传入和有 transform 传入的比较

可以清楚地看到，传入 transform 后，数据结构有了很大的变化。

3. 修正数据输出的维度

在 transformer 类中，我们还可以进行更为复杂的操作，例如对维度进行转换，代码如下：

```
class ToTensor:
```

```
    def __call__(self, inputs, targets):   #可调用对象
        inputs = np.reshape(inputs,[28*28])
        return torch.tensor(inputs), torch.tensor(targets)
```

我们根据输入大小的维度进行了折叠操作，以便为后续的模型输出提供合适的数据维度格式。此时读者可以使用如下方法打印出新的输出数据维度：

```
mnist_dataset = MNIST_Datset(transform=ToTensor())
image,label = (mnist_dataset[1024])
print(type(image), type(label))
print(image.shape)
```

4. 依旧无法使用自定义的数据对模型进行训练

相信读者学到此部分时，一定迫不及待地想要将刚学习到的内容应用到深度学习训练中去，但是很遗憾，到目前为止，使用自定义数据集的模型还无法运行。这是因为 PyTorch 2.0 在效能方面以及损失函数的计算方式上进行了限制。笔者在 6.1.3 节提供了一种 PyTorch 2.0 官方建议的解决方案，读者可以先运行程序并参考该方案尝试解决问题。

注意，下面的代码无法正常使用，仅供演示。

```
import numpy as np
import torch

#device = "cpu"                        #PyTorch 的特性，需要指定计算的硬件，如果没有GPU 的存在，就使用 CPU 进行计算
device = "cuda"                        #这里默认使用 GPU，如果出现运行问题，可以将它改成 CPU 模式

class ToTensor:
    def __call__(self, inputs, targets):   #可调用对象
        inputs = np.reshape(inputs,[1,-1])
        targets = np.reshape(targets, [1, -1])
        return torch.tensor(inputs), torch.tensor(targets)

#注意下面代码无法正常使用，仅供演示
class MNIST_Datset(torch.utils.data.Dataset):
    def __init__(self,transform = None):    #在定义时需要定义 transform 参数
        super(MNIST_Datset, self).__init__()
        #载入数据
        self.x_train = np.load("../dataset/mnist/x_train.npy")
        self.y_train_label = np.load("../dataset/mnist/y_train_label.npy")

        self.transform = transform          #需要显式提供 transform 类

    def __getitem__(self, index):
        image = (self.x_train[index])
        label = (self.y_train_label[index])

        #通过判定 transform 类的存在对它进行调用
        if self.transform:
            image,label = self.transform(image,label)
```

```
        return image,label

    def __len__(self):
        return len(self.y_train_label)

#注意下面代码无法正常使用，仅供演示
mnist_dataset = MNIST_Datset(transform=ToTensor())

import os
os.environ['CUDA_VISIBLE_DEVICES'] = '0' #指定使用 GPU
import torch
import numpy as np

batch_size = 320                          #设定每次训练的批次数
epochs = 1024                             #设定训练次数

#设定的多层感知机网络模型
class NeuralNetwork(torch.nn.Module):
    def __init__(self):
        super(NeuralNetwork, self).__init__()
        self.flatten = torch.nn.Flatten()
        self.linear_relu_stack = torch.nn.Sequential(
            torch.nn.Linear(28*28,312),
            torch.nn.ReLU(),
            torch.nn.Linear(312, 256),
            torch.nn.ReLU(),
            torch.nn.Linear(256, 10)
        )
    def forward(self, input):
        x = self.flatten(input)
        logits = self.linear_relu_stack(x)

        return logits

model = NeuralNetwork()
model = model.to(device)              #将计算模型传入 GPU 硬件等待计算
torch.save(model, './model.pth')
#model = torch.compile(model)         #PyTorch 2.0 的特性，加速计算速度，选择性使用
loss_fu = torch.nn.CrossEntropyLoss()
optimizer = torch.optim.Adam(model.parameters(), lr=2e-5)   #设定优化函数

#注意下面代码无法正常使用，仅供演示
#开始计算
for epoch in range(20):
    train_loss = 0
    for sample in (mnist_dataset):
        image = sample[0];label = sample[1]
        train_image = image.to(device)
        train_label = label.to(device)

        pred = model(train_image)
```

```
        loss = loss_fu(pred,train_label)

        optimizer.zero_grad()
        loss.backward()
        optimizer.step()
        train_loss += loss.item()  #记录每个批次的损失值

    #计算并打印损失值
    train_loss /= len(mnist_dataset)
    print("epoch: ",epoch,"train_loss:", round(train_loss,2))
```

这一段代码看起来没有问题，但在实际运行时会报错，这是因为输出时是对数据进行逐个输出，而模型无法逐个地对数据计算损失函数。同时，这样的计算方法也会极大地限制 PyTorch 2.0 的计算性能。因此，笔者在此明确不推荐使用此方法直接对模型进行计算。

6.1.3　批量输出数据的 DataLoader 类详解

DataLoader 类解决了使用 Dataset 自定义封装的数据时无法对数据进行批量化处理的问题。它的使用非常简单，只需要将它包装在使用 Dataset 封装好的数据集外即可，代码如下：

```
...
mnist_dataset = MNIST_Datset(transform=ToTensor())         #通过 Dataset 获取数据集
from torch.utils.data import DataLoader                     #导入 DataLoader
train_loader = DataLoader(mnist_dataset, batch_size=batch_size, shuffle=True)
#包装已封装好数据集
```

事实的使用就是这么简单，对于 DataLoader 的使用，首先是导入对应的包，然后用它包装封装好的数据即可。

DataLoader 的定义如下：

```
class DataLoader(object):
    __initialized = False
    def __init__(self, dataset, batch_size=1, shuffle=False, sampler=None,
    def __setattr__(self, attr, val):
    def __iter__(self):
    def __len__(self):
```

注意：我们一般不需要再去实现 DataLoader 的方法了，只需要在构造函数中指定相应的参数即可，比如常见的 batch_size、shuffle 等参数。因此，使用 DataLoader 十分简洁方便。

DataLoader 实际上是一个较为高层的封装类，它的功能都是通过_DataLoader 来完成的，但是_DataLoader 类较为低层，这里就不再展开叙述了。

DataLoaderIter 就是_DataLoaderIter 的一个框架，用来传给_DataLoaderIter 一堆参数，并把自己装进 DataLoaderIter 里。

对于 DataLoader 的使用现在只介绍那么多，下面就是基于 PyTorch 2.0 数据处理工具箱对数据进行识别和训练的完整代码。

```
import numpy as np
import torch
```

```
#device = "cpu"     #PyTorch 的特性，需要指定计算的硬件，如果没有 GPU 的存在，就使用 CPU 进行计算
device = "cuda"     #这里默认使用 GPU，如果出现运行问题，可以将它改成 CPU 模式

class ToTensor:
    def __call__(self, inputs, targets):  #可调用对象
        inputs = np.reshape(inputs,[28*28])
        return torch.tensor(inputs), torch.tensor(targets)


class MNIST_Datset(torch.utils.data.Dataset):
    def __init__(self,transform = None):   #在定义时需要定义 transform 参数
        super(MNIST_Datset, self).__init__()
        #载入数据
        self.x_train = np.load("../dataset/mnist/x_train.npy")
        self.y_train_label = np.load("../dataset/mnist/y_train_label.npy")

        self.transform = transform          #需要显式提供 transform 类

    def __getitem__(self, index):
        image = (self.x_train[index])
        label = (self.y_train_label[index])

        #通过判定 transform 类的存在对它进行调用
        if self.transform:
            image,label = self.transform(image,label)
        return image,label

    def __len__(self):
        return len(self.y_train_label)

import torch
import numpy as np

batch_size = 320                    #设定每次训练的批次数
epochs = 42                         #设定训练次数

mnist_dataset = MNIST_Datset(transform=ToTensor())
from torch.utils.data import DataLoader
train_loader = DataLoader(mnist_dataset, batch_size=batch_size)

#设定的多层感知机网络模型
class NeuralNetwork(torch.nn.Module):
    def __init__(self):
        super(NeuralNetwork, self).__init__()
        self.flatten = torch.nn.Flatten()
        self.linear_relu_stack = torch.nn.Sequential(
            torch.nn.Linear(28*28,312),
            torch.nn.ReLU(),
            torch.nn.Linear(312, 256),
```

```
            torch.nn.ReLU(),
            torch.nn.Linear(256, 10)
        )
    def forward(self, input):
        x = self.flatten(input)
        logits = self.linear_relu_stack(x)

        return logits

model = NeuralNetwork()
model = model.to(device)                #将计算模型传入GPU硬件等待计算
torch.save(model, './model.pth')
#model = torch.compile(model)           #PyTorch 2.0的特性，加速计算速度，选择性使用
loss_fu = torch.nn.CrossEntropyLoss()
optimizer = torch.optim.Adam(model.parameters(), lr=2e-4)   #设定优化函数


#开始计算
for epoch in range(epochs):
    train_loss = 0
    for image,label in (train_loader):

        train_image = image.to(device)
        train_label = label.to(device)

        pred = model(train_image)
        loss = loss_fu(pred,train_label)

        optimizer.zero_grad()
        loss.backward()
        optimizer.step()
        train_loss += loss.item()  #记录每个批次的损失值

    #计算并打印损失值
    train_loss = train_loss/batch_size
    print("epoch: ", epoch, "train_loss:", round(train_loss, 2))
```

最终结果请读者自行打印完成。

6.2 基于 tensorboardX 的训练可视化展示

在上一节中完成了 PyTorch 2.0 中数据处理工具箱的使用，相信读者已经可以较好地对 PyTorch 2.0 的数据进行处理。下面将进入另外一个教程，即对 PyTorch 2.0 进行数据可视化。

6.2.1 PyTorch 2.0 模型可视化组件 tensorboardX 的安装

tensorboardX 是一个专为 PyTorch 2.0 设计的模型展示与训练可视化工具，它能够详尽地记录模型训练过程中的各种数据，包括数字、图像等关键信息。通过 tensorboardX，研究人员可以实

时地监控神经网络的训练动态，直观地了解模型在各个训练阶段的表现。这一强大的可视化功能不仅极大地提升了研究效率，还有助于研究人员深入洞察神经网络的学习机制，从而优化模型设计，推动深度学习研究的进一步发展。

在实际应用中，tensorboardX 的灵活性使得它可以轻松地适应不同的研究需求。无论是需要观察模型训练的损失函数变化，还是想要探索神经网络内部特征的可视化表达，tensorboardX 都能提供强大的支持。此外，tensorboardX 还支持自定义的可视化设置，研究人员可以根据自己的研究目标定制专属的可视化方案，从而进一步提升研究的针对性和深度。

tensorboardX 的安装代码如下：

```
pip install tensorboardX
```

注意，这里的安装操作一定要在 Anaconda 或 Miniconda 终端中进行，基于 pip 的安装和后续操作也是这样。

6.2.2 tensorboardX 可视化组件的使用

tensorboardX 最重要的作用之一是展示模型，读者可以遵循以下步骤获得模型的展示效果。

1. 存储模型的计算过程

使用 tensorboardX 的第一步是模拟一次模型的运算过程，读者可以用如下代码实现这一过程。

```
#创建模型
model = NeuralNetwork()

#模拟输入数据
input_data = (torch.rand(5, 784))

from tensorboardX import SummaryWriter
writer = SummaryWriter()

with writer:
    writer.add_graph(model,(input_data,))
```

在上面代码中，首先是载入已设计好的模型，然后模拟输入数据，在载入 tensorboardX 并建立读写类之后，将模型及其参数运算过程加载到运行图中。

2. 查看默认位置的run文件夹

运行上述代码后，程序会在当前平行目录下生成一个新的“runs”目录，这是存储和记录模型展示的文件夹，如图 6-4 所示。

从图中可以看到，文件夹以日期的形式生成新的目录。

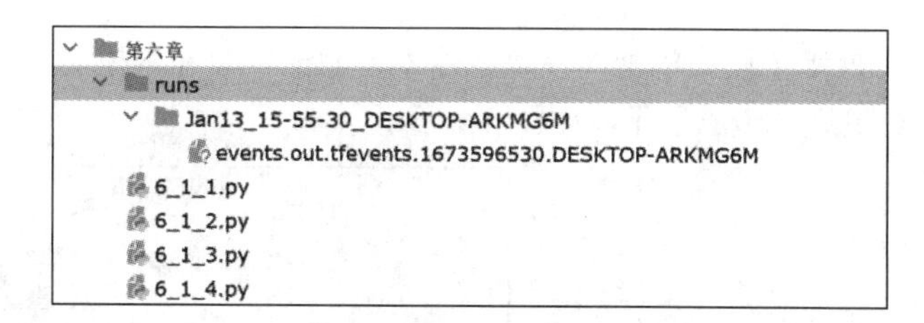

图 6-4　runs 目录

3. 使用Miniconda或者Anaconda终端打开对应的目录

下面需要使用 Miniconda 终端打开刚才生成的目录，代码如下：

```
(base) C:\Users\xiaohua>cd C:\Users\xiaohua\Desktop\jupyter_book\src\第六章
```

此时需要注意，这里打开的是 runs 文件夹的上一级目录，而不是 runs 文件夹本身。

之后就是调用 tensorboardX 对模型进行展示，我们需要在刚才打开的文件夹中执行以下命令：

```
tensorboard --logdir runs
```

结果如图 6-5 所示。

```
(base) C:\Users\xiaohua\Desktop\jupyter_book\src\第六章>tensorboard --logdir runs
C:\miniforge3\lib\site-packages\scipy\__init__.py:146: UserWarning: A NumPy version >=1.16.5 and
 this version of SciPy (detected version 1.23.5
  warnings.warn(f"A NumPy version >={np_minversion} and <{np_maxversion}"
Serving TensorBoard on localhost; to expose to the network, use a proxy or pass --bind_all
TensorBoard 2.10.0 at http://localhost:6006/ (Press CTRL+C to quit)
```

图 6-5　在 Miniconda 或 Anaconda 终端打开 runs 目录

可以看到，此时程序正在执行，并提供了一个 HTTP 地址。

4. 使用浏览器打开模型展示页面

接下来就是打开模型的展示页面，这里使用了 Windows 自带的 Edge 浏览器，读者也可以尝试不同的浏览器。只需要在地址栏中输入终端中提供的地址 http://localhost:6006，即可进入 tensorboardX 的本地展示页面，如图 6-6 所示。

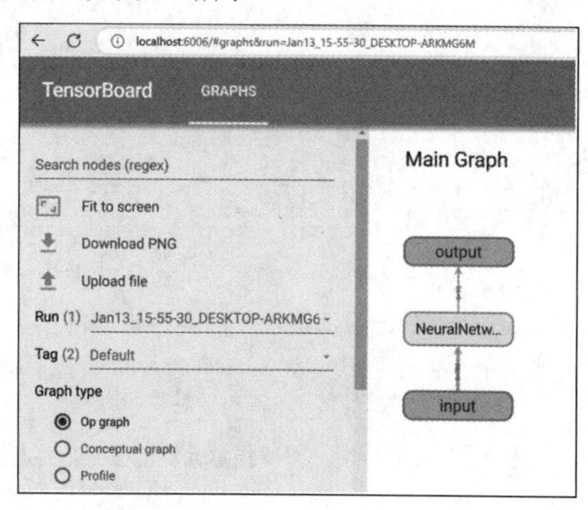

图 6-6　tensorboardX 本地展示页面

可以看到，页面上展示了模型的基本参数、输入、输出以及基本模块。读者可以双击模型主题部分，展开模型进行更进一步的展示，如图 6-7 所示。

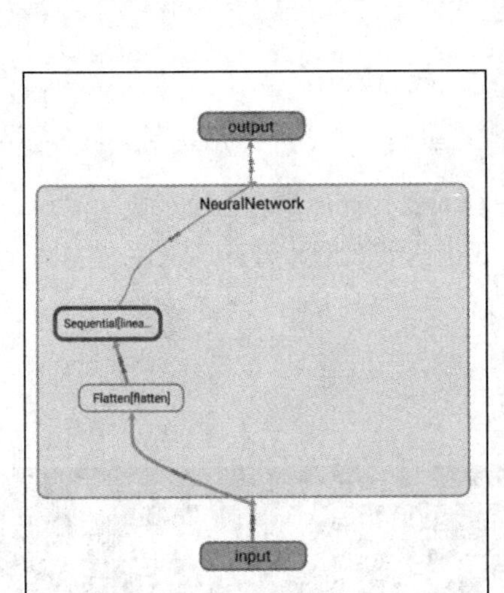

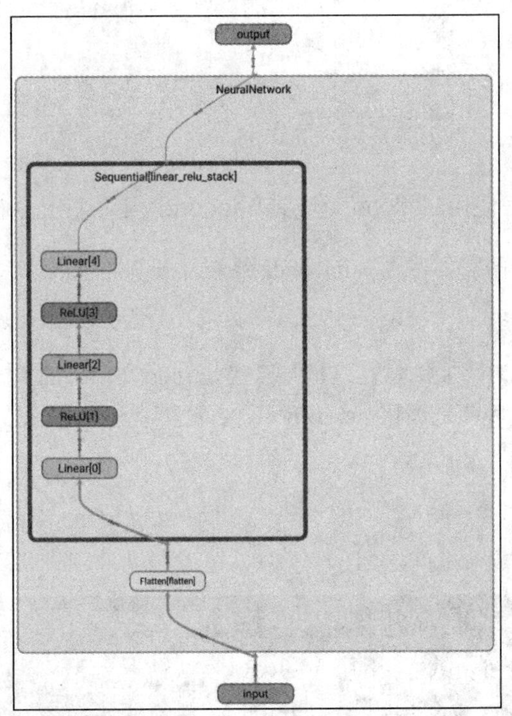

图 6-7　模型的结构展示

更多操作建议读者自行尝试。

6.2.3　tensorboardX 对模型训练过程的展示

有的读者可能还希望了解模型在训练过程中出现的一些问题和参数变化，tensorboardX 同样提供了此功能，记录并展示了模型在训练过程中损失值的变化，代码如下：

```
from tensorboardX import SummaryWriter
writer = SummaryWriter()
#开始计算
for epoch in range(epochs):
    …
    #计算并打印损失值
    train_loss = train_loss/batch_size
    writer.add_scalars('evl', {'train_loss': train_loss}, epoch)
writer.close()
```

这里可以看到，使用 tensorboardX 记录训练过程的参数也非常简单，直接记录损失过程即可，而 epoch 作为横坐标标记也被记录。完整的代码如下（笔者故意调整了损失函数学习率）：

```
import torch
#device = "cpu"      #PyTorch 的特性，需要指定计算的硬件，如果没有 GPU 的存在，就使用
CPU 进行计算
device = "cuda"      #这里默认使用 GPU，如果出现运行问题，可以将它改成 CPU 模式
```

```
class ToTensor:
    def __call__(self, inputs, targets):   #可调用对象
        inputs = np.reshape(inputs,[28*28])
        return torch.tensor(inputs), torch.tensor(targets)

class MNIST_Datset(torch.utils.data.Dataset):
    def __init__(self,transform = None):    #在定义时需要定义 transform 参数
        super(MNIST_Datset, self).__init__()
        #载入数据
        self.x_train = np.load("../dataset/mnist/x_train.npy")
        self.y_train_label = np.load("../dataset/mnist/y_train_label.npy")
        self.transform = transform          #需要显式提供 transform 类
    def __getitem__(self, index):
        image = (self.x_train[index])
        label = (self.y_train_label[index])

        #通过判定 transform 类的存在对它进行调用
        if self.transform:
            image,label = self.transform(image,label)
        return image,label
    def __len__(self):
        return len(self.y_train_label)

import torch
import numpy as np
batch_size = 320                        #设定每次训练的批次数
epochs = 320                            #设定训练次数
mnist_dataset = MNIST_Datset(transform=ToTensor())
from torch.utils.data import DataLoader
train_loader = DataLoader(mnist_dataset, batch_size=batch_size)

#设定的多层感知机网络模型
class NeuralNetwork(torch.nn.Module):
    def __init__(self):
        super(NeuralNetwork, self).__init__()
        self.flatten = torch.nn.Flatten()
        self.linear_relu_stack = torch.nn.Sequential(
            torch.nn.Linear(28*28,312),
            torch.nn.ReLU(),
            torch.nn.Linear(312, 256),
            torch.nn.ReLU(),
            torch.nn.Linear(256, 10)
        )
    def forward(self, input):
        x = self.flatten(input)
        logits = self.linear_relu_stack(x)
        return logits

model = NeuralNetwork()
model = model.to(device)                #将计算模型传入 GPU 硬件等待计算
#model = torch.compile(model)           #PyTorch 2.0 的特性，加速计算速度，选择性使用
```

```
loss_fu = torch.nn.CrossEntropyLoss()
optimizer = torch.optim.Adam(model.parameters(), lr=2e-6)   #设定优化函数
from tensorboardX import SummaryWriter
writer = SummaryWriter()
#开始计算
for epoch in range(epochs):
    train_loss = 0
    for image,label in (train_loader):

        train_image = image.to(device)
        train_label = label.to(device)

        pred = model(train_image)
        loss = loss_fu(pred,train_label)

        optimizer.zero_grad()
        loss.backward()
        optimizer.step()
        train_loss += loss.item()  #记录每个批次的损失值

    #计算并打印损失值
    train_loss = train_loss/batch_size
    print("epoch: ", epoch, "train_loss:", round(train_loss, 2))
    writer.add_scalars('evl', {'train_loss': train_loss}, epoch)
writer.close()
```

完成训练后，我们可以使用 6.2.2 节的 HTTP 地址，此时单击 TIME SERIES 标签，对存储的模型变量进行验证，如图 6-8 所示。

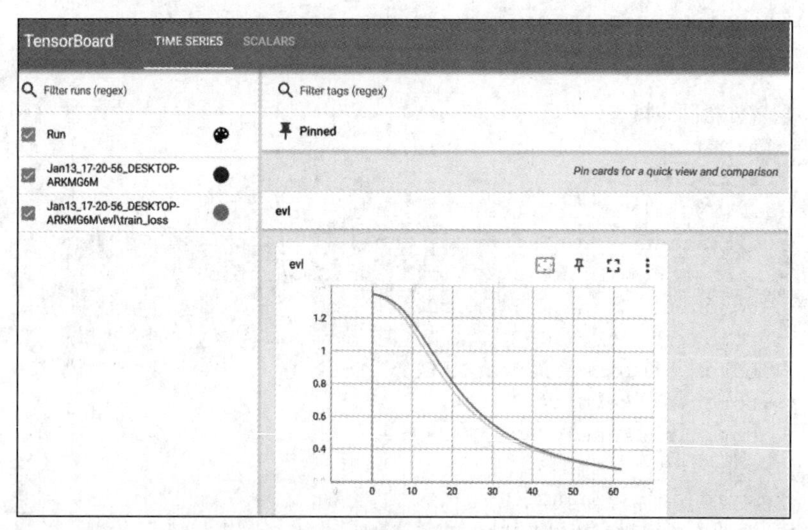

图 6-8 验证模型变量

这里记录了模型在训练过程中保存的损失值的变化。更多的模型训练过程参数值的展示请读者自行尝试。

6.3　本章小结

本章主要阐述了 PyTorch 2.0 在数据处理和模型训练可视化方面的用法。

首先，介绍了 torch.utils.data 工具箱中用于数据的处理的 3 个类，它们能够帮助我们提高数据预处理和数据加载模块的边界和效率，使得数据处理过程更加高效和准确。

然后介绍了基于 PyTorch 2.0 原生的模型训练可视化组件 tensorboardX 的用法。tensorboardX 不仅能够对模型本身进行展示，还能展示模型的训练过程。读者还可以尝试记录准确率，以便更全面地了解模型的训练情况。

通过学习和实践本章的内容，读者能够掌握 PyTorch 2.0 中数据处理的基本流程和方法，了解如何使用 tensorboardX 进行模型训练可视化。这些知识和技能将为读者在实际应用中进行数据处理和模型训练提供有力的支持。

第 7 章 残差神经网络实战

随着卷积神经网络模型的成功，更深、更宽、更复杂的网络结构似乎成为卷积神经网络搭建的主流。卷积神经网络能够提取所侦测对象的低、中、高级特征，网络层数的增加意味着能够提取到的不同层次的特征更加丰富。此外，通过还原镜像发现，越深的网络提取的特征越抽象，越具有语义信息。

然而，这引发了一个重要的问题：是否可以简单地通过增加神经网络模型的深度和宽度，即增加更多的隐藏层和每个层中的神经元，来获得更好的结果？答案是否定的。因为实验发现，随着卷积神经网络层数的加深，出现了另外一个问题：在训练集上，准确率难以达到 100%正确，甚至出现了下降。

这个问题不能简单地解释为卷积神经网络的性能下降，因为卷积神经网络加深的基础理论是越深越好。但强行解释为“过拟合”，似乎也不能解释准确率下降的问题，因为如果出现过拟合，那么在训练集上卷积神经网络应该表现得更好才对。这个问题被称为“神经网络退化”。

神经网络退化问题的产生表明，卷积神经网络不能简单地通过堆积层数的方法进行优化。2015 年，一个具有 152 层的深度残差网络（ResNet）诞生，它在当年的 ImageNet 竞赛中夺冠，其相关论文在 2016 年的计算机视觉与模式识别会议（CVPR）上获得了最佳论文奖。ResNet 不仅成为计算机视觉领域，而且也成为整个人工智能领域的一个里程碑作品。它的出现使得训练数百甚至数千层的网络成为可能，并且这样的网络仍能保持出色的性能。ResNet 模型架构如图 7-1 所示。

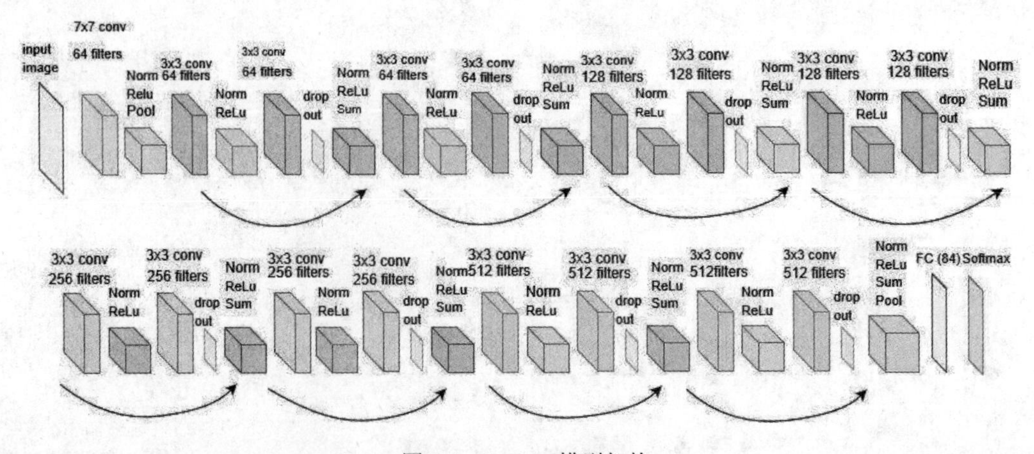

图 7-1　ResNet 模型架构

本章将主要介绍 ResNet 及其变种，在第 10 章中还将介绍基于 ResNet 架构的 Attention 模块，它被认为是基于原始 ResNet 模型的扩展，因此理解 ResNet 对于学习后续内容非常重要。通过对 ResNet 的学习，读者将深入了解如何有效地构建深度卷积神经网络，并掌握一些优化技巧和策略，以此避免神经网络出现问题。

7.1 ResNet 的原理与程序设计基础

为了获取更好的准确率和辨识度，科研人员不断地使用更深更宽更大的网络去挖掘对象的数据特征，但却发现，过多的参数和层数并不能带来性能上的提升，反而由于网络随着层数的增加，训练过程中的不稳定性也在增加。因此，无论是科学界还是工业界，都在探索和寻找一种新的神经网络结构模型。

ResNet 的出现彻底改变了传统堆积卷积层所带来的固定思维，突破性提出了采用模块化的集合模式来替代整体的卷积层，通过一个一个的模块的堆叠来替代不断增加的卷积层。

对 ResNet 的研究和改进就成为过去几年中计算机视觉和深度学习领域最具突破性的工作，并且由于其表征能力强，ResNet 在图像分类任务以外的许多计算机视觉应用上也获得了巨大的性能提升，例如对象检测和人脸识别。

7.1.1 ResNet 诞生的背景

卷积神经网络的实质就是无限拟合一个符合对应目标的函数。根据泛逼近定理（Universal Approximation Theorem），如果给定足够的容量，一个单层的前馈网络就足以表示任何函数。但是，这个层可能非常大，而且网络容易过拟合数据。因此，学术界有一个共同的认识，就是网络架构需要更深。

但是，研究发现，只是简单地将层堆叠在一起增加网络的深度，并不会起太大的作用。这是因为存在梯度消失（Vanishing Gradient）问题，所以深层的网络很难训练。梯度反向传播到前一层，重复相乘可能使梯度无穷小，结果就是随着网络的层数加深，其性能趋于饱和，甚至开始迅速下降，如图 7-2 所示。

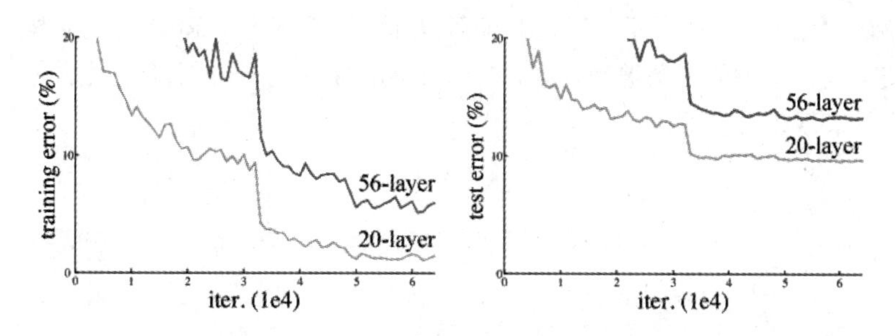

图 7-2 随着网络层数的加深，其性能趋于饱和，甚至开始迅速下降

在 ResNet 之前，已经出现了好几种处理梯度消失问题的方法，但是没有一个方法能够真正解决这个问题。何恺明等人在 2015 年发表的论文《用于图像识别的深度残差学习》（Deep Residual

Learning for Image Recognition）中提到，堆叠的层不应该降低网络的性能，可以简单地在当前网络上堆叠映射层（不处理任何事情的层），并且所得到的架构性能不变。即当$f(x)$为 0 时，$f'(x)$等于 x，而当$f(x)$不为 0，所获得的$f'(x)$性能要优于单纯地输入 x，公式如下：

$$f'(x)=\begin{cases} x \\ f(x)+x \end{cases}$$

公式表明，较深的模型所产生的训练误差不应比较浅的模型的误差更高。假设让堆叠的层拟合一个残差映射（Residual Mapping），这要比让它们直接拟合所需的底层映射更容易。残差框架模块如图 7-3 所示。

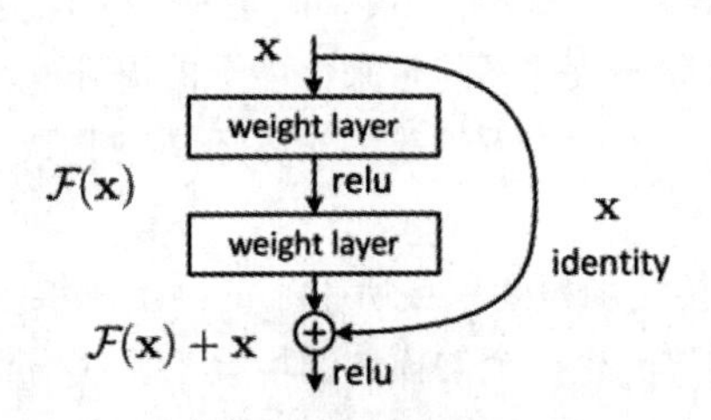

图 7-3　残差框架模块

从图 7-3 中可以看到，残差映射与传统的直接相连的卷积网络相比，最大的变化在于引入了一个恒等映射层（图中的“x identity”），其主要作用是使得网络随着深度的增加而不会产生权重衰减、梯度衰减或者消失这些问题。其中 $F(x)$是残差，$F(x)+x$ 是最终的映射输出，因此可以得到网络的最终输出为 $H(x)=F(x)+x$。由于网络框架中有两个卷积层和两个 relu 函数，因此，最终的输出结果可以表示为：

$$H_1(x)=\text{relu}_1(w_1\times x)$$
$$H_2(x)=\text{relu}_2(w_2\times h_1(x))$$
$$H(x)=H_2(x)+x$$

其中 H_1 是第一层的输出，H_2 是第二层的输出。这样在输入与输出有相同维度时，可以使用直接输入的形式将数据传递到框架的输出层。

一个 34 层的 ResNet 网络结构以及它与 VGGNet19（一种深层卷积网络结构）和一个 34 层的普通结构神经网络的对比如图 7-4 所示。通过验证可以知道，在使用了 ResNet 的结构后，层数不断加深导致的训练集上误差增大的现象被消除了，ResNet 网络的训练误差会随着层数增大而逐渐减小，并且在测试集上的表现也会变好。

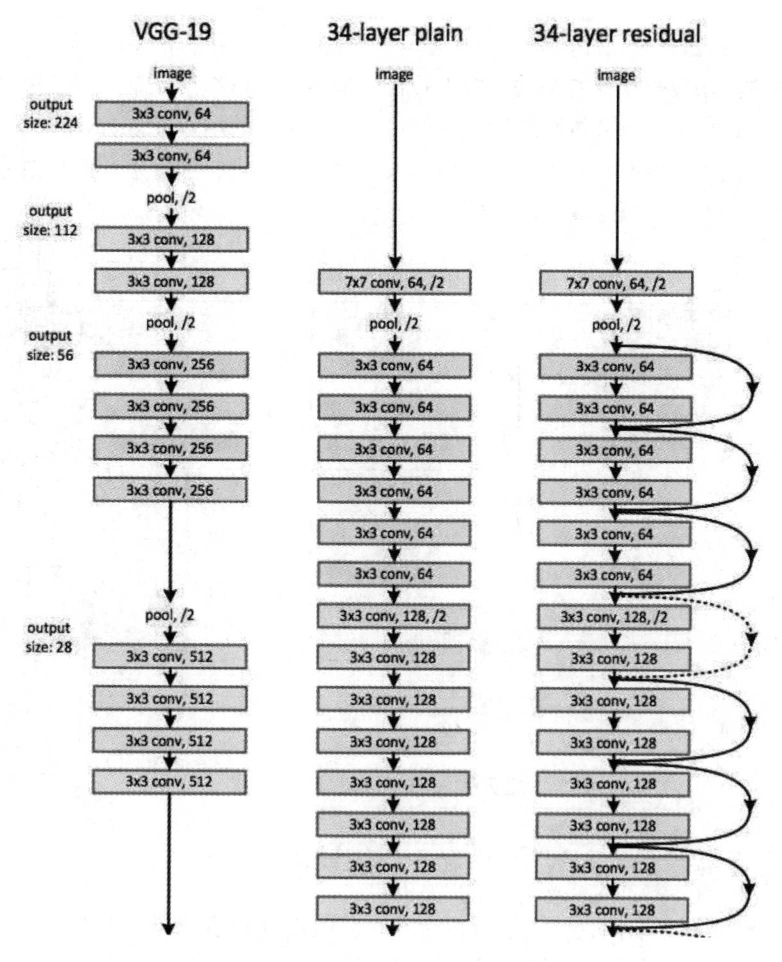

图 7-4　ResNet 模型结构及比较

但是，二层残差学习单元只用以讲解，实际使用上更多的是[1,1]结构的三层残差学习单元，如图 7-5 所示。

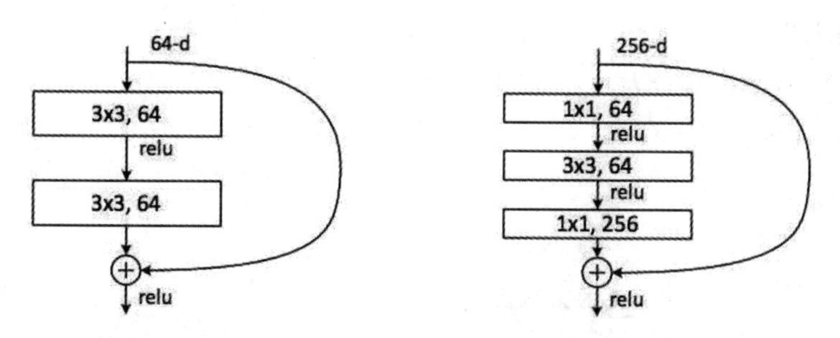

图 7-5　二层（左）以及三层（右）残差单元的比较

这是借鉴了 NIN 模型（Network in Network，是一种深度神经网络架构）的思想，在二层残差单元中包含 1 个[3,3]卷积层的基础上，增加了两个[1,1]大小的卷积层，并分别放在[3,3]卷积层的前后，执行先降维再升维的操作。

无论采用哪种连接方式，ResNet 的核心是引入一个“身份捷径连接”（Identity Shortcut

Connection），直接跳过一层或多层，将输入层与输出层进行连接。实际上，ResNet 并不是第一个利用捷径连接的方法，较早期就有相关研究人员在卷积神经网络中引入了“门控短路电路”，即参数化的门控系统允许特定信息通过网络通道，但是并不是所有的加入了 Shortcut 的卷积神经网络都会提高传输效果。在后续的研究中，有不少研究人员对残差块进行了改进，但是很遗憾并不能获得性能上的提高。多种形态的 ResNet 如图 7-6 所示。

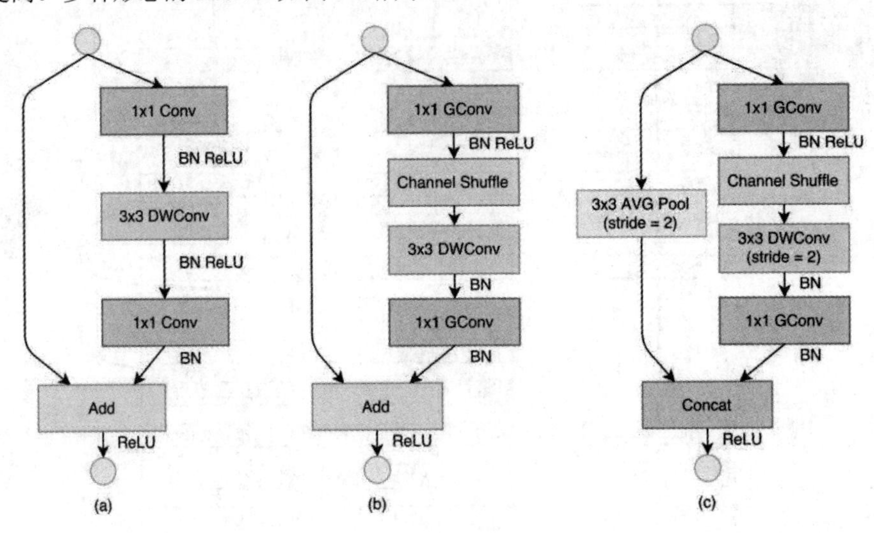

图 7-6　多种形态的 ResNet

7.1.2　不要重复造轮子——PyTorch 2.0 中的模块

在正式讲解 ResNet 之前，我们先学习和熟悉一下 ResNet 构建过程中所使用的 PyTorch 2.0 模块。这里的模块是指那些已经设计好结构、可以直接使用的代码。

首先是卷积核的创建方法。从模型上看，需要更改的内容为卷积核的大小、输出通道数以及所定义的卷积层的名称，代码如下：

```
torch.nn.Conv2d
```

Conv2d 在前面的内容中较为，后面还会介绍其 1d 模式。

此外，还有一个非常重要的方法是获取数据的 BatchNorm2d，它使用批量正则化对数据进行处理，代码如下：

```
torch.nn.BatchNorm2d
```

BatchNorm2d 类在生成时需要定义输出的最后一个维度，从而在初始化时生成一个特定的数据维度。

其他的还有最大池化层，代码如下：

```
torch.nn.MaxPool2d
```

平均池化层代码如下：

```
torch.nn.AvgPool2d
```

以上这些都是在模型单元中所需要使用的基本模块，这些模块的用法在后续的模型实现中会进行讲解。有了这些模块，就可以直接构建 ResNet 模型单元。

在 PyTorch 2.0 中，官方也提供了完整实现的 ResNet 模型，读者可以尝试如下代码：

```
import torchvision
model = torchvision.models.resnet18(pretrained=False)  #不下载预训练权重
print(model)
```

7.1.3 ResNet 残差模块的实现

ResNet 网络结构已经在 7.1.1 节做了介绍，它突破性地使用“模块化”思维去对网络进行叠加，从而实现了数据特征在模块内部传递时不会丢失。

如图 7-7 所示，模块的内部实际上是 3 个卷积通道相互叠加，形成了一种瓶颈设计。对于每个残差模块，使用 3 层卷积。这 3 层分别是 1×1、3×3 和 1×1 的卷积层，其中 1×1 卷积层的作用是对输入数据进行一个“整形”，通过修改通道数使得 3×3 卷积层具有较小的输入/输出数据结构。

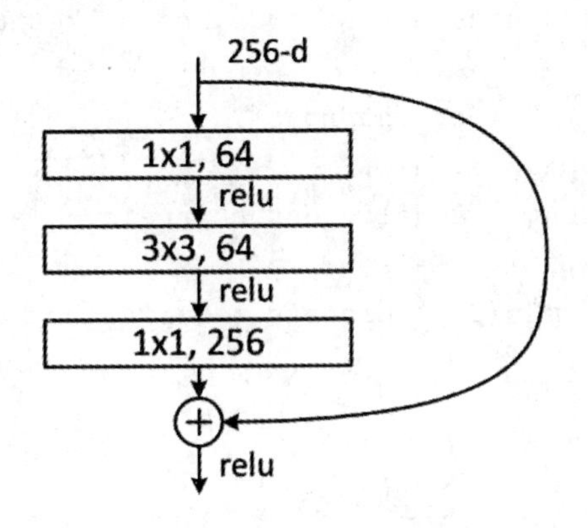

图 7-7　模块的内部

实现的 3 层卷积瓶颈结构的代码如下：

```
torch.nn.Conv2d(input_dim,input_dim//4,kernel_size=1,padding=1)
torch.nn.ReLU(input_dim//4)

torch.nn.Conv2d(input_dim//4,input_dim//4,kernel_size=3,padding=1)
torch.nn.ReLU(input_dim//4)
torch.nn.BatchNorm2d(input_dim//4)

torch.nn.Conv2d(input_dim,input_dim,kernel_size=1,padding=1)
torch.nn.ReLU(input_dim)
```

代码中输入的数据首先经过 Conv2d 卷积层计算，输出的维度为四分之一的输入维度，这是为了降低整个输入数据的数据量，为进行下一层的[3,3]的计算打下基础。同时，因为 PyTorch 2.0 的关系，需要显式地加入 ReLU 和 BatchNorm2d 作为激活和批处理层。

在数据传递的过程中，ResNet 模块使用了名为“shortcut”的“信息高速公路”。shortcut 连接相当于简单执行了同等映射，不会产生额外的参数，也不会增加计算复杂度，而且整个网络依旧可以通过端到端的反向传播训练。

正是因为有了“shortcut”的出现，才使得信息可以在每个模块中进行传播，据此构成的 ResNet BasicBlock 代码如下：

```
import torch
import torch.nn as nn

class BasicBlock(nn.Module):
    expansion = 1
    def __init__(self, in_channels, out_channels, stride=1):
        super().__init__()

        #残差函数
        self.residual_function = nn.Sequential(
            nn.Conv2d(in_channels, out_channels, kernel_size=3, stride=stride,
padding=1, bias=False),
            nn.BatchNorm2d(out_channels),
            nn.ReLU(inplace=True),
            nn.Conv2d(out_channels, out_channels * BasicBlock.expansion,
kernel_size=3, padding=1, bias=False),
            nn.BatchNorm2d(out_channels * BasicBlock.expansion)
        )

        #shortcut
        self.shortcut = nn.Sequential()
        #判定输出的维度是否和输入的一致
        if stride != 1 or in_channels != BasicBlock.expansion * out_channels:
            self.shortcut = nn.Sequential(
                nn.Conv2d(in_channels, out_channels * BasicBlock.expansion,
kernel_size=1, stride=stride, bias=False),
                nn.BatchNorm2d(out_channels * BasicBlock.expansion)
            )

    def forward(self, x):
        return nn.ReLU(inplace=True)(self.residual_function(x) +
self.shortcut(x))
```

这里实现的是经典的 ResnetBlock 的模型，除此之外还有更多的 ResNet 模块化的方式，如图 7-8 所示。

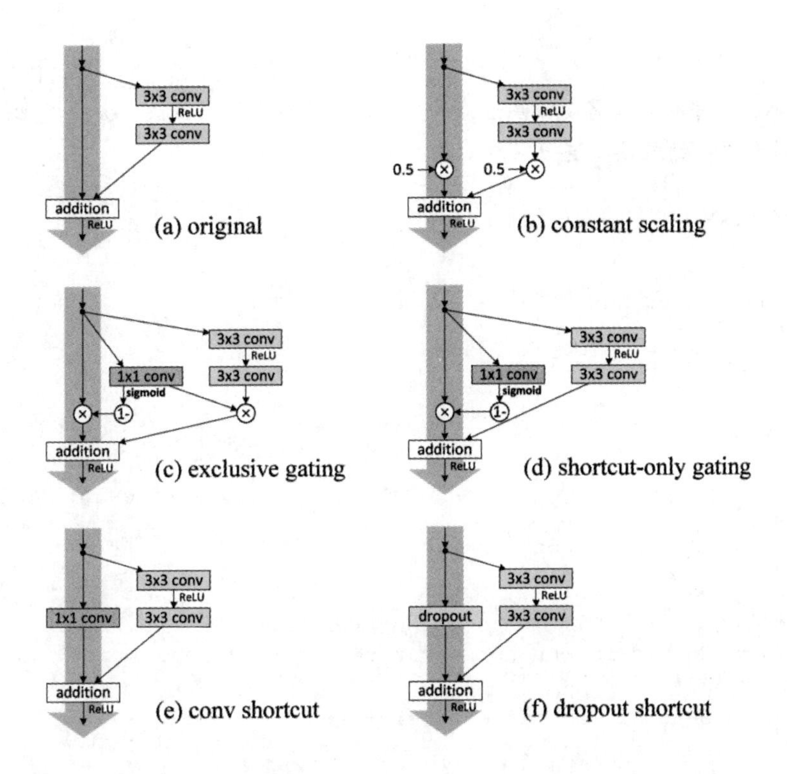

图 7-8　ResNet 模块结构

有兴趣的读者可以尝试更多的模块结构。

7.1.4　ResNet 的实现

在介绍完 ResNet 模块的实现后，下面我们使用完成的 ResNet 模块实现完整的 ResNet。ResNet 的结构如图 7-9 所示。

layer name	output size	18-layer	34-layer	50-layer	101-layer	152-layer
conv1	112×112	7×7, 64, stride 2				
conv2_x	56×56	3×3 max pool, stride 2				
		[3×3, 64; 3×3, 64]×2	[3×3, 64; 3×3, 64]×3	[1×1, 64; 3×3, 64; 1×1, 256]×3	[1×1, 64; 3×3, 64; 1×1, 256]×3	[1×1, 64; 3×3, 64; 1×1, 256]×3
conv3_x	28×28	[3×3, 128; 3×3, 128]×2	[3×3, 128; 3×3, 128]×4	[1×1, 128; 3×3, 128; 1×1, 512]×4	[1×1, 128; 3×3, 128; 1×1, 512]×4	[1×1, 128; 3×3, 128; 1×1, 512]×8
conv4_x	14×14	[3×3, 256; 3×3, 256]×2	[3×3, 256; 3×3, 256]×6	[1×1, 256; 3×3, 256; 1×1, 1024]×6	[1×1, 256; 3×3, 256; 1×1, 1024]×23	[1×1, 256; 3×3, 256; 1×1, 1024]×36
conv5_x	7×7	[3×3, 512; 3×3, 512]×2	[3×3, 512; 3×3, 512]×3	[1×1, 512; 3×3, 512; 1×1, 2048]×3	[1×1, 512; 3×3, 512; 1×1, 2048]×3	[1×1, 512; 3×3, 512; 1×1, 2048]×3
	1×1	average pool, 1000-d fc, softmax				
FLOPs		1.8×10^9	3.6×10^9	3.8×10^9	7.6×10^9	11.3×10^9

图 7-9　ResNet 的结构

一共提出了 5 种深度的 ResNet，分别是 18、34、50、101 和 152，所有的网络都分成 5 部分，分别是conv1、conv2_x、conv3_x、conv4_x、conv5_x。

说明：ResNet完整的实现需要较高性能的显卡，因此这里做了修改，去掉了池化层，并降低了每次过滤的数目和每层的层数，这一点请读者注意。

完整实现的ResNet模型的结构如下：

```
import torch
import torch.nn as nn

class BasicBlock(nn.Module):

    expansion = 1

    def __init__(self, in_channels, out_channels, stride=1):
        super().__init__()

        #残差函数
        self.residual_function = nn.Sequential(
            nn.Conv2d(in_channels, out_channels, kernel_size=3, stride=stride,
padding=1, bias=False),
            nn.BatchNorm2d(out_channels),
            nn.ReLU(inplace=True),
            nn.Conv2d(out_channels, out_channels * BasicBlock.expansion,
kernel_size=3, padding=1, bias=False),
            nn.BatchNorm2d(out_channels * BasicBlock.expansion)
        )

        #shortcut
        self.shortcut = nn.Sequential()
        #判定输出的维度是否和输入的一致
        if stride != 1 or in_channels != BasicBlock.expansion * out_channels:
            self.shortcut = nn.Sequential(
                nn.Conv2d(in_channels, out_channels * BasicBlock.expansion,
kernel_size=1, stride=stride, bias=False),
                nn.BatchNorm2d(out_channels * BasicBlock.expansion)
            )

    def forward(self, x):
        return nn.ReLU(inplace=True)(self.residual_function(x) +
self.shortcut(x))

class ResNet(nn.Module):

    def __init__(self, block, num_block, num_classes=100):
        super().__init__()
        self.in_channels = 64
        self.conv1 = nn.Sequential(
            nn.Conv2d(3, 64, kernel_size=3, padding=1, bias=False),
            nn.BatchNorm2d(64),
```

```
        nn.ReLU(inplace=True))
        #在这里我们使用构造函数的形式，根据传入的模型结构进行构建，读者可以直接记住这种写作方法
        self.conv2_x = self._make_layer(block, 64, num_block[0], 1)
        self.conv3_x = self._make_layer(block, 128, num_block[1], 2)
        self.conv4_x = self._make_layer(block, 256, num_block[2], 2)
        self.conv5_x = self._make_layer(block, 512, num_block[3], 2)
        self.avg_pool = nn.AdaptiveAvgPool2d((1, 1))
        self.fc = nn.Linear(512 * block.expansion, num_classes)

    def _make_layer(self, block, out_channels, num_blocks, stride):

        strides = [stride] + [1] * (num_blocks - 1)
        layers = []
        for stride in strides:
            layers.append(block(self.in_channels, out_channels, stride))
            self.in_channels = out_channels * block.expansion

        return nn.Sequential(*layers)

    def forward(self, x):
        output = self.conv1(x)
        output = self.conv2_x(output)
        output = self.conv3_x(output)
        output = self.conv4_x(output)
        output = self.conv5_x(output)
        output = self.avg_pool(output)
#首先使用 view 层作为全局池化层，fc 是最终的分类函数，为每层对应的类别进行分类计算
        output = output.view(output.size(0), -1)
        output = self.fc(output)

        return output

#18 层的 ResNet
def resnet18():
    return ResNet(BasicBlock, [2, 2, 2, 2])

#34 层的 ResNet
def resnet34():
    return ResNet(BasicBlock, [3, 4, 6, 3])

if __name__ == '__main__':
    image = torch.randn(size=(5,3,224,224))
    resnet = ResNet(BasicBlock, [2, 2, 2, 2])

    img_out = resnet(image)
    print(img_out.shape)
```

需要注意的是，根据输入层数的不同，采用了 PyTorch 2.0 中特有的构造方法对传入的模块进行构建，并且使用 view 层作为全局池化层，之后的 fc 层对结果进行最终的分类。另外，为了配合

下一小节要进行的 CIFAR10 数据集分类，这里的分类结果被设置成 10 种。

为了演示，这里实现了 18 层和 34 层的 ResNet 模型的构建，更多的模型请读者自行完成。

7.2 ResNet 实战：CIFAR-10 数据集分类

本节将使用 ResNet 实现 CIFAR-10 数据集的分类实战。

7.2.1 CIFAR-10 数据集简介

CIFAR-10 数据集是一个包含 60000 幅彩色图像的数据集，每幅图像的大小为 32×32 像素。这些图像被均匀地分为 10 个不同的类别，每个类别包含 6000 幅图像，其中 50000 幅图像被指定为训练集，并被组织成 5 个训练批次，每个批次包含 10000 幅图像。需要注意的是，尽管每个训练批次中各类图像的数量可能并不完全相同，但从整个训练集的角度来看，每个类别都确保有 5000 幅图像。剩余的 10000 幅图像则构成了测试集，被单独安排在一个批次中。CIFAR-10 数据集如图 7-10 所示。

图 7-10　CIFAR-10 数据集

读者自行搜索 CIFAR-10 数据集，进入下载页面，如图 7-11 所示。

Download

If you're going to use this dataset, please cite the tech report at the bottom of this page.

Version	Size	md5sum
CIFAR-10 python version	163 MB	c58f30108f718f92721af3b95e74349a
CIFAR-10 Matlab version	175 MB	70270af85842c9e89bb428ec9976c926
CIFAR-10 binary version (suitable for C programs)	162 MB	c32a1d4ab5d03f1284b67883e8d87530

图 7-11　CIFAR-10 数据集下载页面

由于 PyTorch 2.0 采用的是 Python 语言，因此选择 python version 版本下载。下载之后解压缩，得到如图 7-12 所示的几个文件。

batches	2009/3/31 12:45	META 文件	1 KB
data_batch_1	2009/3/31 12:32	文件	30,309 KB
data_batch_2	2009/3/31 12:32	文件	30,308 KB
data_batch_3	2009/3/31 12:32	文件	30,309 KB
data_batch_4	2009/3/31 12:32	文件	30,309 KB
data_batch_5	2009/3/31 12:32	文件	30,309 KB
readme	2009/6/5 4:47	QQBrowser HTML ...	1 KB
test_batch	2009/3/31 12:32	文件	30,309 KB

图 7-12　得到的文件

data_batch_1 ~ data_batch_5 是划分好的训练数据，每个文件里包含 10000 幅图像，test_batch 是测试数据，也包含 10000 幅图像。

读取数据的代码如下：

```
import pickle
def load_file(filename):
    with open(filename, 'rb') as fo:
        data = pickle.load(fo, encoding='latin1')
    return data
```

因为这几个文件都是通过 pickle 产生的，所以在读取的时候也要用到这个包。返回的 data 是一个字典，先看看这个字典里面有哪些键吧。

```
data = load_file('data_batch_1')
print(data.keys())
```

输出结果如下：

```
dict_keys([ 'batch_label', 'labels', 'data', 'filenames' ])
```

具体说明如下：

- batch_label：对应的值是一个字符串，用来表明当前文件的一些基本信息。
- labels：对应的值是一个长度为10000的列表，每个数字取值范围为0~9，代表当前图像所属类别。
- data：10000 × 3072的二维数组，每一行代表一幅图像的像素值。
- filenames：长度为10000的列表，里面每一项是代表图像文件名的字符串。

完整的数据读取代码如下：

```
import pickle
import numpy as np
import os
def get_cifar10_train_data_and_label(root=""):
    def load_file(filename):
```

```
        with open(filename, 'rb') as fo:
            data = pickle.load(fo, encoding='latin1')
        return data

    data_batch_1 = load_file(os.path.join(root, 'data_batch_1'))
    data_batch_2 = load_file(os.path.join(root, 'data_batch_2'))
    data_batch_3 = load_file(os.path.join(root, 'data_batch_3'))
    data_batch_4 = load_file(os.path.join(root, 'data_batch_4'))
    data_batch_5 = load_file(os.path.join(root, 'data_batch_5'))
    dataset = []
    labelset = []
    for data in [data_batch_1, data_batch_2, data_batch_3, data_batch_4,
data_batch_5]:
        img_data = (data["data"])
        img_label = (data["labels"])
        dataset.append(img_data)
        labelset.append(img_label)
    dataset = np.concatenate(dataset)
    labelset = np.concatenate(labelset)
    return dataset, labelset

def get_cifar10_test_data_and_label(root=""):
    def load_file(filename):
        with open(filename, 'rb') as fo:
            data = pickle.load(fo, encoding='latin1')
        return data
    data_batch_1 = load_file(os.path.join(root, 'test_batch'))
    dataset = []
    labelset = []
    for data in [data_batch_1]:
        img_data = (data["data"])
        img_label = (data["labels"])
        dataset.append(img_data)
        labelset.append(img_label)
    dataset = np.concatenate(dataset)
    labelset = np.concatenate(labelset)
    return dataset, labelset


def get_CIFAR10_dataset(root=""):
    train_dataset, label_dataset = get_cifar10_train_data_and_label(root=root)
    test_dataset, test_label_dataset =
get_cifar10_train_data_and_label(root=root)
    return train_dataset, label_dataset, test_dataset, test_label_dataset

if __name__ == "__main__":
    train_dataset, label_dataset, test_dataset, test_label_dataset =
get_CIFAR10_dataset(root="../dataset/cifar-10-batches-py/")

  train_dataset = np.reshape(train_dataset,[len(train_dataset),
```

```
3,32,32]).astype(np.float32)/255.
    test_dataset = np.reshape(test_dataset,[len(test_dataset),
3,32,32]).astype(np.float32)/255.
    label_dataset = np.array(label_dataset)
    test_label_dataset = np.array(test_label_dataset)
```

上面代码中，root 是下载数据解压后的目录参数，os.join 函数将其组合成数据文件的位置。最终返回训练文件和测试文件以及它们对应的 label。需要注意，提取出的文件数据格式为[-1,3072]，因此需要对数据维度进行调整，使之适用于模型的输入。

7.2.2　基于 ResNet 的 CIFAR-10 数据集分类

在前面章节中，我们对 ResNet 模型以及 CIFAR-10 数据集做了介绍，本小节将使用上面定义的 ResNet 模型进行 CIFAR-10 数据集分类任务。我们直接导入对应的数据和模型即可，完整的模型训练代码如下：

```
    import torch
    import resnet
    import get_data
    import numpy as np

    train_dataset, label_dataset, test_dataset, test_label_dataset =
get_data.get_CIFAR10_dataset(root="../dataset/cifar-10-batches-py/")

    train_dataset = np.reshape(train_dataset,[len(train_dataset),
3,32,32]).astype(np.float32)/255.
    test_dataset = np.reshape(test_dataset,[len(test_dataset),
3,32,32]).astype(np.float32)/255.
    label_dataset = np.array(label_dataset)
    test_label_dataset = np.array(test_label_dataset)


    device = "cuda" if torch.cuda.is_available() else "cpu"
    model = resnet.resnet18()              #导入 ResNet 模型
    model = model.to(device)               #将计算模型传入 GPU 硬件等待计算
    #model = torch.compile(model)          #PyTorch 2.0 的特性，加速计算速度，选择性使用
    optimizer = torch.optim.Adam(model.parameters(), lr=2e-5)    #设定优化函数
    loss_fn = torch.nn.CrossEntropyLoss()

    batch_size = 128
    train_num = len(label_dataset)//batch_size
    for epoch in range(63):

        train_loss = 0.
        for i in range(train_num):
            start = i * batch_size
            end = (i + 1) * batch_size

            x_batch = torch.from_numpy(train_dataset[start:end]).to(device)
```

```
            y_batch = torch.from_numpy(label_dataset[start:end]).to(device)

            pred = model(x_batch)
            loss = loss_fn(pred, y_batch.long())

            optimizer.zero_grad()
            loss.backward()
            optimizer.step()

            train_loss += loss.item()  #记录每个批次的损失值

        #计算并打印损失值
        train_loss /= train_num
        accuracy = (pred.argmax(1) == y_batch).type(torch.float32).sum().item() /
batch_size

        #2048 可根据读者 GPU 显存大小调整
            test_num = 2048
        x_test = torch.from_numpy(test_dataset[:test_num]).to(device)
        y_test = torch.from_numpy(test_label_dataset[:test_num]).to(device)
        pred = model(x_test)
        test_accuracy = (pred.argmax(1) == y_test).type(torch.float32).sum().item()
/ test_num
        print("epoch: ",epoch,"train_loss:",
round(train_loss,2),";accuracy:",round(accuracy,2),";test_accuracy:",round(test
_accuracy,2))
```

在上面代码中，先使用训练集数据对模型进行训练，然后使用测试集数据进行测试，训练结果如图 7-13 所示。

```
epoch： 0 train_loss: 1.83 ;accuracy: 0.6 ;test_accuracy: 0.56
epoch： 1 train_loss: 1.13 ;accuracy: 0.64 ;test_accuracy: 0.66
epoch： 2 train_loss: 0.82 ;accuracy: 0.76 ;test_accuracy: 0.79
epoch： 3 train_loss: 0.48 ;accuracy: 0.91 ;test_accuracy: 0.9
epoch： 4 train_loss: 0.21 ;accuracy: 0.99 ;test_accuracy: 0.95
epoch： 5 train_loss: 0.11 ;accuracy: 0.99 ;test_accuracy: 0.98
```

图 7-13　训练结果

从训练结果中可以看到，经过 5 轮训练后，模型在训练集上的准确率达到 0.99，而测试集的准确率也达到了 0.98，这是一个较好的成绩，说明模型的性能达到较好水平。

其他层次的模型请读者自行尝试，根据硬件设备的不同，模型的参数和训练集的 batch_size 都需要做出调整，具体数值请根据需要进行设置。

7.3　本章小结

ResNet 模型使用 shortcut 和模块的方法开创了一个新时代，彻底改变了人们仅仅依靠堆积神经网络层来获取更高性能的做法。它在一定程度上解决了梯度消失的问题，这是一项跨时代的发明。

本章详细介绍了 ResNet 的原理和程序设计基础，并通过 CIFAR-10 数据集分类进行了 ResNet 应用实战。通过学习和实践本章的内容，读者将能够深入了解 ResNet 的原理，掌握模块化思想在卷积神经网络设计中的应用。这些知识将为读者在计算机视觉领域的研究和实践提供有力的支持。

第 8 章

基于 OpenCV 与 PyTorch 的人脸识别实战

随着电子商务等应用的迅速发展，人脸识别技术成为最具潜力的生物身份验证手段之一。这种应用要求自动人脸识别系统能够对各种类型的图像进行准确的识别，包括不同光照、角度、遮挡和姿态下的图像。

然而，由于技术限制，人脸识别一直未能得到广泛应用。传统的人脸识别方法通常基于特征提取和模式匹配，但这种方法对于复杂场景下的特征表示和模式识别存在困难。此外，传统方法需要大量的手动标注的数据来进行训练，并且对于大规模数据集的训练需要大量的计算资源和时间。

直到深度学习的出现，才实现了简单而有效的人脸识别。深度学习是一种基于神经网络的机器学习方法，通过多层次的神经元网络对数据进行自动特征提取和模式识别。与传统方法相比，深度学习可以自动学习图像中的特征表示，无须手动设计特征提取器，并且具有更强的泛化能力。人脸识别如图 8-1 所示。

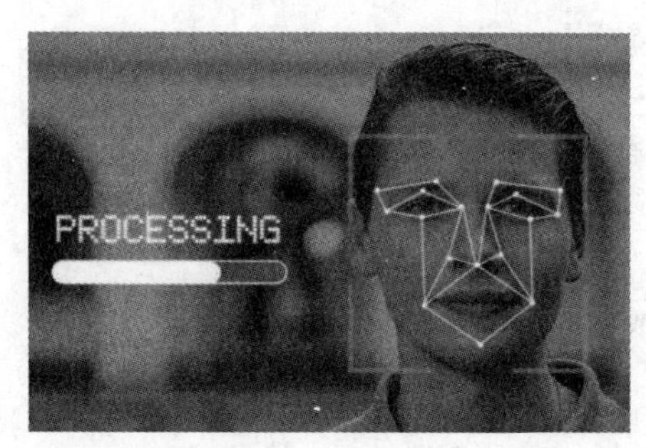

图 8-1　人脸识别

如今，人脸检测的应用范围已经远远超越了人脸识别系统的范畴。除了身份验证，人脸检测技术还在许多领域发挥着重要的作用。在基于内容的检索中，可以利用人脸检测结果来提供更准确和个性化的搜索结果；在数字视频处理中，人脸检测可用于视频内容分析、目标跟踪和行为识别等任务；在视频监控中，人脸检测可以帮助识别异常行为或人员进出情况。

本章将采用 OpenCV 与深度学习 PyTorch 2.0 相结合的方式，介绍人脸识别方面的实战内容。虽然 OpenCV 的传统识别方法可以找到人脸的位置，但无法识别个体的身份。而 PyTorch 深度学习模型虽然可以同时找到人脸位置和识别个体，但其资源消耗较大，对硬件要求较高。因此，本章将重点介绍如何有效融合 OpenCV 的高效定位能力和 PyTorch 的强大识别功能。

首先，将详细介绍如何构建人脸数据库，包括数据采集、预处理和标注等步骤。然后，将介绍常用的人脸识别算法和深度学习模型，如卷积神经网络、Dlib 和 OpenCV 等。最后，将通过一个实际的人脸识别项目，完整地讲解和实现这些内容。

另外请读者注意，本章模型的数据集和模型训练较为复杂，读者可以在学习完本书全部内容后有针对性地完成和实现本章的实战部分。

8.1 找到人脸——人脸识别数据集的建立

在使用深度学习进行人脸识别之前，首先需要创建一个可用的人脸识别数据集。基于人脸涉及的一些隐私性问题，在本章中所使用的数据集是公开的，而且还进行了相应的调整。

本节将介绍基于传统的 Python 库建立我们所需要的数据集的方法，并实现使用 Dlib 进行人脸检测的内容。

8.1.1 LFW 数据集简介

LFW（Labeled Faces in the Wild）数据集是人脸识别领域广泛使用的一个标准测试集，特点是包含的人脸图像全部来源于日常生活场景，增加了识别的复杂度。这是因为图像中的人脸可能受到姿态、光照、表情和遮挡等多种因素的影响，使得即使是同一人在不同图像中的外貌也可能出现显著差异。此外，LFW 数据集中的一些图像可能包含多个人脸，对于这些多人脸图像，仅选择中心坐标的人脸作为目标，其他区域的视为背景干扰。

LFW 是由美国马萨诸塞州立大学阿默斯特分校计算机视觉实验室整理完成的数据集，主要用来研究非受限情况下的人脸识别问题。LFW 数据集主要是从互联网上搜集图像，而不是实验室，一共含有 13000 多幅人脸图像，每幅图像都被标识出对应的人的名字，其中有 1680 人对应不只一幅图像，即有 1680 个人包含两幅及以上的人脸图像，如图 8-2 所示。

图 8-2　LFW 数据集中的图像

LFW 数据集是用于评估人脸识别系统准确性的重要工具，它通过构建 6000 对人脸图像来进行测试。这些图像对分为两类：一类是同一个人的两幅不同人脸图像，有 3000 对；另一类也有 3000 对，但每对来自两个不同的人，每人提供一幅人脸图像。在测试过程中，LFW 数据集会展示两幅图像，随后询问参与测试的系统这两幅图像是否属于同一个人。系统需根据分析给出“是”或“否”

的回答。通过比较系统对这 6000 对图像给出的答案与实际情况，可以计算出人脸识别的准确率。这种方法有效地测试了人脸识别系统在处理真实世界复杂情况下的性能。

8.1.2 Dlib 库简介

在介绍完 LFW 数据集后，接下来就是介绍 Dlib 这一常用的 Python 库。首先是 Dlib 的安装，对于部分读者来说，安装 Dlib 库是一个非常困难的工作。对此，笔者编写了一个专用的 Dlib 安装命令，读者在 Minconda 终端输入如下命令即可简易安装 Dlib：

```
conda install -c conda-forge dlib
```

Dlib 是一个机器学习的开源库，包含了机器学习的很多算法，使用起来十分方便，直接包含头文件即可，并且不依赖于其他库（自带图像编解码库源码）。Dlib 可以帮助我们创建很多复杂的机器学习方面的软件来解决实际问题。目前 Dlib 已经被广泛用于行业和学术领域，包括机器人、嵌入式设备、移动电话和大型高性能计算环境。

Dlib 是一个使用现代 C++技术编写的跨平台的通用库，遵守 Boost 软件许可证（Boost Software Licence），其主要特点如下：

- 完善的文档：每个类、每个函数都有详细的文档，并且提供了大量的示例代码。如果我们发现文档描述不清晰或者没有文档，可以告诉作者，作者会立刻添加。
- 可移植代码：代码符合ISO C++标准，不需要第三方库支持，支持Win32、Linux、Mac OS X、Solaris、HPUX、BSDs 和 POSIX 系统。
- 线程支持：提供简单的可移植的线程API。
- 网络支持：提供简单的可移植的Socket API和一个简单的HTTP服务器。
- 图形用户界面：提供线程安全的GUI API。
- 数值算法：矩阵、大整数、随机数运算等。

Dlib 库如图 8-3 所示。

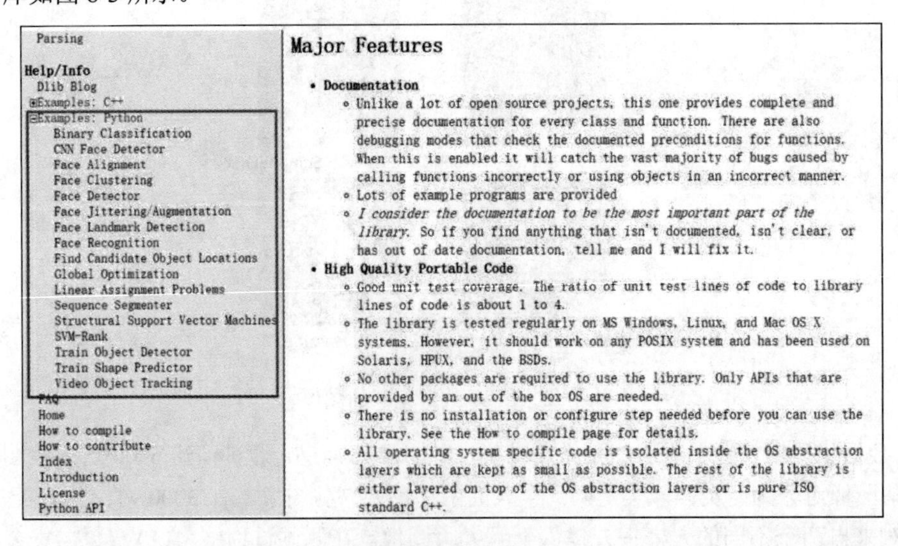

图 8-3　Dlib 库

除了在人脸检测方面的强大功能，Dlib 库还提供了一系列其他实用工具，包括用于数据压缩和校验的算法，比如 CRC32、Md5，以及各种版本的 PPM 算法；用于测试的线程安全的日志类和为模块化设计的单元测试框架，以及支持各种测试断言的工具。此外，Dlib 还包括了许多通用工具类，例如 XML 解析、内存管理、类型安全的 big/little endian 数据转换、序列化支持以及容器类等。

8.1.3 OpenCV 简介

对于 Python 用户来说，OpenCV 可能是最为常用的图像处理工具。OpenCV 是一个基于 BSD 许可（开源）发行的跨平台计算机视觉和机器学习软件库，可以运行在 Linux、Windows、Android 和 macOS 操作系统上。

OpenCV 轻量级而且高效，它由一系列 C 函数和少量 C++类构成，同时提供了 Python、Ruby、MATLAB 等语言的接口，实现了图像处理和计算机视觉方面的很多通用算法。这些算法可以用来检测和识别面部、识别物体、分类人类的行为、追踪物体的移动、提取 3D 模型的特征、生成 3D 点云、拼接图像等。

在后续章节中，如果涉及使用 OpenCV 中的函数对图像进行处理，笔者会给出提示。对于没有涉及的其他函数，有兴趣的读者可以自行学习。

8.1.4 使用 Dlib 检测人脸位置

下面就是使用 Dlib 检测出图像中的人脸。在下载的 LFW 数据集中随机选择一幅图像，如图 8-4 所示。

图 8-4　LFW 数据集中的一幅图像

图像中是一位成年男性，对于计算机视觉来说，无论是背景还是衣饰，实际上都不是需要关心的目标，最为重要的是图像中人脸的表示，而这些背景和衣饰可能会成为一种干扰的噪声。

1. 使用OpenCV读取图像

在这里使用 LFW 文件夹中第一个文件夹中的第一幅图像。使用 OpenCV 读取图像的代码如下：

```
import cv2

image = cv2.imread("./dataset/lfw-deepfunneled/Aaron_Eckhart/Aaron_Eckhart_0001.jpg")  #使用 openCV 读取图像
```

```
cv2.imshow("image",image)  #展示图像结果
cv2.waitKey(0)  #暂停进程，按空格恢复
```

上面代码展示了使用 OpenCV 读取图像并展示的过程， imread 函数根据图像地址读取图像内容到内存中，imshow 函数展示了图像结果，而 waitKey 通过设置参数决定了进程暂停的时间。

2. 加载Dlib的检测器

Dlib 的检测器的作用就是对图像中的人脸目标进行检测，代码如下：

```
import cv2
import dlib

image = 
cv2.imread("./dataset/lfw-deepfunneled/Aaron_Eckhart/Aaron_Eckhart_0001.jpg")


detector = dlib.get_frontal_face_detector()    #Dlib 创建的检测器
boundarys = detector(image, 2) #对人脸图像进行检测，找到人脸的位置框
print(list(boundarys))                 #打印位置框内容
```

其中的 dlib.get_frontal_face_detector 函数创建了用于对人脸进行检测的检测器，之后使用 detector 对人脸的位置进行检测，并将找到的位置以列表的形式存储，未找到则返回一个空列表。打印结果如下：

```
[rectangle(78,89,171,182)]
```

可以看到，列表中是一个 rectangle 格式的数据元组，其中框体的位置表示如下：

- 框体上方：rectangle[1]，使用函数rectangle.top()获取。
- 框体下方：rectangle[3]，使用函数rectangle. bottom()获取。
- 框体左方：rectangle[0]，使用函数rectangle. left()获取。
- 框体右方：rectangle[2]，使用函数rectangle. right()获取。

获取并打印框体位置的代码如下：

```
import cv2
import dlib
import numpy as np

image = 
cv2.imread("./dataset/lfw-deepfunneled/Aaron_Eckhart/Aaron_Eckhart_0001.jpg")

detector = dlib.get_frontal_face_detector() #Dlib 创建的切割器
boundarys = detector(image, 2) #找到人脸框的坐标，没有则返回空集
print(list(boundarys)) #打印结果

draw = image.copy()

rectangles = list(boundarys)
```

```
    for rectangle in rectangles:
        top = np.int(rectangle.top())   #idx = 1
        bottom = np.int(rectangle.bottom()) #idx = 3
        left = np.int(rectangle.left()) #idx = 0
        right = np.int(rectangle.right())   #idx = 2

    print([left,top,right,bottom])
```

打印结果如下：

```
[rectangle(78,89,171,182)]
[78, 89, 171, 182]
```

3. 使用Dlib进行人脸检测

这一步就是将检测到的人脸框体进行输入。对于给定的框体位置坐标来说，OpenCV 提供了专门用于画框体的函数 rectangle()，这样将 OpenCV 与 Dlib 结合在一起，可以很好地达到人脸检测的需求，代码如下：

```
    import cv2
    import dlib
    import numpy as np

    image = cv2.imread("./dataset/lfw-deepfunneled/Aaron_Eckhart/Aaron_Eckhart_
0001.jpg")

    detector = dlib.get_frontal_face_detector() #切割器
    boundarys = detector(image, 2)

    rectangles = list(boundarys)

    draw = image.copy()
    for rectangle in rectangles:
        top = np.int(rectangle.top())   #idx = 1
        bottom = np.int(rectangle.bottom()) #idx = 3
        left = np.int(rectangle.left()) #idx = 0
        right = np.int(rectangle.right())   #idx = 2

        W = -int(left) + int(right)      #获取人脸框体的宽度
        H = -int(top) + int(bottom)      #获取人脸框体的高度
        paddingH = 0.01 * W
        paddingW = 0.02 * H
        #将人脸的图像单独“切割出来”
        crop_img = image[int(top + paddingH):int(bottom - paddingH), int(left -
paddingW):int(right + paddingW)]
        #进行人脸框体描绘
        cv2.rectangle(draw, (int(left), int(top)), (int(right), int(bottom)), (255,
0, 0), 1)

        cv2.imshow("test", draw)
        c = cv2.waitKey(0)
```

这里使用了图像截取，crop_img 的作用是对图像矩阵按大小进行截取，而 cv2.rectangle 是使用 OpenCV 在图像上画出框体线。最终结果如图 8-5 所示。

图 8-5　画出人脸框体的图像

从图 8-5 中可以清楚地看到，使用 Dlib 和 OpenCV 很好地解决了人脸定位问题。而对于切割图像，结果如图 8-6 所示。

图 8-6　切割图像

在图像右侧边缘有一条明显的竖线，这是因为图像的尺寸过小，从而影响了 OpenCV 的画图，此时将切割的图像重新进行缩放即可，代码如下：

```
    import cv2
    import dlib
    import numpy as np

    image = cv2.imread("./dataset/lfw-deepfunneled/Aaron_Eckhart/Aaron_Eckhart_
0001.jpg")

    detector = dlib.get_frontal_face_detector() #切割器
    boundarys = detector(image, 2)
    print(list(boundarys))

    draw = image.copy()
```

```
    rectangles = list(boundarys)

    for rectangle in rectangles:
        top = np.int(rectangle.top())              #idx = 1
        bottom = np.int(rectangle.bottom())        #idx = 3
        left = np.int(rectangle.left())            #idx = 0
        right = np.int(rectangle.right())          #idx = 2

        W = -int(left) + int(right)
        H = -int(top) + int(bottom)
        paddingH = 0.01 * W
        paddingW = 0.02 * H
        crop_img = image[int(top + paddingH):int(bottom - paddingH), int(left -
paddingW):int(right + paddingW)]

        #进行切割放大
        crop_img = cv2.resize(crop_img,dsize=(128,128))
        cv2.imshow("test", crop_img)
        c = cv2.waitKey(0)
```

结果请读者自行验证。

8.1.5 使用 Dlib 和 OpenCV 制作人脸检测数据集

虽然 LFW 数据集在创建时并没有专门整理人脸框体的位置数据，但是借助 Dlib 和 OpenCV，读者可以建立自己的人脸检测数据集。

提示：本小节主要向读者演示 Dlib 的使用方法。

1. 找到LFW数据集中的所有图片的位置

第一步就是找到 LFW 数据集中所有的图片的位置，这里使用 pathlib 库对数据集地址进行查找，代码如下：

```
path = "./dataset/lfw-deepfunneled/"
path = Path(path)
file_dirs = [x for x in path.iterdir() if x.is_dir()]

for file_dir in tqdm(file_dirs):
    image_path_list = list(Path(file_dir).glob('*.jpg'))
```

这段代码首先使用 file_dirs 查找当前路径中的所有文件夹，在一个 for 循环后又使用对应的 glob 函数找到符合对应后缀名的所有文件。最终生成一个 image_path_list 列表，用于存储找到的所有的对应后缀名文件。

这里顺便说一下 tqdm 的作用，tqdm 是一个可视化进程运行函数，将路径的进程予以可视化显示。

2. 在图片中查找人脸框体

结合 Dlib 进行人脸框体的查找并将结果存储，完整的代码如下：

```
from pathlib import Path
import dlib
import cv2
import numpy as np

from tqdm import tqdm
detector = dlib.get_frontal_face_detector() #人脸检测器

path = "./dataset/lfw-deepfunneled/"
path = Path(path)
file_dirs = [x for x in path.iterdir() if x.is_dir()]

rec_box_list = []
counter = 0
for file_dir in tqdm(file_dirs):
    image_path_list = list(Path(file_dir).glob('*.jpg'))
    for image_path in image_path_list:
        image_path = "./" + str(image_path)
        image = (cv2.imread(image_path))
        draw = image.copy()

        boundarys = detector(image, 2)
        rectangle = list(boundarys)
         #为了简便起见，这里限定每幅图像中只有一个人
        if len(rectangle) == 1:
            rectangle = rectangle[0]
            top = np.int(rectangle.top())  #idx = 1
            bottom = np.int(rectangle.bottom())  #idx = 3
            left = np.int(rectangle.left())  #idx = 0
            right = np.int(rectangle.right())  #idx = 2

            if rectangle is not None:
                W = -int(left) + int(right)
                H = -int(top) + int(bottom)
                paddingH = 0.01 * W
                paddingW = 0.02 * H
                crop_img = image[int(top + paddingH):int(bottom - paddingH),
int(left - paddingW):int(right + paddingW)]
                cv2.rectangle(draw, (int(left), int(top)), (int(right),
int(bottom)), (255, 0, 0), 1)

            rec_box = [top,bottom,left,right]

            rec_box_list.append(rec_box)

            new_path = "./dataset/lfw/" + str(counter) + ".jpg"
            cv2.imwrite(new_path, image)
            counter += 1

np.save("./dataset/lfw/rec_box_list.npy",rec_box_list)
```

这段代码的作用就是读取 LFW 数据集中不同文件夹中的图像，获取其面部坐标框之后，将它们存储在特定的列表中。这里为了简单起见，限定了每幅图像中只有一张人脸进行检测。

3. 对获取的人脸框体进行验证

这里随机获取一幅图像的 id，使用 Dlib 即时获取对应的人脸框体，并将它与打印存储的人脸列表内容进行编比较，验证结果是否一致，代码如下：

```
import dlib
import cv2
import numpy as np

detector = dlib.get_frontal_face_detector() #切割器

img_path = "./dataset/lfw/10240.jpg"
image = (cv2.imread(img_path))

boundarys = detector(image, 2)
print(list(boundarys))

rec_box_list = np.load("./dataset/lfw/rec_box_list.npy")
print(rec_box_list[10240])
```

打印结果请读者自行验证。

8.1.6　基于人脸定位制作适配深度学习的人脸识别数据集地址路径

上一小节中讲解了使用 Dlib 制作普通的人脸识别模型，目的是在含有人脸的基础数据上找到人脸的位置，而下一步的工作需要基于此完成适配本章人脸识别模型的数据集。

1. 使用Dlib定位人脸位置并制作新的人脸图像

首先就是使用 Dlib 将人脸位置固定，并制作新的人脸图像，目的是加强模型的训练，使得模型在识别时能够更加注重人脸的细节分辨。代码如下：（注意，在此过程中笔者是直接使用裁剪后的新人脸图像替换原来的图像，请读者斟酌使用。）

```
import numpy as np
import dlib
import matplotlib.image as mpimg
import cv2
import imageio
from pathlib import Path
import os
from tqdm import tqdm
shape = 144

def clip_image(image, boundary):
    top = np.clip(boundary.top(), 0, np.Inf).astype(np.int16)
    bottom = np.clip(boundary.bottom(), 0, np.Inf).astype(np.int16)
    left = np.clip(boundary.left(), 0, np.Inf).astype(np.int16)
    right = np.clip(boundary.right(), 0, np.Inf).astype(np.int16)
    image = cv2.resize(image[top:bottom, left:right],(128,128))
```

```
    return image

def fun(file_dirs):

    for file_dir in tqdm(file_dirs):
        image_path_list = list(file_dir.glob('*.jpg'))
        for image_path in image_path_list:
            image = np.array(mpimg.imread(image_path))
            boundarys = detector(image, 2)
            if len(boundarys) == 1:
                image_new = clip_image(image, boundarys[0])
                os.remove(image_path)
                image_path_new = image_path #这里可以对保存的地点调整路径
                imageio.imsave(image_path_new, image_new)
            else:
                os.remove(image_path)

detector = dlib.get_frontal_face_detector() #切割器
path="./dataset/lfw-deepfunneled"
path = Path(path)
file_dirs = [x for x in path.iterdir() if x.is_dir()]

print(len(file_dirs))
fun(file_dirs)
```

2. 创建新图像结构的位置地址

对于普通用户而言，直接将全部图像数据载入内存或显存进行深度学习模型训练是非常具有挑战性的，因为图片数据的总量往往非常庞大，一次性载入完整的图像数据集会造成严重的内存或显存不足问题。这不仅会导致计算机运行缓慢，甚至可能完全无法处理这些数据，使得模型训练无法进行。此外，尝试处理如此大量的数据还可能引起程序崩溃，特别是在资源有限的个人计算设备上。因此，一个好的办法就是将图像的地址进行保存，通过地址名称来读取图像，并且根据地址名称上的人名来判断是否属于同一个人，如图 8-7 所示。

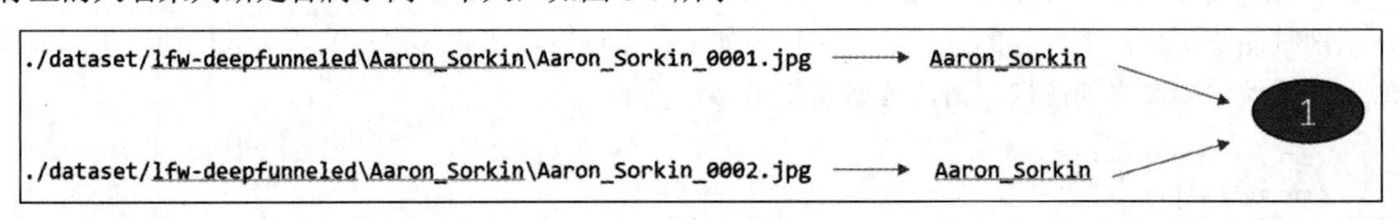

图 8-7　相似人脸的判定

对于不相同的人脸，同样可以通过地址上的人名来进行判断，如图 8-8 所示。

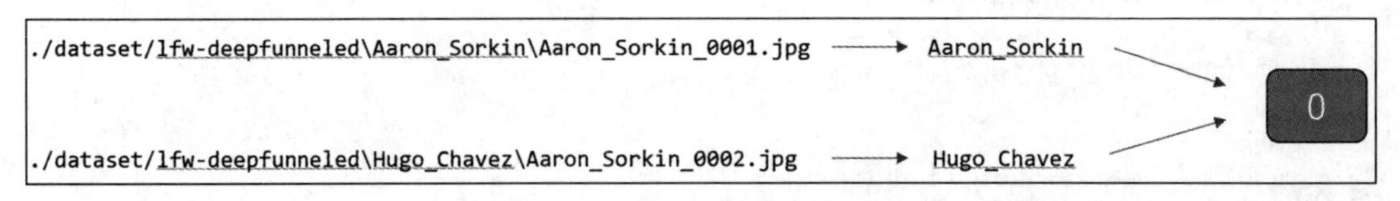

图 8-8　不相似人脸的判定

需要注意的是，为了加速训练，这里人为地设置了只有当一个人的图像数量大于 10 时，才将这个人的图像加入数据集，代码如下：

```
cutoff = 10
for folder in folders:
    files = list_files(folder)
    if len(files) >= cutoff:
        path_file_collect += (files)
```

完整代码如下（注意 lfw-deepfunneled 文件的存放位置）：

```
import numpy as np
import dlib
import matplotlib.image as mpimg
import cv2
import imageio
from pathlib import Path
import os
from tqdm import tqdm
shape = 144

def clip_image(image, boundary):
    top = np.clip(boundary.top(), 0, np.Inf).astype(np.int16)
    bottom = np.clip(boundary.bottom(), 0, np.Inf).astype(np.int16)
    left = np.clip(boundary.left(), 0, np.Inf).astype(np.int16)
    right = np.clip(boundary.right(), 0, np.Inf).astype(np.int16)
    image = cv2.resize(image[top:bottom, left:right],(128,128))
    return image

def fun(file_dirs):

    for file_dir in tqdm(file_dirs):
        image_path_list = list(file_dir.glob('*.jpg'))
        for image_path in image_path_list:
            image = np.array(mpimg.imread(image_path))
            boundarys = detector(image, 2)
            if len(boundarys) == 1:
                image_new = clip_image(image, boundarys[0])
                os.remove(image_path)
                image_path_new = image_path #这里可以对保存的地点调整路径
                imageio.imsave(image_path_new, image_new)
            else:
                os.remove(image_path)

import os
#这个是列出所有目录下文件夹的函数
def list_folders(path):
    """
    列出指定路径下的所有文件夹名
    """
    folders = []
    for root, dirs, files in os.walk(path):
        for dir in dirs:
            folders.append(os.path.join(root, dir))
```

```
    return folders

def list_files(path):
    files = []
    for item in os.listdir(path):
        file = os.path.join(path, item)
        if os.path.isfile(file):
            files.append(file)
    return files

if __name__ == '__main__':

    detector = dlib.get_frontal_face_detector() #切割器
    path="./dataset/lfw-deepfunneled"
    path = Path(path)
    file_dirs = [x for x in path.iterdir() if x.is_dir()]

    print(len(file_dirs))
    fun(file_dirs)

    folders = list_folders(path)
    path_file_collect = []
    cutoff = 10
    for folder in folders:
        files = list_files(folder)
        if len(files) >= cutoff:
            path_file_collect += (files)

    path_file = "./dataset/lfw-path_file.txt"
    file2 = open(path_file, 'w+')
    for line in path_file_collect:
        file2.write(line)
        file2.write("\n")
    file2.close()
```

等程序结束之后查询定义的地址存放目录，结果如图 8-9 所示。

```
dataset\lfw-deepfunneled\Winona_Ryder\Winona_Ryder_0022.jpg
dataset\lfw-deepfunneled\Winona_Ryder\Winona_Ryder_0024.jpg
dataset\lfw-deepfunneled\Yoriko_Kawaguchi\Yoriko_Kawaguchi_0001.jpg
dataset\lfw-deepfunneled\Yoriko_Kawaguchi\Yoriko_Kawaguchi_0002.jpg
dataset\lfw-deepfunneled\Yoriko_Kawaguchi\Yoriko_Kawaguchi_0003.jpg
dataset\lfw-deepfunneled\Yoriko_Kawaguchi\Yoriko_Kawaguchi_0004.jpg
dataset\lfw-deepfunneled\Yoriko_Kawaguchi\Yoriko_Kawaguchi_0005.jpg
```

图 8-9　地址存放目录

读者可以自行尝试。

8.2 人脸是谁——基于深度学习的人脸识别模型基本架构

Dlib 可以追踪到人脸，之后使用深度学习去完成人脸识别，但是落实到细节，那就是对于具体这个人脸“是谁”则无能为力。解决这个问题一个最简单的思路就是利用卷积神经网络抽取人脸图像的特征，之后使用分类器去对人脸进行二分类，从而分辨出这个人是数据库中的谁，也就是完成了前面所定义的任务——对人脸进行识别。

8.2.1 人脸识别的基本模型 SiameseModel

首先介绍一下人脸识别模型 SiameseModel（孪生模型）。在说这个模型之前对人脸识别的输入进行一下分类。在本书前面的模型设计中，无论输入端输入的是一组数据还是多组数据，都被传送到模型中进行计算，无非就是前后的区别。

而对于人脸识别模型来说，一般情况下输入有两个并行的内容，一个是需要验证的数据，另一个就是数据库中的人脸数据。

这样同时并行处理两个数据集的模型被称为 SiameseModel。Siamese 在英语中指“孪生”“连体”，这是一个外来词，来源于 19 世纪泰国出生的一对连体婴儿，具体的故事这里就不介绍了。

简单来说，SiameseModel 就是“连体的神经网络模型”，神经网络的“连体”是通过“共享权重”来实现的，如图 8-10 所示。

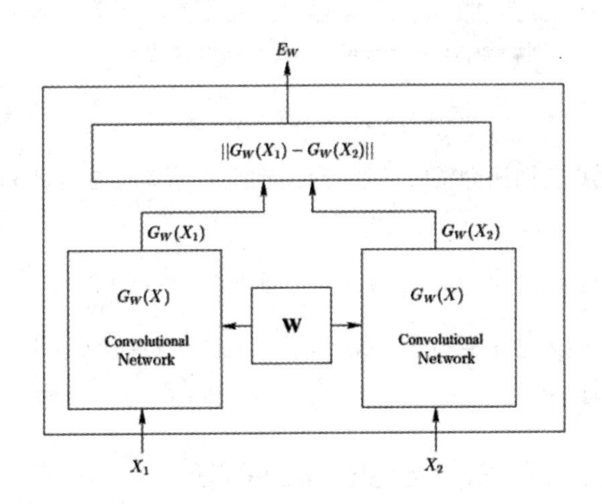

图 8-10　SiameseModel

所谓的共享权重，实质上就是使用同一个网络模型。这是因为网络的架构和模块是完全相同的，且使用的是同一套权值参数。换句话说，这种方法涉及对同一个深度学习网络的权重进行重复使用。这样做通常是为了在网络中的不同位置复用已学习的特征，从而提高学习效率和模型的泛化能力。如果网络的架构和模块完全相同，但使用的却不是同一套权值参数，那么这种网络叫作伪孪生模型（pseudo-SiameseModel）。

孪生模型的作用是衡量两个输入的相似程度。孪生模型的有两个输入（Input1 and Input2），将两个输入“喂”给两个神经网络（Network1 and Network2），这两个神经网络分别将输入映射到新的空间，形成输入在新的空间中的表示。

那么读者可能会问，前面一直说的是 Siamese 的整体架构，而其中的 Model 部分到底是什么？实际上这个答案很简单，对于SiameseModel来说，其中的Model的作用是进行特征提取，只需要保证在这个架构中 Model 所使用的是同一个网络即可，至于具体的网络到底是什么，最简单的如卷积神经网络模型 VGG16，或者最新的卷积神经网络模型 SENET 都是可以的。SiameseModel 的架构如图 8-11 所示。

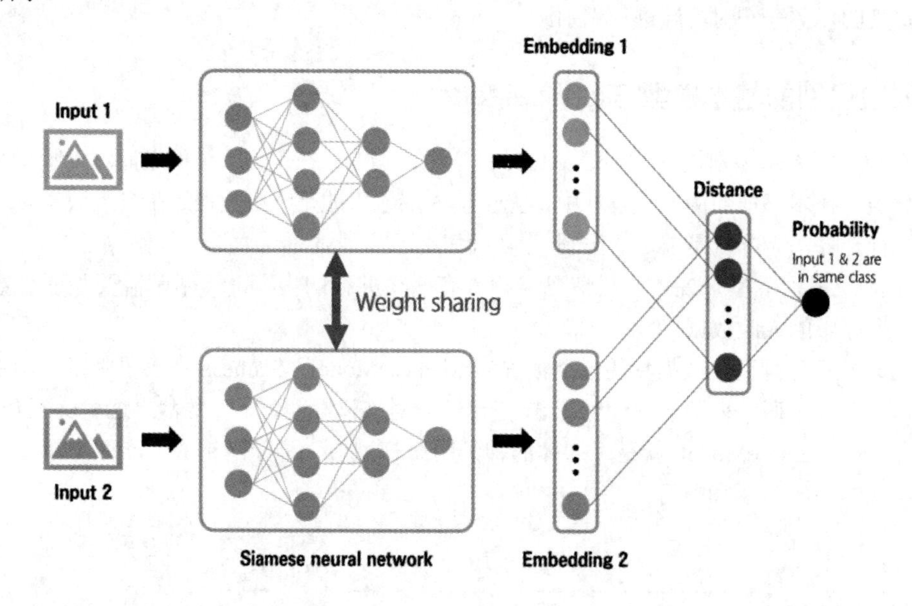

图 8-11　SiameseModel 的架构

最后的损失函数是就是前面所介绍的普通交叉熵函数，使用 L2 正则对它进行权重修正，使得网络能够学习更为平滑的权重，从而提高泛化能力。

$$L(x_1, x_2, t) = t \cdot \log(p(x_1 \circ x_2)) + (1-t) \cdot \log(1 - p(x_1 \circ x_2)) + \lambda \cdot \|w\|_2$$

其中 $p(x_1 \circ x_2)$ 是两个输入样本经过孪生模型输出的计算合并值（这里使用了点乘，实际上也可以使用差值），而 t 则是标签值。

8.2.2　基于 PyTorch 2.0 的 SiameseModel 的实现

在上一节的内容中已经说了，SiameseModel 实际上就是并行使用一个“主干”神经网络去同时计算两个输入端内容的模型。在这里我们通过建立一个卷积神经网络的方式去构建相应的模型，代码如下：

```
import torch
import torch.nn as nn

class SiameseNetwork(nn.Module):
```

```
    def __init__(self):
        super(SiameseNetwork,self).__init__()
        self.cnn1=nn.Sequential(
            nn.Conv2d(1,4,kernel_size=3),
            nn.BatchNorm2d(4),
            nn.ReLU(inplace=True),

            nn.Conv2d(4, 8, kernel_size=5),
            nn.BatchNorm2d(8),
            nn.ReLU(inplace=True),

            nn.Conv2d(8, 8, kernel_size=3),
            nn.BatchNorm2d(8),
            nn.ReLU(inplace=True),
        )

        self.fc1=nn.Sequential(
            nn.Linear(8 * 120 * 120,500),
            nn.ReLU(inplace=True),
            nn.Linear(500,500),
            nn.ReLU(inplace=True),
            nn.Linear(500,128)
        )

    def forward_once(self, x):
        x = torch.unsqueeze(x,dim=1)
        out = self.cnn1(x)
        out = torch.flatten(out, 1)
        out = self.fc1(out)

        return out

    def forward(self, input1,input2):
        output1=self.forward_once(input1)
        output2=self.forward_once(input2)
        return output1,output2
```

模型中的 cnn1 和 fc1 均为特征抽取层，作用是对传入的图像细节进行抽取，读者可以更换其他的特征抽取层进行处理。

8.2.3　人脸识别的 Contrastive Loss 详解与实现

一般在孪生神经网络中，采用的损失函数是 Contrastive Loss，这是一种常用于训练深度神经网络中的人脸识别模型的损失函数。其本质是通过比较两幅图像之间的相似度来使得同一人脸的特征向量距离更小，不同人脸的特征向量距离更大，从而实现人脸识别的效果。

这种损失函数可以有效地处理孪生神经网络中的配对数据（Paired Data）的关系。Contrastive Loss 的表达式如下：

$$L = \frac{1}{2N}\sum_{n=1}^{N} yd^2 + (1-y)\max(margin - d, 0)^2$$

$$d = \left\| S^a + S^b \right\| \qquad S\text{为样本}$$

其中 d 是代表两个样本特征的欧氏距离；y 为两个样本是否匹配的标签，y=1 代表两个样本相似或者匹配，y=0 则代表不匹配；*margin* 为设定的阈值。

当两幅图像是同一人脸时，我们希望它们的距离越小越好，因此损失函数的第一项为 0，只考虑第二项。当两幅图像是不同人脸时，我们希望它们的距离越大越好，因此损失函数的第二项为 0，只考虑第一项。通过这种方式，我们可以让相同人脸的特征向量更加相似，不同人脸的特征向量更加不同。最终，模型将会学到一组特征向量，每个特征向量都代表该人脸的独特属性，可以用于人脸识别的任务。

而基于 PyTorch 2.0 实现的损失函数如下所示：

```
    class ContrastiveLoss(torch.nn.Module):
        def __init__(self, margin=2.0):
            super(ContrastiveLoss, self).__init__()
            self.margin = margin
            self.pdist = torch.nn.PairwiseDistance(p=2)

        def forward(self, output1, output2, label):
            label = label.view(label.size()[0], )
            euclidean_distance = self.pdist(output1, output2)
            loss_contrastive = torch.mean((1 - label) * torch.pow(euclidean_distance,
2) +
                                          (label) * torch.pow(torch.clamp(self.margin -
euclidean_distance, min=0.0), 2))
            return loss_contrastive
```

8.2.4　基于 PyTorch 2.0 的人脸识别模型

通过前面的分析，相信读者对人脸识别模型的基本架构和训练方法有了一定的了解，实际上人脸识别模型在具体训练和使用中复用 8.1 节的模型训练即可。从训练方法到结果的预测没有太大的差异，最大不同仅是训练时间的长度，由于人脸的特殊性导致训练过程中需要耗费非常长的时间，这点请读者注意。

1. 人脸识别数据集的输入

在 8.1 节中已经准备好了人脸识别的数据集，并通过 Dlib 对数据进行了人脸切割，只留下需要提取特征的人脸部分。对于模型的输入，是通过 batch 方式进行的，而每个 batch 中不同个体的数据和每个个体能够提供的图像数量都是有要求的。生成数据的代码如下：

```
    from torch.utils.data import DataLoader, Dataset
    import random
    import linecache
    import torch
    import numpy as np
    from PIL import Image
```

```
    class MyDataset(Dataset):
        def __init__(self,path_file,transform=None,should_invert=False):
    #path_file 是所有人脸图像的地址，每行地址代表一幅图像
            self.transform=transform
            self.should_invert=should_invert
            self.path_file = path_file

        def __getitem__(self, index):

line=linecache.getline(self.path_file,random.randint(1,self.__len__()))
            img0_list=line.split("\\")
            #若为 0，取得不同人的图像
            shouled_get_same_class=random.randint(0,1)
            if shouled_get_same_class:
                while True:

img1_list=linecache.getline(self.path_file,random.randint(1,self.__len__())).sp
lit('\\')
                    if img0_list[-1]==img1_list[-1]:
                        break

            else:
                while True:

img1_list=linecache.getline(self.path_file,random.randint(1,self.__len__())).sp
lit('\\')
                    if img0_list[-1]!=img1_list[-1]:
                        break

            img0_path = "/".join(img0_list).replace("\n","")
            img1_path = "/".join(img1_list).replace("\n","")

            im0=Image.open(img0_path).convert('L')
            im1=Image.open(img1_path).convert('L')


            im0 = torch.tensor(np.array(im0))
            im1 = torch.tensor(np.array(im1))

            return
im0,im1,torch.tensor(shouled_get_same_class,dtype=torch.float32)

        def __len__(self):
            fh=open(self.path_file,'r')
            num=len(fh.readlines())
            fh.close()
            return num

    if __name__ == '__main__':
```

```
    path_file = "./dataset/lfw-path_file.txt"
    ds = MyDataset(path_file)
    for _ in range(1024):
        a,b,l = ds.__getitem__(0)
        print(a.shape)
        print(b.shape)
        print(l)
        print("----------------")
```

2. 人脸识别模型实战

在前面的介绍中，我们已经讲解了本实战中要用的方法和相关实现代码，下面就使用这些内容完成人脸识别实战，完整代码如下：

```
import torch
from torch.utils.data import DataLoader

from _15_2_2 import *
from _15_2_4 import *
device = "cuda"
net=SiameseNetwork().to(device)

criterion=ContrastiveLoss()
optimizer=torch.optim.Adam(net.parameters(),lr=0.001)

counter=[]
loss_history=[]
iteration_number=0

batch_size = 2
path_file = "./dataset/lfw-path_file.txt"
train_dataset = MyDataset(path_file=path_file)
train_loader =
DataLoader(train_dataset,batch_size=batch_size,shuffle=True,num_workers=0,pin_m
emory=True)

for epoch in range(0,20):
    for i,data in enumerate(train_loader,0):
        img0,img1,label=data

img0,img1,label=img0.float().to(device),img1.float().to(device),label.to(device
)
        optimizer.zero_grad()
        output1,output2=net(img0,img1)

        loss_contrastive=criterion(output1,output2,label)
        loss_contrastive.backward()
        optimizer.step()

        if i % 2 ==0:
```

```
        print('epoch:{},loss:{}\n'.format(epoch,loss_contrastive.item()))
        counter.append(iteration_number)
        loss_history.append(loss_contrastive.item())
```

最终结果请读者自行尝试完成。

8.3　本章小结

本章讲解了深度学习在人脸识别领域的应用。本章构建了一个基本的人脸识别模型架构，并通过实战进行了详细的演示，希望能够帮助读者较好地掌握人脸识别模型的基本训练和预测方法。

除了本章所实现的人脸检测和人脸识别模型外，随着人们对深度学习模型研究的不断深入，更多优秀的模型和框架被发现和部署，准确率也得到了进一步的提高。本章只是一个引导，抛砖引玉地介绍了一些基本的内容，后面还需要读者继续深入学习和研究此方面的内容。

第 9 章

词映射与循环神经网络

在前面的章节中，我们介绍了采用深度学习进行图像识别方面的内容，从一个简单的图形手写体识别到人脸检测，这一系列的实战项目帮助读者加深对深度学习的理解和掌握。

然而，仅仅掌握对图像内容的处理是不够的，尤其本书是一本以实战多模态计算机视觉为目标的深度学习教程。因此，除了基本的卷积神经网络之外，还需要更进一步掌握自然语言处理相关的内容，特别是词映射（Word Embedding）方面的知识。

循环神经网络（Recurrent Neural Network，RNN）是深度学习的另一个重要方向，它是对卷积神经网络的补充。循环神经网络是一类以序列数据为输入，在序列的演进方向进行递归且所有节点（循环单元）按链式连接的神经网络。它的设计灵感来源于人类的认知过程，即基于过往的经验和记忆。RNN 之所以称为循环神经网络，是因为一个序列当前的输出与前面的输出有关。

常见的循环神经网络有长短时记忆网络（Long Short Term Memory，LSTM）和门控循环单元（Gate Recurrent Unit，GRU）。LSTM 是一种适用于序列到序列建模的循环神经网络，它可以有效地解决长序列建模问题。GRU 是另一种适用于序列到序列建模的循环神经网络，它比 LSTM 更加简洁高效。

在本章中，将详细介绍循环神经网络的原理和应用。首先介绍循环神经网络的基本结构和计算过程；然后将探讨循环神经网络的优缺点，以及如何选择合适的循环神经网络模型；接着将介绍 LSTM 和 GRU 的原理和应用，并通过实战项目来展示它们的性能；最后将总结循环神经网络的应用场景和发展趋势。

9.1 樱桃－红色+紫色=？——有趣的词映射

为什么要进行词映射？在深入了解前，先看几个例子：

- 在购买商品或者入住酒店后，会邀请顾客填写相关的评价表明对服务的满意程度。
- 使用几个词在搜索引擎上“baidu”一下。
- 有些博客网站会在博客下面标记一些相关的tag标签。

那么问题来了，这些是怎么做到的呢？

或者说我们在读文章或者评论的时候可以准确地说出这个文章大致讲了什么、评论的倾向如何，但是计算机系统是怎么做到的呢？计算机可以匹配字符串然后告诉我们是否与输入的字符串相同，但是我们怎么能让计算机在搜索梅西的时候告诉我们有关足球或者世界杯的事情？

embedding 的作用就是映射。Word Embedding 也由此诞生，其作用就是将文本信息映射到另一个维度空间，包含而又不仅限于数字矩阵空间。因此，通过 Word Embedding 后，一句文本通过其表示和计算可以使得计算机很容易得到如下的公式：

$$\text{樱桃} - \text{红色} + \text{紫色} = \text{蓝莓}$$

本节将着重介绍词映射的相关内容，首先通过多种计算词映射的方式循序渐进地讲解如何获取对应的词映射，然后使用词映射进行文本分类实战。

需要注意的是，embedding 是一个外来词汇，并没有统一的翻译，因此有部分内容将它称作“嵌入”，无论是“嵌入”还是“映射”，都可以较好地表达其映射行为。本书为方便起见，后续将 embedding 翻译成“映射”。

9.1.1　什么是词映射

在第 3 章介绍了对标签类别进行 one-hot 的处理，对于每个类别，都用一个在序列集中独一无二的序列进行表示，序列集的长度和宽度均为整个类别的数量。那么我们是否可以按这种方式，对每个“词”或者“字”进行 one-hot 表示呢？

答案是可以的。

例如 5 个词组成的词汇表，词"Queen"的序号为 2，那么它的词向量就是(0,1,0,0,0)(0,1,0,0,0)。同样的道理，词"king"的词向量就是(0,0,0,1,0)(0,0,0,1,0)。这种词向量的编码方式一般叫作 1-of-N representation 或者 one-hot。

one hot 用来表示词向量非常简单，但是却有很多问题，最大的问题是词汇表一般都非常大，比如达到百万级别，这样每个词都用百万维的向量来表示基本是不可能的，而且这样的向量除了一个位置是 1，其余的位置全部都是 0，表达的效率不高。将它用在卷积神经网络中会使得网络难以收敛。

词映射是一种可以解决使用 one-hot 构建词库时向量长度过长、数值过于稀疏的问题。它的思路是通过训练，将每个词都映射到一个较短的词向量上来。所有的这些词向量就构成了向量空间，进而可以用普通的统计学的方法来研究词与词之间的关系。

词映射可以将高维的稀疏向量映射到低维的稠密向量，使得语义上相近的单词在向量空间中距离较近。词映射是自然语言处理中的一种常见技术，它可以将文本数据转换为计算机可以处理的数字形式，方便进行后续的处理和分析，如图 9-1 所示。

单词	长度为 3 的词向量		
我	0.3	-0.2	0.1
爱	-0.6	0.4	0.7
我	0.3	-0.2	0.1
的	0.5	-0.8	0.9
祖	-0.4	0.7	0.2
国	-0.9	0.3	-0.4

图 9-1　词映射

从图 9-1 中可以看到，对于每个单词，可以设定一个固定长度的向量，从而用这个向量来表示这个词。这样做的好处是，它可以将文本通过一个低维向量来表达，不像 one-hot 那么长，语意相似的词在向量空间上也会比较相近。词映射的通用性很强，可以用在不同的任务中。

9.1.2　PyTorch 中 embedding 的处理函数详解

在 PyTorch 中，对于 embedding 的处理方法是使用 torch.nn.Embedding 类。这个类可以将离散变量映射到连续向量空间，将输入的整数序列转换为对应的向量序列，这些向量可以用于后续的神经网络模型中。例如，可以使用以下代码创建一个包含 5 个大小为 3 的张量的 embedding_layer 层：

```
import torch

embedding_layer = torch.nn.Embedding(num_embeddings=6, embedding_dim=3)
```

其中，num_embeddings 表示 embedding_layer 层所代表的词典数目（字库大小），embedding_dim 表示 embedding 向量维度大小。在训练过程中，embedding_layer 层中的参数会自动更新。

而对于定义的 embedding_layer 层的使用，可以用如下方式完成：

```
embedding = embedding_layer(torch.tensor([3]))
print(embedding.shape)
```

其中的数字 3 是字库中序号为 3 的那个索引所指代的字符，通过 embedding_layer 读取其向量。一个完整的例子如下：

```
import torch

text = "我爱我的祖国"
vocab = ["我","爱","我","的","祖","国"]

embedding_layer = torch.nn.Embedding(num_embeddings=len(vocab),
embedding_dim=3)

token = [vocab.index("我"),vocab.index("爱"),vocab.index("我"),vocab.index("
```

```
的"),vocab.index("祖"),vocab.index("国")]
    token = torch.tensor(token)

    embedding = embedding_layer(token)
    print(embedding.shape)
```

首先通过全文本提取到对应的字符并组成一个字库，之后根据字库的长度设定 num_embeddings 的大小。而对于待表达文本中的每个字符，根据其在字库中的位置建立一个索引序列，将它转换为 torch 的 tensor 格式后，通过对 embedding_layer 的计算得到对应参数矩阵，并打印其维度。请读者自行尝试。

9.2　循环神经网络与情感分类实战

在传统的神经网络模型中，是从输入层到隐藏层再到输出层，层与层之间是全连接的，每层之间的节点是无连接的。但是这种普通的神经网络对于很多问题却无能为力。例如，我们要预测句子的下一个单词是什么，一般需要用到前面的单词，因为一个句子中前后单词并不是独立的，即一个序列当前的输出与前面的输出也有关。

而循环神经网络会对前面的信息进行记忆，并应用于当前输出的计算中，即隐藏层之间的节点不再无连接而是有连接的，并且隐藏层的输入不仅包括输入层的输出，还包括上一时刻隐藏层的输出，如图 9-2 所示。

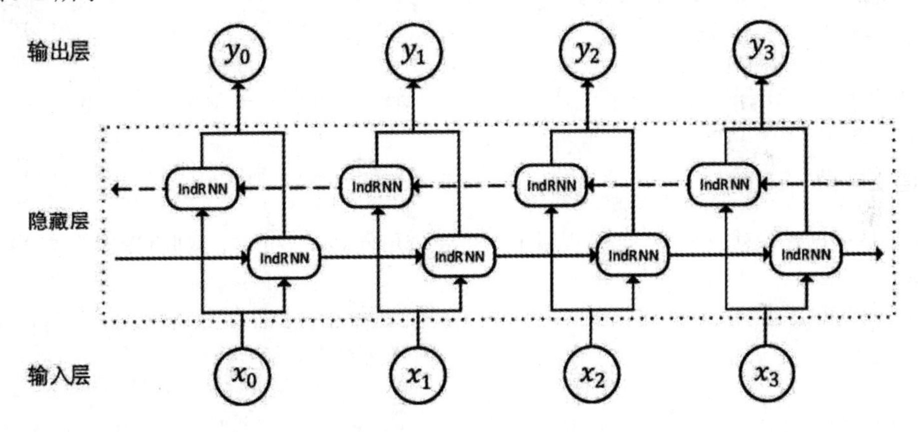

图 9-2　循环神经网络

9.2.1　基于循环神经网络的中文情感分类实战的准备工作

要理解循环神经网络的理论知识，最好的方式就是通过实例实现并运行对应的项目。本小节先带领读者完成循环神经网络的中文情感分类实战的准备工作。

1. 准备数据

首先是数据集的准备。在这里我们要完成的是中文数据集的情感分类，因此笔者准备了一套已完成情感分类的数据集，读者可以参考本书自带的dataset数据集中的chnSenticrop.txt文件。读取数据集的代码如下：

```
    max_length = 80             #设置获取的文本长度为80
    labels = []                 #用以存放label
    context = []                #用以存放汉字文本
    vocab = set()
    with open("../dataset/cn/ChnSentiCorp.txt", mode="r", encoding="UTF-8") as
emotion_file:
        for line in emotion_file.readlines():
            line = line.strip().split(",")

            #labels.append(int(line[0]))
            if int(line[0]) == 0:
                labels.append(0)      #由于我们在后面直接采用PyTorch自带的crossentroy函数，
因此这里直接输入0，否则输入[1,0]
            else:
                labels.append(1)
            text = "".join(line[1:])
            context.append(text)
            for char in text: vocab.add(char)    #建立vocab和vocab编号

    voacb_list = list(sorted(vocab))
    #print(len(voacb_list))
    token_list = []
    #下面的内容是对context内容根据vocab进行token处理
    for text in context:
        token = [voacb_list.index(char) for char in text]
        token = token[:max_length] + [0] * (max_length - len(token))
        token_list.append(token)
```

2. 建立模型

下面就是根据需求建立模型。这里实现了一个带有单向GRU和一个双向GRU的循环神经网络，代码如下：

```
    class RNNModel(torch.nn.Module):
        def __init__(self,vocab_size = 128):
            super().__init__()
            self.embedding_table =
torch.nn.Embedding(vocab_size,embedding_dim=312)
            self.gru  =  torch.nn.GRU(312,256)  #注意这里的输出有两个，out与hidden，
out是在模型运行后序列全部隐藏层的状态，而hidden是最后一个隐藏层的状态
            self.batch_norm = torch.nn.LayerNorm(256,256)

            self.gru2  =  torch.nn.GRU(256,128,bidirectional=True)  #注意这里的输出
有两个，out与hidden，out是模型运行后序列全部隐藏层的状态，而hidden是最后一个隐藏层的状态


        def forward(self,token):
            token_inputs = token
```

```
        embedding = self.embedding_table(token_inputs)
        gru_out,_ = self.gru(embedding)
        embedding = self.batch_norm(gru_out)
        out,hidden = self.gru2(embedding)

        return out
```

需要注意的是，对于使用 GRU 进行神经网络训练，无论是单向 GRU 还是双向 GRU，其结果都是输出两个隐藏层状态，out 与 hidden。这里的 out 是模型运行后序列全部隐藏层的状态，而 hidden 是此序列最后一个隐藏层的状态。

这里使用的是两层 GRU，有读者可能注意到，在对第二个 GRU 进行定义时，有一个额外的参数“bidirectional”，这是定义循环神经网络是单向计算还是双向计算。双向 GRU 模型如图 9-3 所示。

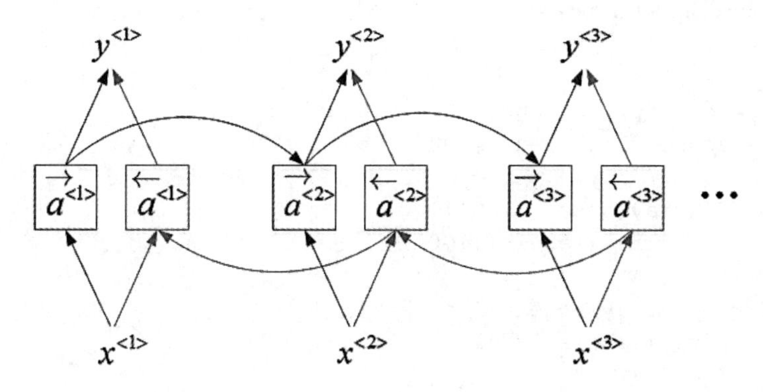

图 9-3　双向 GRU 模型

从图 9-3 中可以很明显地看到，左右两个连续的模块并联构成了不同方向的循环神经网络单向计算层，而这两个方向同时作用后生成了最终的隐藏层。

9.2.2　基于循环神经网络的中文情感分类实战

9.2.1 节已经完成了循环神经网络的数据准备以及模型的定义，下面我们需要完成对中文数据集进行情感分类，完整的代码如下：

```
import numpy as np

max_length = 80              #设置获取的文本长度为80
labels = []                  #用以存放label
context = []                 #用以存放汉字文本
vocab = set()
with open("../dataset/cn/ChnSentiCorp.txt", mode="r", encoding="UTF-8") as
emotion_file:
    for line in emotion_file.readlines():
        line = line.strip().split(",")

        #labels.append(int(line[0]))
        if int(line[0]) == 0:
            labels.append(0)     #由于我们在后面直接采用PyTorch自带的crossentroy函数，
```

```
因此这里直接输入 0，否则输入[1,0]
        else:
            labels.append(1)
        text = "".join(line[1:])
        context.append(text)
        for char in text: vocab.add(char)   #建立 vocab 和 vocab 编号

    voacb_list = list(sorted(vocab))
    #print(len(voacb_list))
    token_list = []
    #下面的内容是对 context 内容根据 vocab 进行 token 处理
    for text in context:
        token = [voacb_list.index(char) for char in text]
        token = token[:max_length] + [0] * (max_length - len(token))
        token_list.append(token)

    seed = 17
    np.random.seed(seed);np.random.shuffle(token_list)
    np.random.seed(seed);np.random.shuffle(labels)

    dev_list = np.array(token_list[:170])
    dev_labels = np.array(labels[:170])

    token_list = np.array(token_list[170:])
    labels = np.array(labels[170:])

    import torch
    class RNNModel(torch.nn.Module):
        def __init__(self,vocab_size = 128):
            super().__init__()
            self.embedding_table =
torch.nn.Embedding(vocab_size,embedding_dim=312)
            self.gru  =  torch.nn.GRU(312,256)  #注意这里的输出有两个，out 与 hidden，
out 是模型运行后序列全部隐藏层的状态，而 hidden 是最后一个隐藏层的状态
            self.batch_norm = torch.nn.LayerNorm(256,256)

            self.gru2  =  torch.nn.GRU(256,128,bidirectional=True)  #注意这里的输出
有两个，out 与 hidden，out 是模型运行后序列全部隐藏层的状态，而 hidden 是最后一个隐藏层的状态

        def forward(self,token):
            token_inputs = token
            embedding = self.embedding_table(token_inputs)
            gru_out,_ = self.gru(embedding)
            embedding = self.batch_norm(gru_out)
            out,hidden = self.gru2(embedding)

            return out

    #这里使用了顺序模型的方式建立训练模型
    def get_model(vocab_size = len(voacb_list),max_length = max_length):
```

```
    model = torch.nn.Sequential(
        RNNModel(vocab_size),
        torch.nn.Flatten(),
        torch.nn.Linear(2 * max_length * 128,2)
    )
    return model

device = "cuda"
model = get_model().to(device)
#model = torch.compile(model)          #PyTorch 2.0 的特性，加速计算速度，选择性使
用
optimizer = torch.optim.Adam(model.parameters(), lr=2e-4)

loss_func = torch.nn.CrossEntropyLoss()

batch_size = 128
train_length = len(labels)
for epoch in (range(21)):
    train_num = train_length // batch_size
    train_loss, train_correct = 0, 0
    for i in (range(train_num)):
        start = i * batch_size
        end = (i + 1) * batch_size

        batch_input_ids = torch.tensor(token_list[start:end]).to(device)
        batch_labels = torch.tensor(labels[start:end]).to(device)

        pred = model(batch_input_ids)

        loss = loss_func(pred, batch_labels.type(torch.uint8))

        optimizer.zero_grad()
        loss.backward()
        optimizer.step()

        train_loss += loss.item()
        train_correct += ((torch.argmax(pred, dim=-1) ==
(batch_labels)).type(torch.float).sum().item() / len(batch_labels))

    train_loss /= train_num
    train_correct /= train_num
    print("train_loss:", train_loss, "train_correct:", train_correct)

    test_pred = model(torch.tensor(dev_list).to(device))
    correct = (torch.argmax(test_pred, dim=-1) ==
(torch.tensor(dev_labels).to(device))).type(torch.float).sum().item() /
len(test_pred)
    print("test_acc:",correct)
    print("-------------------")
```

这里使用了顺序模型的方式去建立循环神经网络模型，在使用 GUR 对数据进行计算后，又使用 Flatten 对序列 embedding 进行平整化处理。而最终的 Linear 是分类器，作用是对结果进行分类。具体结果请读者自行测试查看。

9.3 循环神经网络理论讲解

前面完成了循环神经网络对中文情感分类的实战工作，本节我们进入循环神经网络的理论讲解部分。常见的循环神经网络有长短时记忆网络（LSTM）和门控循环单元（GRU），由于 GRU 结构详尽，并且相对更加高效和简洁，因此以 GRU 为例向读者介绍循环神经网络相关的内容。

9.3.1 什么是 GRU

GRU 是循环神经网络的一种，是为了解决长期记忆和反向传播中的梯度等问题而提出来的一种神经网络结构，是一种用于处理序列数据的神经网络。

GRU 更擅长处理序列变化的数据，比如某个单词的意思会因为上文提到的内容不同而有不同的含义，GRU 就能够很好地解决这类问题。

1. GRU的输入与输出结构

GRU 的输入与输出结构如图 9-4 所示。

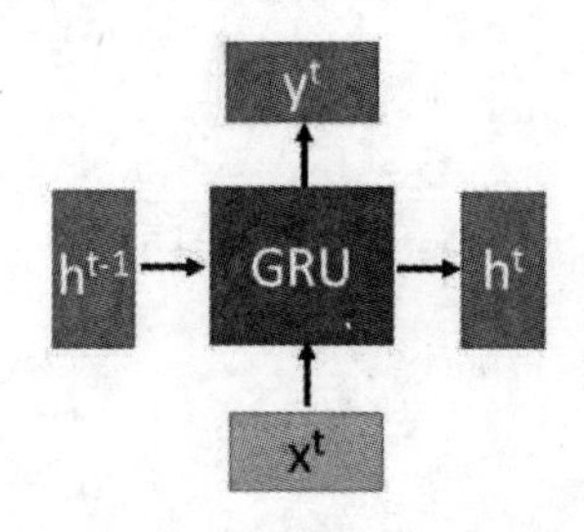

图 9-4　GRU 的输入与输出结构

通过 GRU 的输入与输出结构可以看到，在 GRU 中有一个当前的输入 x^t，和上一个节点传递下来的隐藏状态（Hidden State）h^{t-1}，这个隐藏状态包含了之前节点的相关信息。

结合 x^t 和 h^{t-1}，GRU 会得到当前隐藏节点的输出 y^t 和传递给下一个节点的隐藏状态 h^t。

2. GRU的重要设计思想——门

一般认为，“门”是 GRU 能够替代传统的 RNN 起作用的原因。首先通过上一个传输下来的状态 h^{t-1} 和当前节点的输入 x^t 来获取两个门控状态，如图 9-5 所示。

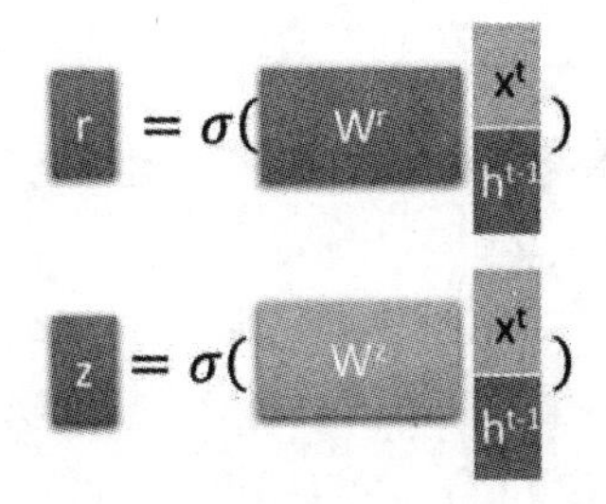

图 9-5　两个门控状态

其中 r 为控制重置的门控（Reset Gate），z 则为控制更新的门控（Update Gate），而 σ 为 sigmoid 函数，通过这个函数可以将数据变换为 0~1 范围内的数值，从而来充当门控信号。

得到门控信号之后，先使用重置门控来得到“重置”之后的数据 $h^{(t-1)'} = h^{t-1} \times r$，再将 $h^{(t-1)'}$与输入 x^t 进行拼接，最后通过一个 tanh 激活函数来将数据放缩到-1~1 的范围内，即可得到如图 9-6 所示的 h′。

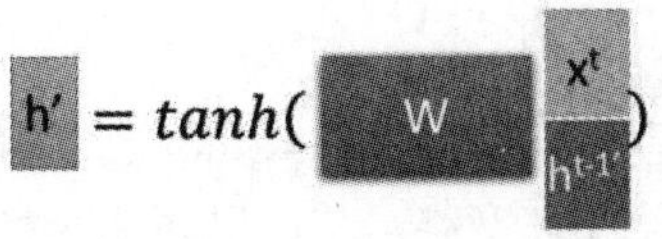

$$h' = tanh(W \begin{bmatrix} x^t \\ h^{t-1'} \end{bmatrix})$$

图 9-6　得到 h′

这里的 h'主要是包含了当前输入的 x^t 数据。有针对性地将 h'添加到当前的隐藏状态，相当于“记忆了当前时刻的状态”。

3. GRU的结构

最后介绍 GRU 最关键的一个阶段，可以称之为“更新记忆”阶段。在这个阶段，GRU 同时进行了遗忘和记忆两个步骤，如图 9-7 所示。

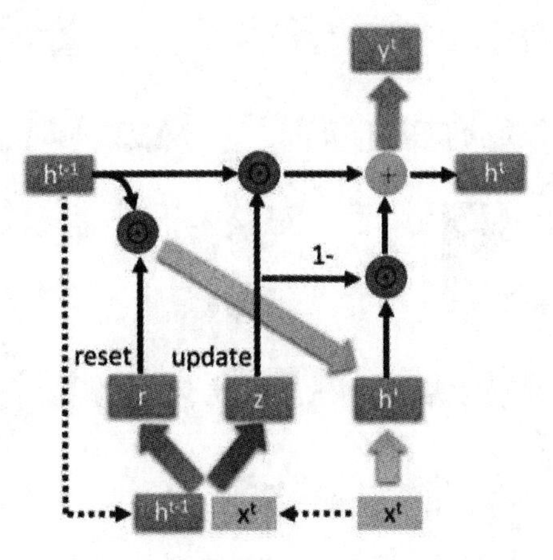

图 9-7　更新记忆

使用了先前得到的更新门控 z，从而获得了更新，公式如下：

$$h^t = z \times h^{t-1} + (1-z) \times h'$$

公式说明如下：

- $z \times h^{t-1}$：表示对原本隐藏状态的选择性“遗忘”。这里的z可以想象成遗忘门（Forget Gate），忘记h^{t-1}维度中一些不重要的信息。
- （$1-z$）$\times h'$：表示对包含当前节点信息的h'进行选择性“记忆”。与上面类似，这里的$1-z$同理会忘记h'维度中的一些不重要的信息，或者这里更应当看作是对h'维度中的某些信息进行选择。
- 结合上述，整个公式的操作就是忘记传递下来的h^{t-1}中的某些维度信息，并加入当前节点输入的某些维度信息。

可以看到，这里的遗忘z和选择（$1-z$）是联动的，也就是说，对于传递进来的维度信息，我们会进行选择性遗忘，遗忘了多少权重（z），我们就会使用包含当前输入的 h'中所对应的权重弥补（$1-z$）的量，从而使得GRU的输出保持一种“恒定”状态。

9.3.2 单向不行，那就双向

前面提到了在GRU的使用过程中存在参数bidirectional，参数bidirectional是双向传输，其目的是将相同的信息以不同的方式呈现给循环网络，从而提高精度并缓解遗忘问题。双向 GRU 是一种常见的GRU变体，常用于自然语言处理任务。

GRU 特别依赖于顺序或时间，它按顺序处理输入序列的时间步，而打乱时间步或反转时间步会完全改变 GRU 从序列中提取的表示。正是由于这个原因，如果顺序对问题很重要（比如室温预测等问题），GRU的表现会很好。

双向GRU利用了这种顺序敏感性，每个GRU分别沿一个方向对输入序列进行处理（时间正序和时间逆序），然后将它们的表示合并在一起，如图9-8所示。通过沿这两个方向处理序列，双向GRU可以捕捉到可能被单向GRU所忽略的特征模式。

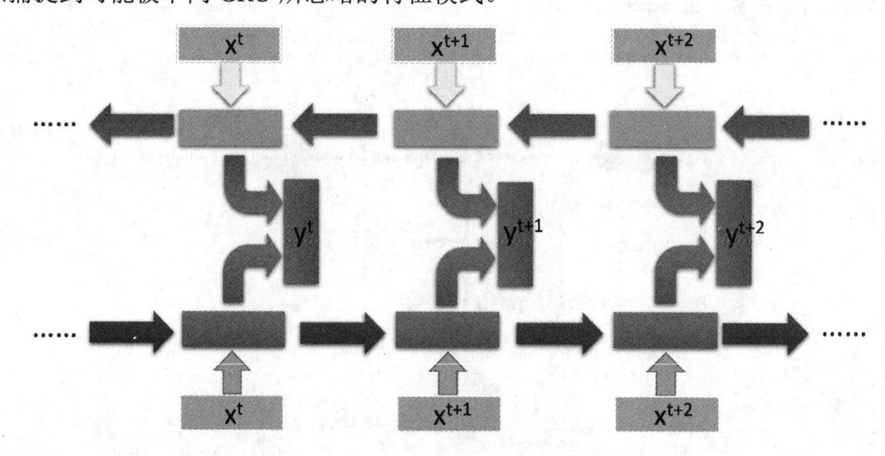

图9-8 双向GRU

一般来说，时间正序的模型会优于时间逆序的模型，但是对于文本分类这类问题来讲，一个单词对于理解句子的重要性通常并不取决于它在句子中的位置。也就是说，无论是用正序序列还是逆序序列，或者随机修改“词语（不是字）”出现的位置，之后将新的数据作为样本输入给 GRU 进行重新训练并评估，它们的性能几乎相同。这证实了一个假设：虽然单词顺序对理解语言很重要，但使用哪种顺序并不重要。

$$\vec{\mathrm{h}}_{it} = \overrightarrow{\mathrm{GRU}}(x_{it}), t \in [1, T]$$
$$\overleftarrow{\mathrm{h}}_{it} = \overleftarrow{\mathrm{GRU}}(x_{it}), t \in [T, 1]$$

双向 GRU 还有一个好处是，在机器学习中，如果一种数据的不同表示是有用的，那么它就值得被加以利用。这种表示与其他表示的差异越大越好，它们提供了查看数据的全新角度，抓住了数据中被其他方法忽略的内容，因而可以提高模型在某个任务上的性能。

9.4　本章小结

本章详细介绍了循环神经网络的基本原理和应用。循环神经网络是一种能够较好地处理序列的离散数据的模型，具有广泛的应用前景。然而，在实际应用中，读者可能会发现循环神经网络的训练结果并不总是尽如人意。不过，对于初学者来说，这不是什么大问题，每个高级程序员都是从最初的内容开始的。而在后续的学习过程中，我们将接触到更为高级的 PyTorch 编程技巧和优化方法。通过掌握这些更高级的技巧和方法，我们将能够更好地应用循环神经网络，从而取得更好的训练结果。

因此，读者不必过于担心循环神经网络的局限性，而应该专注于掌握其基本原理和应用方法。在掌握了基础知识之后，我们可以进一步探索更为高级的编程技巧和优化方法，以提升循环神经网络的性能。

第 10 章

注意力机制与注意力模型详解

注意力（Attention）机制和注意力模型是目前深度学习领域最核心的内容。注意力机制是一种模拟人类视觉和认知系统的方法，允许神经网络在处理输入数据时专注于相关的部分。通过引入注意力机制，神经网络能够自动学习并选择性关注输入中的重要信息，从而提高模型的性能和泛化能力。

本章将详细介绍注意力机制及其模型。首先，将深入讲解什么是注意力机制，以及注意力机制的实现原理和方法，并给出注意力模型的代码实现。然后为了加深对注意力机制的理解和提高应用能力，将基于注意力机制实现一个经典的深度学习模型——编码器（Encoder）。编码器是注意力模型的具体实现，它通过学习输入数据中的依赖关系来生成输出数据。我们将从零开始构建编码器模型，逐步讲解每个组件的实现原理和细节。最后，将通过一个简单的文本翻译项目来实践基于注意力机制的深度学习应用。在这个项目中，将使用编码器模型进行文本编码和解码，实现一个自然流畅的机器翻译系统。通过这个项目实践，读者将能够更深入地理解和掌握注意力机制在深度学习中的应用技巧和实践经验。

10.1 注意力机制与模型详解

注意力机制来自人类对事物的观察方式。当我们看一幅图片的时候，我们并没有看清图片的全部内容，而是将注意力集中在了图片的焦点上。图10-1形象地展示了人类在看到一副图像时是如何高效分配有限的注意力资源的，其中虚线框中方块内的深色区域是视觉系统更关注的目标。

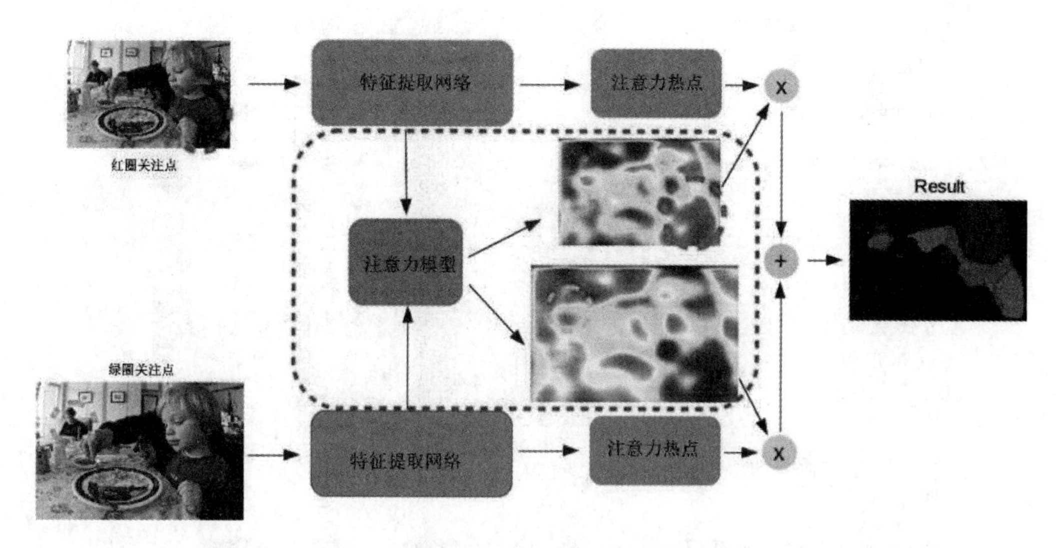

图 10-1　注意力机制示例

很明显，人们会把注意力更多地投入近景人的穿着、姿势等各个部位细节，而远处则更多地关注人的脸部区域。因此，可以认为这种人脑的注意力模型就是一种资源分配模型，在某个特定时刻，人的注意力总是集中在画面中的某个焦点部分，而对其他部分视而不见。这种只关注特定区域的形式被称为注意力机制。

10.1.1　注意力机制详解

注意力机制最早在视觉领域提出是在 2014 年 Google Mind 发表的论文 *Recurrent Models of Visual Attention* 中，这使得 Attention 机制流行起来。这篇论文采用了 RNN 模型，并加入了 Attention 机制来进行图像的分类。

2005 年，Bahdanau 等人在论文 *Neural Machine Translation by Jointly Learning to Align and Translate* 中，将 Attention 机制首次应用在自然语言处理领域，它采用 Seq2Seq+Attention 模型来进行机器翻译，并且得到了效果的提升。

2017 年，Google 机器翻译团队发表的 *Attention is All You Need* 中，完全抛弃了 RNN 和 CNN 等网络结构，而仅仅采用 Attention 机制来进行机器翻译任务，并且取得了很好的效果。注意力机制也由此成为深度学习中最重要的研究热点。

注意力背后的直觉也可以用人类的生物系统来进行最好的解释。例如，我们的视觉处理系统往往会选择性地聚焦于图像的某些部分，而忽略其他不相关的信息，从而帮助我们感知。类似地，在涉及语言、语音或视觉的一些问题中，输入的某些部分相比其他部分可能更相关。

通过让深度学习的注意力模型仅动态地关注有助于有效执行目标项目的部分输入，注意力模型引入了这种相关性概念。完整的注意力模型计算过程如图 10-2 所示。

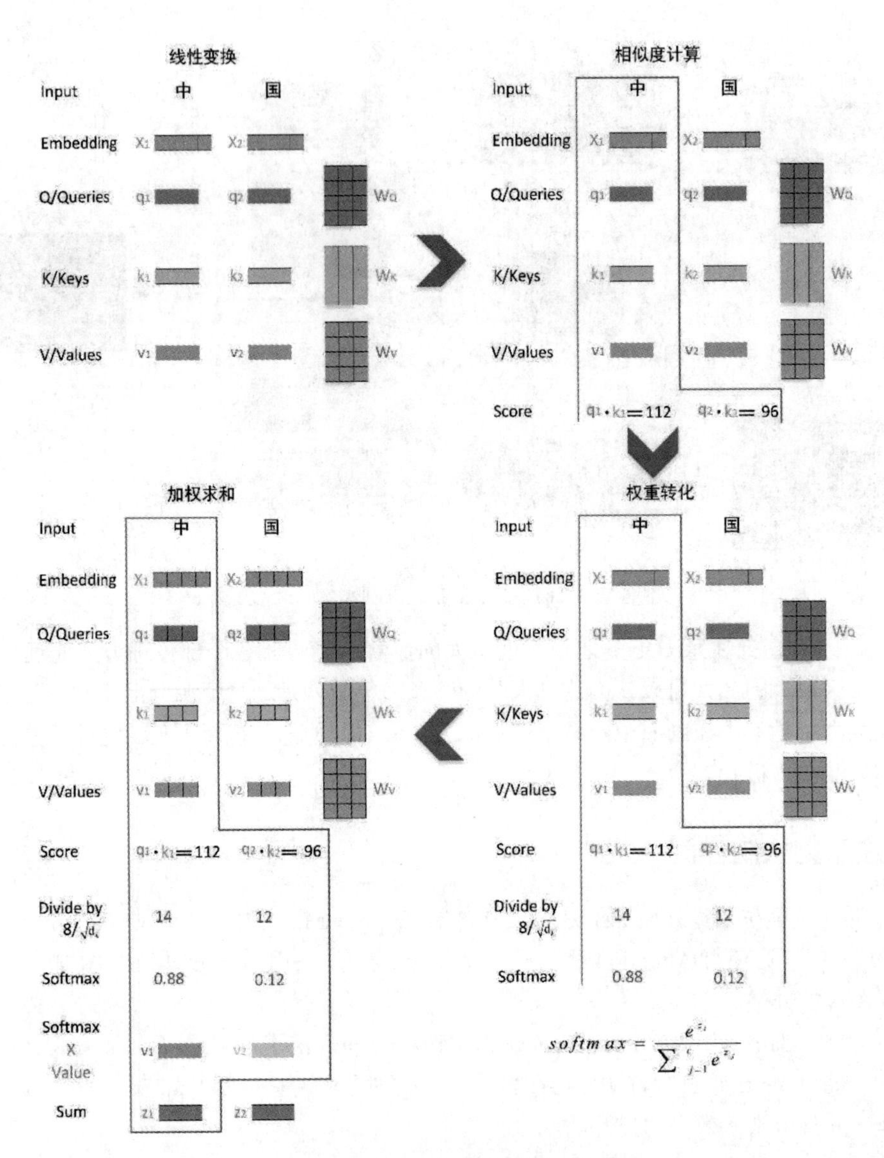

图 10-2　注意力模型的计算全过程

注意力模型在没有显式说明的情况下指的是自注意力模型，因为这是最基本的结构。

10.1.2　自注意力机制

自注意力层不仅是本章的重点，也是本书最重要的内容（然而实际上它非常简单）。

自注意力机制（Self-Attention）通常指的是不使用其他额外的信息，仅使用自我注意力的形式，通过关注输入数据本身建立自身连接，从而从输入的数据中抽取特征信息。自注意力又称作内部注意力，它在很多任务上都有十分出色的表现，比如阅读理解、视频分割、多模态融合等。

Attention 用于计算“相关程度”。例如在翻译过程中，不同的英文对中文的依赖程度不同，Attention 通常可以进行如下描述：将 query(Q)和 key-value pairs $\left\{K_i,V_i \mid i=1,2,\cdots,m\right\}$ 映射到输出上，其中 query、每个 key、每个 value 都是向量，输出是 V 中所有 values 的加权，而权重是由 query 和每个key计算出来的，计算方法分为以下3步：

1. 自注意力中的query、key和value的线性变换

自注意力机制是进行自我关注从而抽取相关信息的机制。从具体实现上来看，注意力函数的本质可以被描述为一个查询（query）到一系列键-值（key-value）对的映射，它们被作为一种抽象的向量，主要目的是用来进行计算和辅助自注意力，如图10-3所示（更详细的解释在后面）。

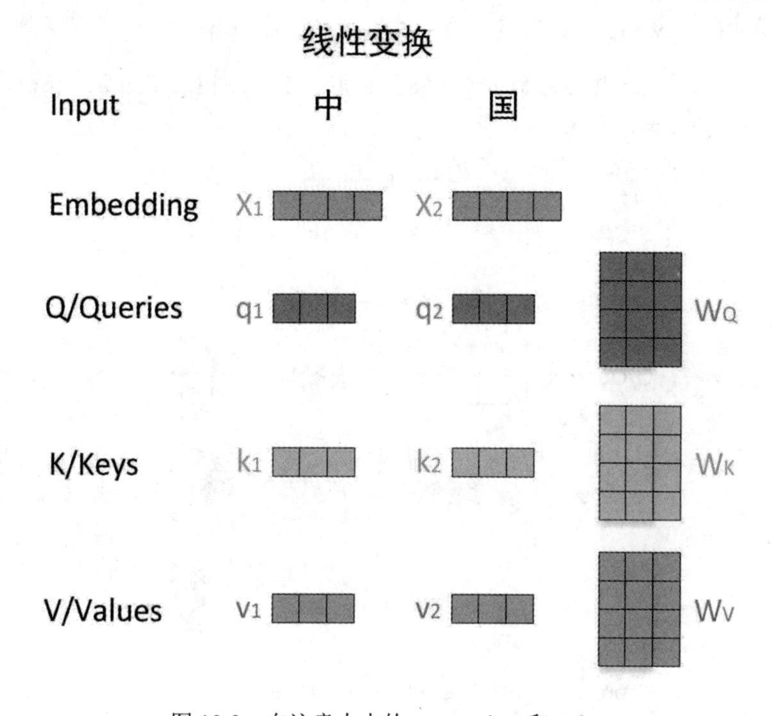

图10-3　自注意力中的query、key和value

一个“中”字经过Embedding层初始化后，得到一个矩阵向量$\boldsymbol{X}_1$，之后经过3个不同全连接层重新计算后得到一个特定维度的向量，即$\boldsymbol{q}_1$。“国”字的处理与“中”相同，先得到矩阵向量$\boldsymbol{X}_2$，再计算得到特定维度的向量$\boldsymbol{q}_2$。之后依次将$\boldsymbol{q}_1$和$\boldsymbol{q}_2$连接起来组成一个新的二维矩阵$\boldsymbol{W}_Q$，被定义为query。

```
WQ= concat([q1, q2],axis = 0)
```

实际上一般的输入是一个经过序号化处理后的序列，例如[0,1,2,3...]这样的数据形式，经过Embedding层计算后生成一个多维矩阵，再经过3个不同的神经网络层处理后，得到具有相同维度大小的query、key和value向量。而得到的向量均来自同一条输入数据，从而强制模型在后续的步骤中通过计算选择和关注来自同一条数据的重要部分。

$$\boldsymbol{Q}=\boldsymbol{W}_Q\boldsymbol{X}$$
$$\boldsymbol{K}=\boldsymbol{W}_K\boldsymbol{X}$$
$$\boldsymbol{V}=\boldsymbol{W}_V\boldsymbol{X}$$

举例来说，在计算相似度的时候，一个单词和自己的相似度应该最大，但在计算不同向量的

乘积时也可能出现更大的相似度，这种情况是不合理的。因此，通过新向量 $\boldsymbol{q}$、$\boldsymbol{k}$ 相乘来计算相似度，模型训练时就可以避免这种情况。相比原来一个一个词向量相乘的形式，通过构建新向量 $\boldsymbol{q}$、$\boldsymbol{k}$，在计算相似度的时候灵活性更大，效果会更好。

2. 使用query和key进行相似度计算

自注意力的目的是找到向量内部的联系，通过来自同一个输入数据的内部关联程度来分辨最重要的特征，即使用 query 和 key 计算自注意力的值，其过程如下：

（1）将 query 和每个 key 进行相似度计算得到权重，常用的相似度函数有点积、拼接、感知机等，这里使用的是点积计算，如图 10-4 所示。

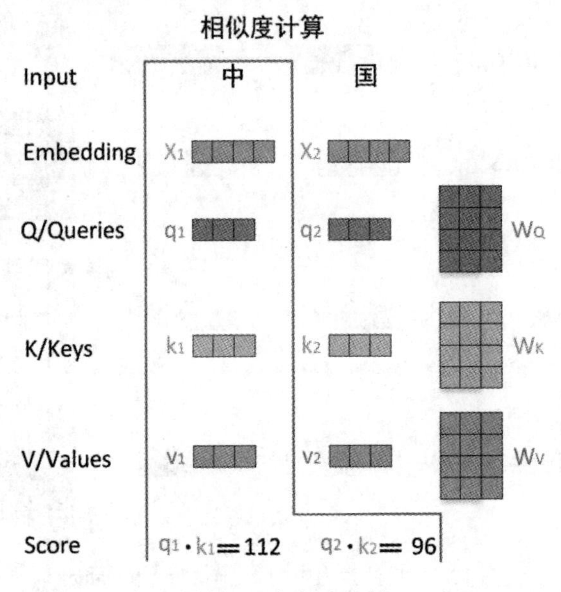

图 10-4　相似度计算

公式如下：

$$\boldsymbol{q}_1 \cdot \boldsymbol{k}_1 \text{ and } \boldsymbol{q}_2 \cdot \boldsymbol{k}_2 \cdots$$

对于句中的每个字特征，将当前字的 $\boldsymbol{Q}$ 与句中所有字的 $\boldsymbol{K}$ 相乘，从而得到一个整体的相似度计算结果。

（2）基于缩放点积操作的 softmax 函数对这些权重进行转化。

基于缩放点积操作的 softmax 函数的作用是计算不同输入之间的权重“分数”，又称为权重系数。例如“中”这个字，就用它的q_i去乘以每个位置的k_i，随后将得分加以处理再传递给 softmax，然后进行 softmax 计算，其目的是转化特征内部的权重，即：

$$\frac{\boldsymbol{q}_1 \cdot \boldsymbol{k}_1}{\sqrt{d_k}} \text{ and } \frac{\boldsymbol{q}_2 \cdot \boldsymbol{k}_2}{\sqrt{d_k}} \qquad d_k\text{是缩放因子}$$

$$\text{softmax}\left(\frac{\boldsymbol{q}_1 \cdot \boldsymbol{k}_1}{\sqrt{d_k}}\right) \text{ and softmax}\frac{\boldsymbol{q}_2 \cdot \boldsymbol{k}_2}{\sqrt{d_k}}$$

这个 softmax 计算分数决定了每个特征在该特征矩阵中需要关注的程度。相关联的特征将具有相应位置上最高的 softmax 分数。用这个得分乘以每个 value 向量，可以增强需要关注部分的值，或者降低对不相关部分的关注度。使用 softmax 进行权重转化如图 10-5 所示。

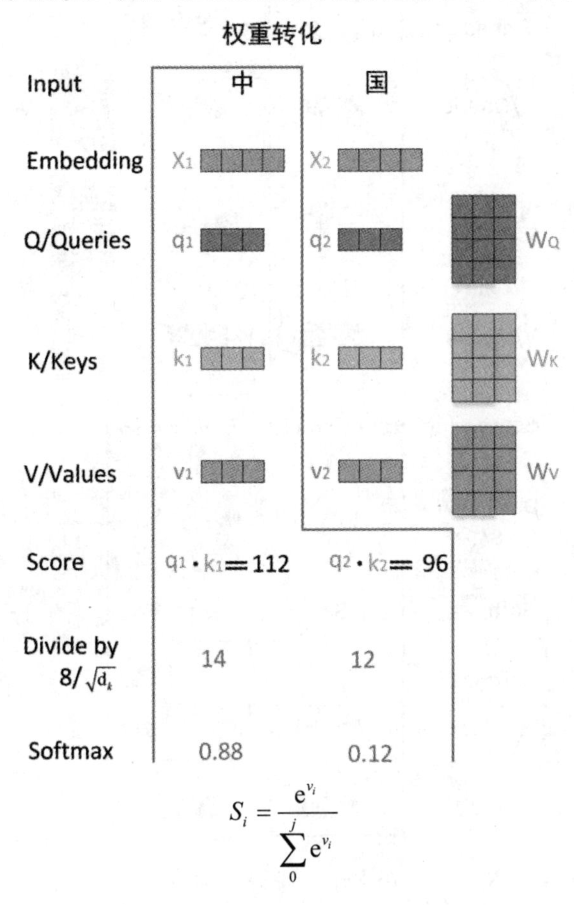

$$S_i = \frac{e^{v_i}}{\sum_0^j e^{v_i}}$$

图 10-5　使用 softmax 进行权重转化

softmax 的分数决定了当前单词在每个句子中每个位置的表示程度。很明显，当前单词对应句子中，此单词所在位置的 softmax 的分数最高。但是，有时候自注意力机制也能关注到此单词外的其他单词。

3. 每个value向量乘以softmax后进行加权求和

最后一步为累加计算相关向量。为了让模型更灵活，使用点积缩放作为注意力的打分机制得到权重后，与生成的 value 向量进行计算，然后将它与转化后的权重进行加权求和，得到最终的新向量 $\boldsymbol{z}_1$，即：

$$\boldsymbol{z}_1 = \text{softmax}\left(\frac{\boldsymbol{q}_1 \cdot \boldsymbol{k}_1}{\sqrt{d_k}}\right) \cdot \boldsymbol{v}_1 + \text{softmax}\left(\frac{\boldsymbol{q}_2 \cdot \boldsymbol{k}_2}{\sqrt{d_k}}\right) \cdot \boldsymbol{v}_2$$

将权重和相应的键值 value 进行加权求和得到最后的注意力值，其步骤如图 10-6 所示。

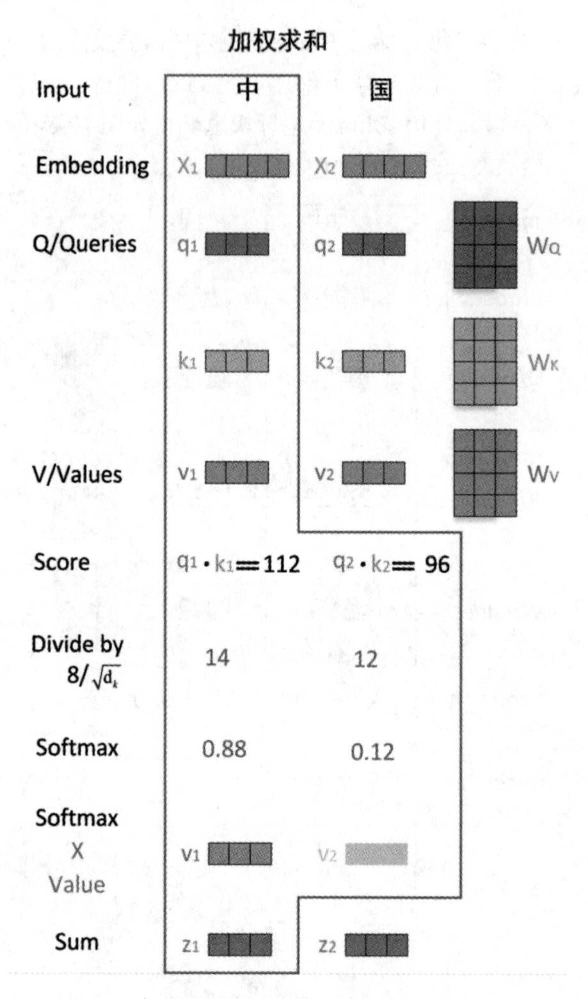

图 10-6　加权求和计算

总结自注意力的计算过程，根据输入的 query 与 key 计算两者之间的相似性或相关性，之后通过一个 softmax 来对值进行归一化处理获得注意力权重值，然后对 value 进行加权求和，并得到最终的注意力数值。然而，在实际的实现过程中，该计算会以矩阵的形式完成，以便更快地处理。自注意力公式如下：

$$z = \text{Attention}(\boldsymbol{Q},\boldsymbol{K},\boldsymbol{V}) = \text{softmax}(\frac{\boldsymbol{Q}\boldsymbol{K}^{\mathrm{T}}}{\sqrt{d_k}})\boldsymbol{V}$$

用更为通用的矩阵点积的形式实现，其结构和形式如图 10-7 所示。

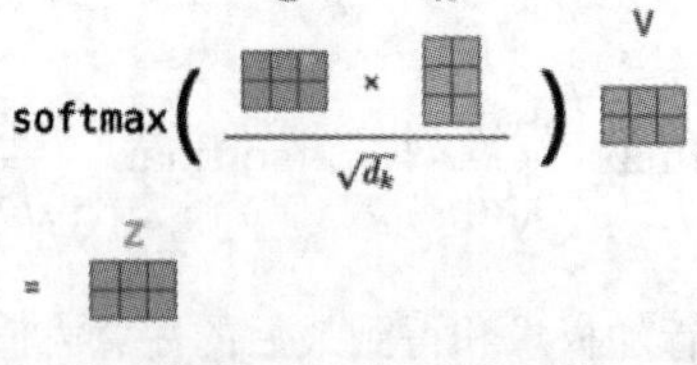

softmax(Q × K^T / √dk) V
= Z

图 10-7　矩阵点积

可以看到，在使用点积缩放作为注意力的打分机制得到权重后，再次通过与来自同一输入变换后的 value 进行加权求和，得到一个新的结果向量。

4. 自注意力计算的代码实现

实际上,通过上面 3 步的讲解可知，自注意力模型的基本架构其实并不复杂，基本代码如下(仅供演示)：

```
import torch
import math
import einops.layers.torch as elt
#word_embedding_table = torch.nn.Embedding(num_embeddings=encoder_vocab_size,
embedding_dim=312)
#encoder_embedding = word_embedding_table(inputs)

vocab_size = 1024    #字符的种类
embedding_dim = 312
hidden_dim = 256
token = torch.ones(size=(5,80),dtype=int)
#创建一个输入 embedding 值
input_embedding = torch.nn.Embedding(num_embeddings=vocab_size,
embedding_dim=embedding_dim)(token)

#对输入的 input_embedding 进行修正，这里进行了简写
query = torch.nn.Linear(embedding_dim,hidden_dim)(input_embedding)
key = torch.nn.Linear(embedding_dim,hidden_dim)(input_embedding)
value = torch.nn.Linear(embedding_dim,hidden_dim)(input_embedding)

key = elt.Rearrange("b l d -> b d l")(key)
#计算 query 与 key 之间的权重系数
attention_prob = torch.matmul(query,key)

#使用 softmax 对权重系数进行归一化计算
attention_prob = torch.softmax(attention_prob,dim=-1)

#计算权重系数与 value 的值从而获取注意力值
attention_score = torch.matmul(attention_prob,value)

print(attention_score.shape)
```

上面的核心代码实现起来实际上很简单，这里读者暂时只需掌握这些核心代码即可。

下面换个角度，从概念上对注意力机制做个解释：注意力机制可以理解为从大量信息中有选择地筛选出少量重要信息，并聚焦到这些重要信息上，忽略大多数不重要的信息。聚焦的过程体现在权重系数的计算上，权重越大，越聚焦于它对应的 value 值上，即权重代表了信息的重要性，而权重与 value 的点积是其对应的最终信息。

完整的注意力层代码如下所示。

```
import torch
import math
```

```
import einops.layers.torch as elt

class Attention(torch.nn.Module):
    def __init__(self,embedding_dim = 312,hidden_dim = 256):
        super().__init__()
        self.query_layer = torch.nn.Linear(embedding_dim, hidden_dim)
        self.key_layer = torch.nn.Linear(embedding_dim, hidden_dim)
        self.value_layer = torch.nn.Linear(embedding_dim, hidden_dim)

    def forward(self,embedding,mask):
        input_embedding = embedding

        query = self.query_layer(input_embedding)
        key = self.key_layer(input_embedding)
        value = self.value_layer(input_embedding)

        key = elt.Rearrange("b l d -> b d l")(key)
        #计算query与key之间的权重系数
        attention_prob = torch.matmul(query, key)

        #使用softmax对权重系数进行归一化计算
        attention_prob += mask * -1e5  #在自注意力权重基础上加上掩码值
        attention_prob = torch.softmax(attention_prob, dim=-1)

        #计算权重系数与value的值从而获取注意力值
        attention_score = torch.matmul(attention_prob, value)
        return (attention_score)
```

具体结果请读者自行打印查阅。需要注意，在实现注意力的完整代码中，相对于上面的代码段，这里加入了 mask 部分，目的是在计算时忽略为将所有的序列填充成一样的长度而进行的掩码计算操作，具体在10.1.3节会有介绍。

10.1.3　ticks 和 LayerNormalization

在上一小节中，我们基于PyTorch 2.0自定义层的形式编写了注意力模型的代码。与演示的代码有区别的是，实战代码在自注意层中额外加入了 mask 值，即掩码层。掩码层的作用就是获取输入序列的“有意义的值”，而忽视本身就是用作填充或补全序列的值。一般用0表示有意义的值，用1表示填充值（这点并不固定，0和1的意思可以互换）。

```
[2,3,4,5,5,4,0,0,0] -> [0,0,0,0,0,0,1,1,1]
```

掩码计算的代码如下：

```
def create_padding_mark(seq):
    mask = torch.not_equal(seq, 0).float()
    mask = torch.unsqueeze(mask, dim=-1)
    return mask
```

此外，计算出的query与key的点积还需要除以一个常数，其作用是缩小点积的值，以方便进行softmax计算。这个操作常常被称为ticks，即采用一点小的技巧使得模型训练能够更加准确和便捷。

LayerNormalization 函数也是如此。LayerNormalization 函数是专门用于对序列进行整形的函数，其目的是防止字符序列在计算过程中发散而对神经网络的拟合过程所造成影响。PyTorch 2.0 对 LayerNormalization 的使用提供了高级 API，调用如下：

```
    layer_norm = torch.nn.LayerNorm(normalized_shape, eps=1e-05,
elementwise_affine=True, device=None, dtype=None)函数
    embedding = layer_norm(embedding)   #使用 layer_norm 对输入数据进行处理
```

图 10-8 展示了 LayerNormalization 函数与 BatchNormalization 的不同，从图中可以看到，BatchNormalization 是对一个 batch 中不同序列中所处同一位置的数据做归一化计算，而 LayerNormalization 是对同一序列中不同位置的数据做归一化处理。

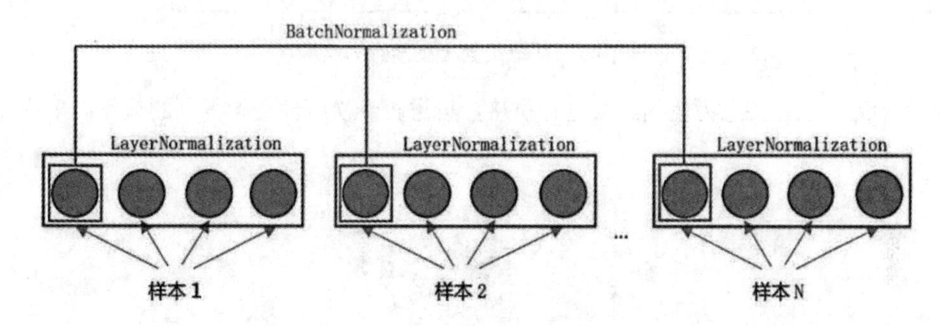

图 10-8　LayerNormalization 函数与 BatchNormalization 的不同

有兴趣的读者可以展开学习，这里就不再过多阐述了。LayerNormalization 具体的使用如下（注意，一定要显式声明归一化的维度）：

```
    embedding = torch.rand(size=(5,80,312))
    print(torch.nn.LayerNorm(normalized_shape=[80,312])(embedding).shape) #显式
声明归一化的维度
```

10.1.4　多头注意力

10.1.2 节的最后，实现了使用 PyTorch 2.0 自定义层编写了自注意力模型（在没有显式说明的情况下，一般注意力层指的就是自注意力层）。从中可以看到，除了使用自注意力核心模型之外，还额外加入了掩码层和点积的除法运算，以及为了整形所使用的 LayerNormalization 函数。实际上来说，这些都是为了使得整体模型在训练时更加简易和便捷而做出的优化。

聪明的读者也都发现了，前面无论是“掩码”计算、“点积”计算还是使用 LayerNormalization，这些 ticks 都是一些细枝末节上进行修补，那么有没有可能对注意力模型做一个较大的结构调整，使它能够更加适应模型的训练。

下面将在上述 ticks 的基础上补充一种较为大型的 ticks，即多头注意力（Multi-head Attention）架构，这是在原始的自注意力模型的基础上做出的一种较大的优化。

多头注意力结构如图 10-9 所示，query、key、value 首先经过一个线性变换，之后计算相互之间的注意力值。相对于原始自注意计算方法，这里的计算要做 h 次（h 为“头”的数目），这就是所谓的多头，每一次算一个头，而每次 query、key、value 进行线性变换时的参数 W 是不一样的。

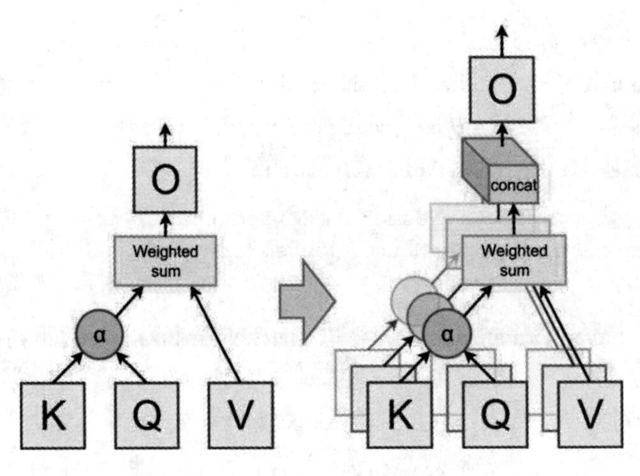

图 10-9　从单头到多头注意力结构

将 *h* 次的缩放点积注意力值的结果进行拼接，再进行一次线性变换得到的值作为多头注意力的结果，如图 10-10 所示。

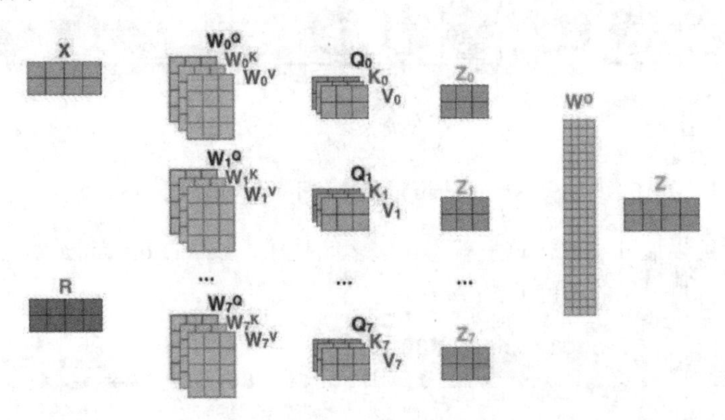

图 10-10　多头注意力的结果合并

可以看到，这样计算得到的多头注意力值的不同之处在于进行了 *h* 次计算，而不是仅计算一次。这样的好处是可以允许模型在不同的表示子空间里学习到相关的信息，并且相对于单独的注意力模型计算复杂度，多头模型的计算复杂度被大大降低了。拆分多头模型的代码如下：

```
def splite_tensor(tensor,h_head):
    embedding = elt.Rearrange("b l (h d) -> b l h d",h = h_head)(tensor)
    embedding = elt.Rearrange("b l h d -> b h l d", h=h_head)(embedding)
    return embedding
```

在此基础上可以将注意力模型进行修正，新的多头注意力层代码如下：

```
class Attention(torch.nn.Module):
    def __init__(self,embedding_dim = 312,hidden_dim = 312,n_head = 6):
        super().__init__()
        self.n_head = n_head
        self.query_layer = torch.nn.Linear(embedding_dim, hidden_dim)
```

```
        self.key_layer = torch.nn.Linear(embedding_dim, hidden_dim)
        self.value_layer = torch.nn.Linear(embedding_dim, hidden_dim)

    def forward(self,embedding,mask):
        input_embedding = embedding

        query = self.query_layer(input_embedding)
        key = self.key_layer(input_embedding)
        value = self.value_layer(input_embedding)

        query_splited = self.splite_tensor(query,self.n_head)
        key_splited = self.splite_tensor(key,self.n_head)
        value_splited = self.splite_tensor(value,self.n_head)

        key_splited = elt.Rearrange("b h l d -> b h d l")(key_splited)
        #计算 query 与 key 之间的权重系数
        attention_prob = torch.matmul(query_splited, key_splited)

        #使用 softmax 对权重系数进行归一化计算
        attention_prob += mask * -1e5  #在自注意力权重基础上加上掩码值
        attention_prob = torch.softmax(attention_prob, dim=-1)

        #计算权重系数与 value 的值从而获取注意力值
        attention_score = torch.matmul(attention_prob, value_splited)
        attention_score = elt.Rearrange("b h l d -> b l (h d)")(attention_score)

        return (attention_score)

    def splite_tensor(self,tensor,h_head):
        embedding = elt.Rearrange("b l (h d) -> b l h d",h = h_head)(tensor)
        embedding = elt.Rearrange("b l h d -> b h l d", h=h_head)(embedding)
        return embedding

if __name__ == '__main__':
    embedding = torch.rand(size=(5,16,312))
    mask = torch.ones((5,1,16,1))   #注意设计 mask 的位置，16 是长度
    Attention()(embedding,mask)
```

相较于单一的注意力模型，多头注意力模型能够简化计算，并且在更多维的空间上对数据进行整合。多头注意力模型架构如图 10-11 所示。

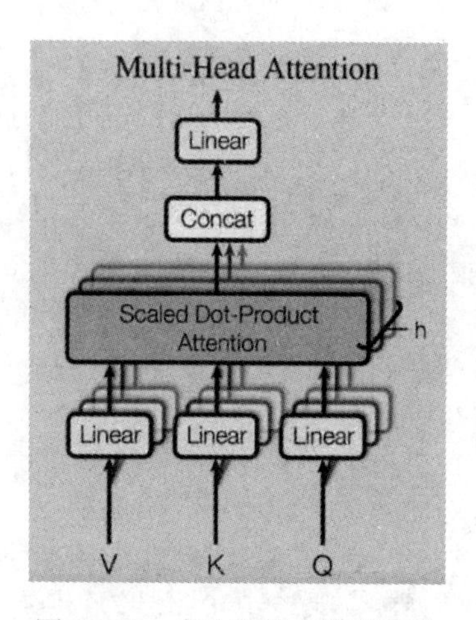

图10-11　多头注意力模型架构

在实际的使用上，使用多头注意力模型，可以观测到每个“头”所关注的内容并不一致，有的关注于相邻之间的序列，而有的会关注更远处的单词。这就使得模型可以根据需要更为细致地对特征进行辨别和抽取，从而提高模型的准确率。

10.2　注意力机制的应用实践——编码器

深度学习中的注意力模型是一种模拟人类视觉注意力机制的方法，它可以帮助我们更好地关注输入序列中的重要部分。近年来，注意力模型在深度学习各个领域被广泛使用，无论是图像处理、语音识别还是自然语言处理的各种不同类型的任务中，都很容易看到注意力模型的身影。

常见的深度学习中的注意力模型有：自注意力机制、交互注意力机制、门控循环单元和变压器（Transformer）等。但是，无论其组成结构如何，构成的模块有哪些，它们最基本的工作都是对输入的数据进行特征抽取，对原有的数据形式进行编码处理，转化为特定类型的数据结构形式。对此，对它们有一个统一的称谓，即编码器。

编码器是基于深度学习注意力构造的一种能够存储输入数据的若干个特征的表达方式，虽然这个特征具体内容是由深度学习模型进行提取，即“黑盒”处理，但是通过对“编码器”进行设计，会使得模型可以自行决定哪些是对结果影响最为重要的内容。

在实践中，编码器是一种神经网络模型，一般由多个神经网络“模块”组成，其作用是将输入数据重整成一个多维特征矩阵，以便更好地进行分类、回归或者生成等任务。常用编码器通常由多个卷积层、池化层和全连接层组成，其中卷积层和池化层可以提取输入数据的特征，全连接层则可以将特征转换为低维向量，而“注意力机制”则是这个编码器的核心模块。

10.2.1　编码器总体架构

基于自注意力的编码器中，编码器的作用是将输入数据重整成一个多维向量，并在此基础上生成一个与原始输入数据相似的重构数据。这种自编码器模型可以用于图像去噪、图像分割、图像恢复等任务中。

编码器通过使用多个不同的神经网络模块来获取所需要关注的内容，并抑制和减弱其他无用信息，从而实现对特征的抽取，这也是目前最为常用的架构方案。简便起见，这里直接使用经典的编码器方案（注意力模型架构）作为本章编码器的实现。编码器的结构如图 10-12 所示。

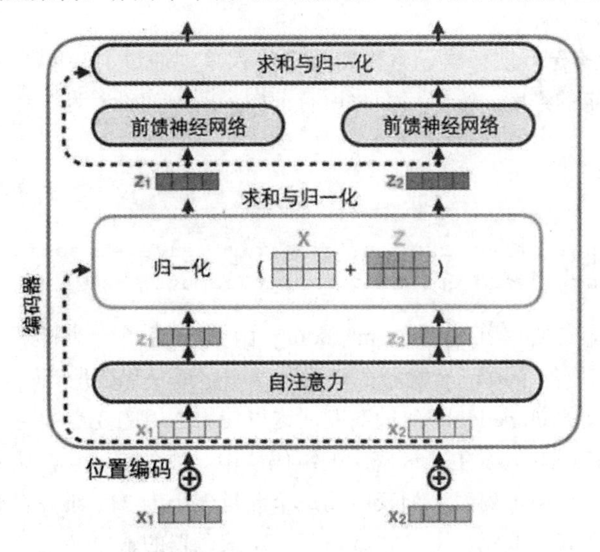

图 10-12 编码器结构示意图

由图可知，编码器的结构由以下多个模块构成：

- 初始词向量层（Input Embedding）。
- 位置编码器层（Positional Encoding）。
- 多头自注意力层（Multi-Head Attention）。
- 归一化层（Layer Normalization）。
- 前馈层（Feed Forward）。

多头自注意力层和归一化层在 10.1 节已经讲解完毕，本节将介绍剩余的三个部分，之后使用这三部分构建出编码器架构。

10.2.2 回到输入层——初始词向量层和位置编码器层

初始词向量层和位置编码器层是数据输入的最初的层，作用是将输入的序列进行计算并组合成向量矩阵，如图 10-13 所示。

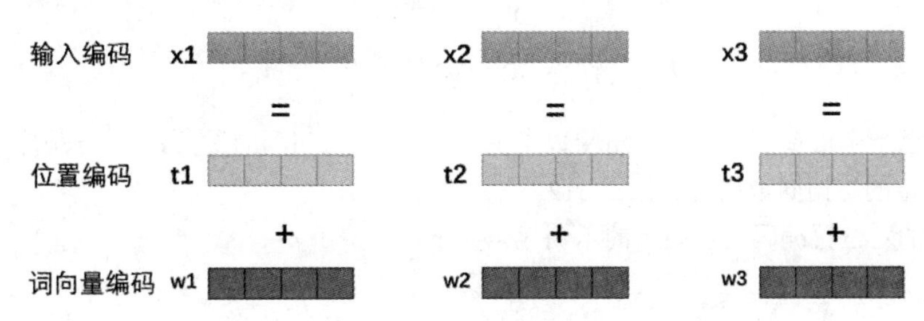

图 10-13 输入层

这里的输入编码实际上是由两部分组成，即位置向量编码和词向量编码，下面对每一部分依次进行讲解。

1. 初始词向量层

如同大多数的向量构建方法一样，首先将每个输入单词通过词映射算法转换为词向量。其中每个词向量被设定为固定的维度，本书后面将所有词向量的维度设置为 312。具体代码如下：

```
    import torch

    word_embedding_table =
torch.nn.Embedding(num_embeddings=encoder_vocab_size,embedding_dim=312)
    encoder_embedding = word_embedding_table(inputs)
```

在上述代码中，首先使用 torch.nn.Embedding 函数创建了一个随机初始化的向量矩阵，encoder_vocab_size 是字库的个数，一般而言在编码器中字库是包含所有可能出现的“字”的集合。而 embedding_dim 是定义的 embedding 向量维度，这里使用通用的 312 即可。

词向量初始化在 PyTorch 只发生在最底层的编码器中。额外说一句，所有的编码器都有一个相同的特点，即它们接收一个向量列表，列表中的每个向量大小为 312 维。在底层（最开始）编码器中它就是词向量，但是在其他编码器中，它就是下一层编码器的输出（也是一个向量列表）。

2. 位置编码器层

位置编码是一个非常重要而又具有创新性的结构输入。一般自然语言处理使用的是一个一个连续的长度序列，因此为了使用输入的顺序信息，需要将序列对应的相对以及绝对位置信息注入模型中。

基于此目的，一个朴素的想法就是将位置编码设计成与词映射同样大小的向量维度，之后将其直接相加使用，从而使得模型既能够获取到词映射信息，也能够获取到位置信息。

具体来说，位置向量的获取方式有两种：

- 通过模型训练所得。
- 根据特定公式计算所得（用不同频率的sine和cosine函数直接计算）。

因此，在实践中，向模型中引入位置编码的策略可以采用两种方法：一种是设计一个可随模型训练而更新的层；另一种则是利用预先计算好的矩阵，通过一个固定的函数直接将位置信息嵌入序列中，公式如下：

$$PE_{(pos,2i)} = \sin(pos / 10000^{2i/d_{model}})$$
$$PE_{(pos,2i+1)} = \cos(pos / 10000^{2i/d_{model}})$$

序列中任意一个位置都可以被三角函数表示，pos 是输入序列的最大长度，i 是序列中的各个位置，d_{model} 是设定的与词向量相同的位置 312。

一个直观的对位置编码进行展示的示例代码如下：

```
    import matplotlib.pyplot as plt
    import torch
    import math
```

```
    max_len = 128  #单词个数
    d_model = 512  #位置向量维度大小

    pe = torch.zeros(max_len, d_model)
    position = torch.arange(0., max_len).unsqueeze(1)

    div_term = torch.exp(torch.arange(0., d_model, 2) * -(math.log(10000.0) / d_model))

    pe[:, 0::2] = torch.sin(position * div_term)  #偶数列
    pe[:, 1::2] = torch.cos(position * div_term)  #奇数列

    pe = pe.unsqueeze(0)

    pe = pe.numpy()
    pe = pe.squeeze()

    plt.imshow(pe)  #显示图片
    plt.colorbar()
    plt.show()
```

通过设置单词个数 max_len 和维度大小，d_model 可以很精准地做出位置向量的图形展示，如图 10-14 所示。

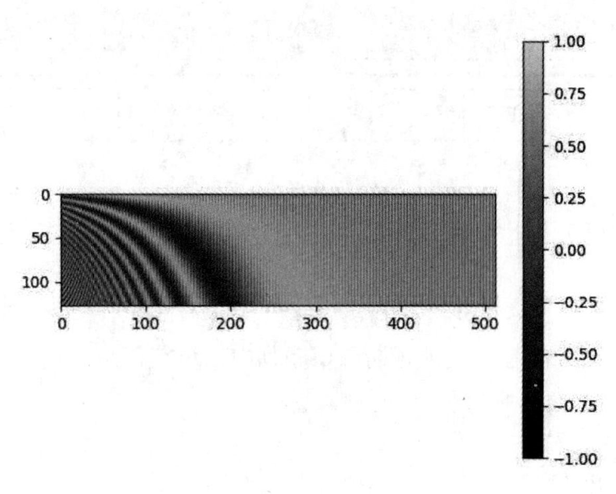

图 10-14　位置向量的图形展示

如果将其包装成 PyTorch 2.0 中固定类的形式，代码如下：

```
class PositionalEncoding(torch.nn.Module):
    def __init__(self, d_model = 312, dropout = 0.05, max_len=80):
        """
        :param d_model: pe 编码维度，一般与 word embedding 相同，方便相加
        :param dropout: dorp out
        :param max_len: 语料库中最长句子的长度，即 word embedding 中的 L
        """
        super(PositionalEncoding, self).__init__()
```

```
        #定义drop out
        self.dropout = torch.nn.Dropout(p=dropout)
        #计算pe编码
        pe = torch.zeros(max_len, d_model) #建立空表，每行代表一个词的位置，每列代表
一个编码位
        position = torch.arange(0, max_len).unsqueeze(1) #建一个arrange表示词的
位置，以便进行公式计算，size=(max_len,1)
        div_term = torch.exp(torch.arange(0, d_model, 2) *    #计算公式中10000**
(2i/d_model)
                             -(math.log(10000.0) / d_model))
        pe[:, 0::2] = torch.sin(position * div_term)  #计算偶数维度的pe值
        pe[:, 1::2] = torch.cos(position * div_term)  #计算奇数维度的pe值
        pe = pe.unsqueeze(0)  #size=(1, L, d_model)，为了后续与word_embedding相
加，意思是batch维度下的操作相同
        self.register_buffer('pe', pe)  #pe值是不参加训练的

    def forward(self, x):
        #输入的最终编码 = word_embedding + positional_embedding
        x = x + self.pe[:, :x.size(1)].clone().detach().requires_grad_(False)
        return self.dropout(x) #size = [batch, L, d_model]
```

这种位置编码函数的写法有些过于复杂，读者直接使用即可。最终的词向量矩阵和位置编码组合如图10-15所示。

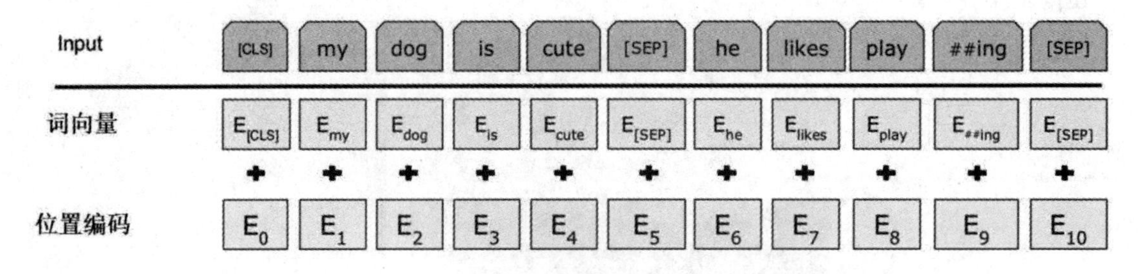

图10-15 初始词向量

融合后的特征既带有词汇信息，也带有词汇在序列中的位置信息，从而能够从多个角度对特征进行表示。

10.2.3 前馈层的实现

从编码器输入的序列在经过一个自注意力层后，会传递到前馈神经网络中，这个神经网络被称为"前馈层"。前馈层的作用是进一步整形通过自注意力层获取的整体序列向量。

本书的解码器(Decoder)遵循的是Transformer架构，因此参考Transformer中的解码器构建(见图10-16)。相信读者看到这幅图一定会感到诧异，以为是放错了图。其实并没有，所谓"前馈神经网络"，实际上就是加载了激活函数的全连接层神经网络（或者使用一维卷积实现的神经网络，这点不在这里介绍）。

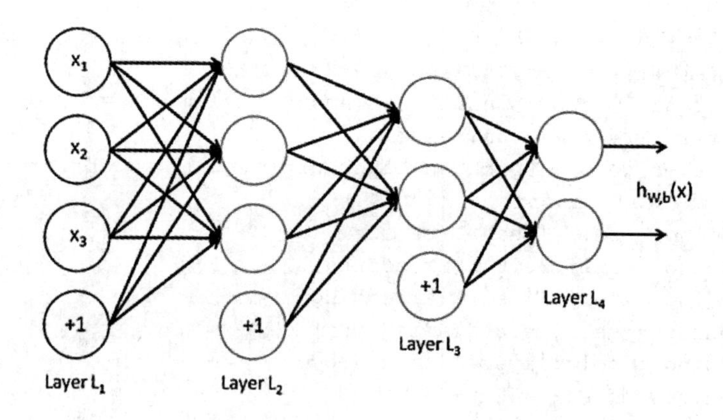

图 10-16　Transformer 中解码器的构建

了解了前馈神经网络，其实现也就很简单了，代码如下：

```
import torch

class FeedForWard(torch.nn.Module):
    def __init__(self,embdding_dim = 312,scale = 4):
        super().__init__()
        self.linear1 = torch.nn.Linear(embdding_dim,embdding_dim*scale)
        self.relu_1 = torch.nn.ReLU()
        self.linear2 = torch.nn.Linear(embdding_dim*scale,embdding_dim)
        self.relu_2 = torch.nn.ReLU()
        self.layer_norm = torch.nn.LayerNorm(normalized_shape=embdding_dim)
    def forward(self,tensor):
        embedding = self.linear1(tensor)
        embedding = self.relu_1(embedding)
        embedding = self.linear2(embedding)
        embedding = self.relu_2(embedding)
        embedding = self.layer_norm(embedding)
        return embedding
```

代码很简单，需要提醒的是，虽然这里使用了两个全连接神经去实现“前馈”，但实际上为了减少参数，减轻运行负担，可以使用一维卷积或者“空洞卷积”替代全连接层实现前馈神经网络，读者可以自行尝试完成。

10.2.4　编码器的实现

经过前面内容的分析可以看到，实现一个基于注意力架构的编码器，在理解上并不困难，只需要按架构依次将各层组合在一起即可。完整代码如下所示，读者可参考注释。

```
import torch
import math
import einops.layers.torch as elt

class FeedForWard(torch.nn.Module):
    def __init__(self,embdding_dim = 312,scale = 4):
        super().__init__()
```

```
        self.linear1 = torch.nn.Linear(embdding_dim,embdding_dim*scale)
        self.relu_1 = torch.nn.ReLU()
        self.linear2 = torch.nn.Linear(embdding_dim*scale,embdding_dim)
        self.relu_2 = torch.nn.ReLU()
        self.layer_norm = torch.nn.LayerNorm(normalized_shape=embdding_dim)
    def forward(self,tensor):
        embedding = self.linear1(tensor)
        embedding = self.relu_1(embedding)
        embedding = self.linear2(embedding)
        embedding = self.relu_2(embedding)
        embedding = self.layer_norm(embedding)
        return embedding

class Attention(torch.nn.Module):
    def __init__(self,embedding_dim = 312,hidden_dim = 312,n_head = 6):
        super().__init__()
        self.n_head = n_head
        self.query_layer = torch.nn.Linear(embedding_dim, hidden_dim)
        self.key_layer = torch.nn.Linear(embedding_dim, hidden_dim)
        self.value_layer = torch.nn.Linear(embedding_dim, hidden_dim)


    def forward(self,embedding,mask):
        input_embedding = embedding

        query = self.query_layer(input_embedding)
        key = self.key_layer(input_embedding)
        value = self.value_layer(input_embedding)

        query_splited = self.splite_tensor(query,self.n_head)
        key_splited = self.splite_tensor(key,self.n_head)
        value_splited = self.splite_tensor(value,self.n_head)

        key_splited = elt.Rearrange("b h l d -> b h d l")(key_splited)
        #计算query与key之间的权重系数
        attention_prob = torch.matmul(query_splited, key_splited)

        #使用softmax对权重系数进行归一化计算
        attention_prob += mask * -1e5  #在自注意力权重基础上加上掩码值
        attention_prob = torch.softmax(attention_prob, dim=-1)

        #计算权重系数与value的值从而获取注意力值
        attention_score = torch.matmul(attention_prob, value_splited)
        attention_score = elt.Rearrange("b h l d -> b l (h d)")(attention_score)

        return (attention_score)

    def splite_tensor(self,tensor,h_head):
        embedding = elt.Rearrange("b l (h d) -> b l h d",h = h_head)(tensor)
        embedding = elt.Rearrange("b l h d -> b h l d", h=h_head)(embedding)
```

```
        return embedding


class PositionalEncoding(torch.nn.Module):
    def __init__(self, d_model = 312, dropout = 0.05, max_len=80):
        """
        :param d_model: pe 编码维度，一般与 word embedding 相同，方便相加
        :param dropout: dorp out
        :param max_len: 语料库中最长句子的长度，即 word embedding 中的 L
        """
        super(PositionalEncoding, self).__init__()
        #定义 drop out
        self.dropout = torch.nn.Dropout(p=dropout)
        #计算 pe 编码
        pe = torch.zeros(max_len, d_model) #建立空表，每行代表一个词的位置，每列代表
一个编码位
        position = torch.arange(0, max_len).unsqueeze(1) #建一个 arrange 表示词的
位置，以便进行公式计算，size=(max_len,1)
        div_term = torch.exp(torch.arange(0, d_model, 2) *    #计算公式中 10000**
(2i/d_model)
                             -(math.log(10000.0) / d_model))
        pe[:, 0::2] = torch.sin(position * div_term)  #计算偶数维度的 pe 值
        pe[:, 1::2] = torch.cos(position * div_term)  #计算奇数维度的 pe 值
        pe = pe.unsqueeze(0)  #size=(1, L, d_model)，为了后续与 word_embedding 相
加，意思是 batch 维度下的操作相同
        self.register_buffer('pe', pe)  #pe 值是不参加训练的

    def forward(self, x):
        #输入的最终编码 = word_embedding + positional_embedding
        x = x + self.pe[:, :x.size(1)].clone().detach().requires_grad_(False)
        return self.dropout(x) #size = [batch, L, d_model]

class Encoder(torch.nn.Module):
    def __init__(self,vocab_size = 1024,max_length = 80,embedding_size =
312,n_head = 6,scale = 4,n_layer = 3):
        super().__init__()
        self.n_layer = n_layer
        self.embedding_table =
torch.nn.Embedding(num_embeddings=vocab_size,embedding_dim=embedding_size)
        self.position_embedding = PositionalEncoding(max_len=max_length)
        self.attention = Attention(embedding_size,embedding_size,n_head)
        self.feedward = FeedForWard()
    def forward(self,token_inputs):
        token = token_inputs
        mask = self.create_mask(token)

        embedding = self.embedding_table(token)
        embedding = self.position_embedding(embedding)
        for _ in range(self.n_layer):
            embedding = self.attention(embedding,mask)
```

```
        embedding = torch.nn.Dropout(0.1)(embedding)
        embedding = self.feedward(embedding)

        return embedding

    def create_mask(self,seq):
        mask = torch.not_equal(seq, 0).float()
        mask = torch.unsqueeze(mask, dim=-1)
        mask = torch.unsqueeze(mask, dim=1)
        return mask

if __name__ == '__main__':
    seq = torch.ones(size=(3,80),dtype=int)
    Encoder()(seq)
```

可以看到，实现一个编码器，从理论和架构上来说都不困难，只需要细心即可。

10.3　实战编码器——自然语言转换模型

本节将结合前面两节的内容实战编码器，即使用编码器完成一个自然语言处理任务——拼音与汉字的转换，目标是实现类似图10-17所示的效果。

图10-17　拼音和汉字

10.3.1　汉字拼音数据集处理

首先就是数据集的准备和处理，在本例中笔者准备了15万条汉字和拼音的对应数据。

1. 数据集展示

汉字拼音数据集如下：

```
A11_0   lv4 shi4 yang2 chun1 yan1 jing3 da4 kuai4 wen2 zhang1 de di3 se4 si4 yue4 de lin2 luan2 geng4 shi4 lv4 de2 xian1 huo2 xiu4 mei4 shi1 yi4 ang4 ran2  绿 是 阳 春 烟 景 大 块 文 章 的 底 色 四 月 的 林 峦 更 是 绿 得 鲜 活 秀 媚 诗 意 盎 然

A11_1   ta1 jin3 ping2 yao1 bu4 de li4 liang4 zai4 yong3 dao4 shang4 xia4 fan1 teng2 yong3 dong4 she2 xing2 zhuang4 ru2 hai3 tun2 yi1 zhi2 yi3 yi1 tou2 de you1 shi4 ling3 xian1   他 仅 凭 腰 部 的 力 量 在 泳 道 上 下 翻 腾 蛹 动 蛇 行 状 如 海 豚 一 直 以 一 头 的 优 势 领 先

A11_10  pao4 yan3 da3 hao3 le zha4 yao4 zen3 me zhuang1 yue4 zheng4 cai2 yao3 le yao3 ya2 shu1 de tuo1 qu4 yi1 fu2 guang1 bang3 zi chong1 jin4 le shui3 cuan4 dong4
   炮 眼 打 好 了 炸 药 怎 么 装 岳 正 才 咬 了 咬 牙 倏 地 脱 去 衣 服 光 膀 子 冲 进 了 水 窜 洞

A11_100 ke3 shei2 zhi1 wen2 wan2 hou4 ta1 yi1 zhao4 jing4 zi zhi3 jian4 zuo3 xia4 yan3 jian3 de xian4 you4 cu1 you4 hei1 yu3 you4 ce4 ming2 xian3 bu4 dui4 cheng1
   可 谁 知 纹 完 后 她 一 照 镜 子 只 见 左 下 眼 睑 的 线 又 粗 又 黑 与 右 侧 明 显 不 对 称
```

数据集中的数据分成 3 部分，每部分使用特定空格键隔开：

```
A11_10 … … … ke3 shei2 … … …可 谁 … … …
```

- 第一部分A11_i为序号，表示序列的条数和行号。
- 第二部分是拼音编号，这里使用的是汉语拼音，它与真实的拼音标注不同的是去除了拼音的原始标注，而使用数字1、2、3、4，分别代表当前读音的第一声到第四声，这点请读者注意。
- 最后一分部是汉字的序列，这里是与第二部分的拼音部分一一对应。

2. 获取字库和训练数据

获取数据集中字库的个数也是一个关键点，一个非常好的办法就是使用 set 格式的数据读取全部字库中的不同字符。

创建字库和训练数据的完整代码如下：

```
max_length = 64
with open("zh.tsv", errors="ignore", encoding="UTF-8") as f:
    context = f.readlines()                              #读取内容
    for line in context:
        line = line.strip().split("  ")                  #切分每行中的不同部分
        pinyin = ["GO"] + line[1].split(" ") + ["END"]   #处理拼音部分，在头尾加上
起止符号
hanzi = ["GO"] + line[2].split(" ") + ["END"]  #处理汉字部分，在头尾加上起止符号
        for _pinyin, _hanzi in zip(pinyin, hanzi):  #创建字库
            pinyin_vocab.add(_pinyin)
hanzi_vocab.add(_hanzi)
pinyin = pinyin + ["PAD"] * (max_length - len(pinyin))
```

```
        hanzi = hanzi + ["PAD"] * (max_length - len(hanzi))
        pinyin_list.append(pinyin)                      #创建拼音列表
    hanzi_list.append(hanzi)                            #创建汉字列表
```

这里做一个说明，首先 context 读取了全部数据集中的内容，然后根据空格将这些内容分成 3 部分。对拼音和汉字部分，将它们转换成一个序列，并在前后分别加上起止符“GO”和“END”。这实际上可以不用加，但为了明确地描述起止关系而加上了起止的标注。

实际上还需要加上的一个特定符号是“PAD”，这是为了对单行序列进行补全的操作。因此，最终的数据如下所示。

```
['GO', 'liu2', 'yong3' , ……… , 'gan1', ' END', 'PAD', 'PAD' , ………]
['GO', '柳', '永' , ……… , '感', ' END', 'PAD', 'PAD' , ………]
```

pinyin_list 和 hanzi_list 是两个列表，分别用来存放对应的拼音和汉字训练数据。最后不要忘记在字库中加上“PAD”符号。

```
pinyin_vocab = ["PAD"] + list(sorted(pinyin_vocab))
hanzi_vocab = ["PAD"] + list(sorted(hanzi_vocab))
```

3. 根据字库生成Token数据

获取的拼音标注和汉字标注的训练数据并不能直接用于模型训练，还需转换成 token 的列表，代码如下：

```
def get_dataset():
    pinyin_tokens_ids = []        #新的拼音 token 列表
    hanzi_tokens_ids = []         #新的汉字 token 列表

for pinyin,hanzi in zip(tqdm(pinyin_list),hanzi_list):
#获取新的拼音 token
        pinyin_tokens_ids.append([pinyin_vocab.index(char) for char in pinyin])

#获取新的汉字 token
        hanzi_tokens_ids.append([hanzi_vocab.index(char) for char in hanzi])


    return pinyin_vocab,hanzi_vocab,pinyin_tokens_ids,hanzi_tokens_ids
```

代码中创建了两个新的列表，分别对拼音和汉字的 token 进行存储，进而获取根据字库序号编号后的新序列 token。

10.3.2　汉字拼音转换模型的确定

下面就是模型的编写。

实际上，如果单纯使用在 10.2 节提供的编码器作为计算模型也是可以的，但是单纯使用一层编码器对数据进行编码，在效果上可能并没有多层的准确率高。因此，一个最简单的方法就是增加更多层的编码器对数据进行编码，如图 10-18 所示。

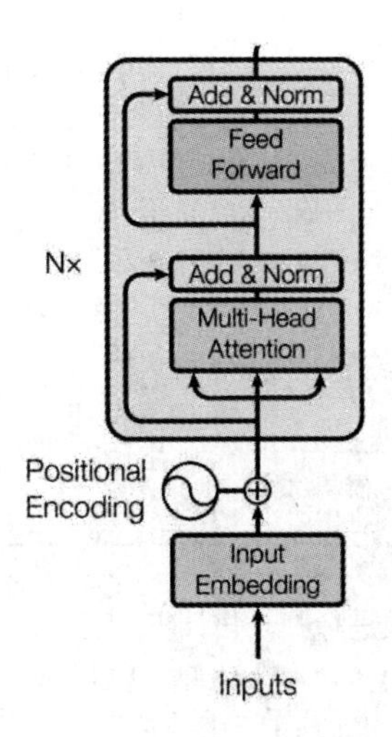

图 10-18　增加更多层的编码器

代码如下：

```
import torch
import math
import einops.layers.torch as elt

class FeedForWard(torch.nn.Module):
    def __init__(self,embdding_dim = 312,scale = 4):
        super().__init__()
        self.linear1 = torch.nn.Linear(embdding_dim,embdding_dim*scale)
        self.relu_1 = torch.nn.ReLU()
        self.linear2 = torch.nn.Linear(embdding_dim*scale,embdding_dim)
        self.relu_2 = torch.nn.ReLU()
        self.layer_norm = torch.nn.LayerNorm(normalized_shape=embdding_dim)
    def forward(self,tensor):
        embedding = self.linear1(tensor)
        embedding = self.relu_1(embedding)
        embedding = self.linear2(embedding)
        embedding = self.relu_2(embedding)
        embedding = self.layer_norm(embedding)
        return embedding

class Attention(torch.nn.Module):
    def __init__(self,embedding_dim = 312,hidden_dim = 312,n_head = 6):
        super().__init__()
        self.n_head = n_head
        self.query_layer = torch.nn.Linear(embedding_dim, hidden_dim)
        self.key_layer = torch.nn.Linear(embedding_dim, hidden_dim)
        self.value_layer = torch.nn.Linear(embedding_dim, hidden_dim)


    def forward(self,embedding,mask):
        input_embedding = embedding
```

```
        query = self.query_layer(input_embedding)
        key = self.key_layer(input_embedding)
        value = self.value_layer(input_embedding)

        query_splited = self.splite_tensor(query,self.n_head)
        key_splited = self.splite_tensor(key,self.n_head)
        value_splited = self.splite_tensor(value,self.n_head)

        key_splited = elt.Rearrange("b h l d -> b h d l")(key_splited)
        #计算query与key之间的权重系数
        attention_prob = torch.matmul(query_splited, key_splited)

        #使用softmax对权重系数进行归一化计算
        attention_prob += mask * -1e5  #在自注意力权重基础上加上掩码值
        attention_prob = torch.softmax(attention_prob, dim=-1)

        #计算权重系数与value的值从而获取注意力值
        attention_score = torch.matmul(attention_prob, value_splited)
        attention_score = elt.Rearrange("b h l d -> b l (h d)")(attention_score)

        return (attention_score)

    def splite_tensor(self,tensor,h_head):
        embedding = elt.Rearrange("b l (h d) -> b l h d",h = h_head)(tensor)
        embedding = elt.Rearrange("b l h d -> b h l d", h=h_head)(embedding)
        return embedding


class PositionalEncoding(torch.nn.Module):
    def __init__(self, d_model = 312, dropout = 0.05, max_len=80):
        """
        :param d_model: pe编码维度，一般与word embedding相同，方便相加
        :param dropout: dorp out
        :param max_len: 语料库中最长句子的长度，即word embedding中的L
        """
        super(PositionalEncoding, self).__init__()
        #定义drop out
        self.dropout = torch.nn.Dropout(p=dropout)
        #计算pe编码
        pe = torch.zeros(max_len, d_model) #建立空表，每行代表一个词的位置，每列代表
一个编码位
        position = torch.arange(0, max_len).unsqueeze(1) #建一个arrange表示词的
位置，以便进行公式计算，size=(max_len,1)
        div_term = torch.exp(torch.arange(0, d_model, 2) *    #计算公式中10000**
(2i/d_model)
                             -(math.log(10000.0) / d_model))
        pe[:, 0::2] = torch.sin(position * div_term)  #计算偶数维度的pe值
        pe[:, 1::2] = torch.cos(position * div_term)  #计算奇数维度的pe值
        pe = pe.unsqueeze(0)  #size=(1, L, d_model)，为了后续与word_embedding相
加，意思是batch维度下的操作相同
```

```
        self.register_buffer('pe', pe)  #pe 值是不参加训练的

    def forward(self, x):
        #输入的最终编码 = word_embedding + positional_embedding
        x = x + self.pe[:, :x.size(1)].clone().detach().requires_grad_(False)
        return self.dropout(x) #size = [batch, L, d_model]


class Encoder(torch.nn.Module):
    def __init__(self,vocab_size = 1024,max_length = 80,embedding_size =
312,n_head = 6,scale = 4,n_layer = 3):
        super().__init__()
        self.n_layer = n_layer
        self.embedding_table =
torch.nn.Embedding(num_embeddings=vocab_size,embedding_dim=embedding_size)
        self.position_embedding = PositionalEncoding(max_len=max_length)
        self.attention = Attention(embedding_size,embedding_size,n_head)
        self.feedward = FeedForWard()
    def forward(self,token_inputs):
        token = token_inputs
        mask = self.create_mask(token)

        embedding = self.embedding_table(token)
        embedding = self.position_embedding(embedding)
        for _ in range(self.n_layer):
            embedding = self.attention(embedding,mask)
            embedding = torch.nn.Dropout(0.1)(embedding)
            embedding = self.feedward(embedding)

        return embedding

    def create_mask(self,seq):
        mask = torch.not_equal(seq, 0).float()
        mask = torch.unsqueeze(mask, dim=-1)
        mask = torch.unsqueeze(mask, dim=1)
        return mask
```

这里相对于 10.2.4 节中的编码器构建示例，这里使用了多头自注意力层和前馈层。需要注意的是，这里仅仅是在编码器层中加入了更多层的“多头注意力层”和“前馈层”，而不是直接加载了更多的“编码器”。

10.3.3　模型训练部分的编写

剩下的就是模型的训练部分的编写。这里采用最简单的模型训练的程序编写方式完成代码的编写。

首先就是数据的获取。同时由于模型在训练过程中不可能一次性导入所有的数据，因此需要创建一个“生成器”，将获取的数据按批次发送给训练模型。这里使用一个 for 循环来完成数据的输入任务，代码如下：

```
    pinyin_vocab,hanzi_vocab,pinyin_tokens_ids,hanzi_tokens_ids =
get_data.get_dataset()

    batch_size = 32
    train_length = len(pinyin_tokens_ids)
    for epoch in range(21):
        train_num = train_length // batch_size
        train_loss, train_correct = [], []

        for i in tqdm(range((train_num))):
            …
```

这一段代码完成的是数据的生成工作，按既定的batch_size大小生成数据batch，之后在epoch的循环中将数据输入进行迭代。

接下来就是训练模型，完整代码如下：

```
    import numpy as np
    import torch
    import attention_model
    import get_data
    max_length = 64
    from tqdm import tqdm
    char_vocab_size = 4462
    pinyin_vocab_size = 1154

    def get_model(embedding_dim = 312):
        model = torch.nn.Sequential(
            attention_model.Encoder(pinyin_vocab_size,max_length=max_length),
            torch.nn.Dropout(0.1),
            torch.nn.Linear(embedding_dim,char_vocab_size)
        )
        return model

    device = "cuda"
    model = get_model().to(device)
    #model = torch.compile(model)         #PyTorch 2.0的特性，加速计算速度，选择性使用
    optimizer = torch.optim.Adam(model.parameters(), lr=3e-5)
    loss_func = torch.nn.CrossEntropyLoss()

    pinyin_vocab,hanzi_vocab,pinyin_tokens_ids,hanzi_tokens_ids =
get_data.get_dataset()

    batch_size = 32
    train_length = len(pinyin_tokens_ids)
    for epoch in range(21):
        train_num = train_length // batch_size
        train_loss, train_correct = [], []

        for i in tqdm(range((train_num))):
            model.zero_grad()
```

```
            start = i * batch_size
            end = (i + 1) * batch_size

            batch_input_ids =
torch.tensor(pinyin_tokens_ids[start:end]).int().to(device)

            batch_labels = torch.tensor(hanzi_tokens_ids[start:end]).to(device)

            pred = model(batch_input_ids)

            batch_labels = batch_labels.to(torch.uint8)
            active_loss = batch_labels.gt(0).view(-1) == 1

            loss = loss_func(pred.view(-1, char_vocab_size)[active_loss],
batch_labels.view(-1)[active_loss])

            optimizer.zero_grad()
            loss.backward()
            optimizer.step()

        if (epoch +1) %10 == 0:
            state = {"net":model.state_dict(), "optimizer":optimizer.state_dict(),
"epoch":epoch}
            torch.save(state, "./saver/modelpara.pt")
```

通过将训练代码和模型代码组合在一起，即可完成模型的训练。最后的预测，即使用模型进行自定义实战拼音和汉字的转换，请读者自行完成。

10.3.4　补充说明

在本节的最后，我们将对模型进行补充说明。

首先，本节的模型设计并没有完全遵循 Transformer 中编码器的设计，而是仅仅建立了多层注意力层和前馈层，这与真实的 Transformer 解码器是不一致的。

其次，在数据的设计方面，我们采用了直接将不同字符或拼音作为独立字符进行存储的方法。这种做法的好处在于可以简化数据的生成过程，但同时也增加了字符数量，扩大了搜索空间，因此对训练的要求更高。另外一种划分方法是将拼音拆开，使用字母和音标分离的方式进行处理，感兴趣的读者可以尝试这种方法。

此外，在编写代码的过程中，我们发现输入的数据是 embedding 和位置编码的数值叠加。如果读者尝试只使用单一的 embedding，就会发现相对于使用叠加的 embedding 值，单一的 embedding 在同字的分辨上会出现问题。例如：

```
Yan3 jing4 眼睛 眼镜
```

Yan3 jing4 的相同发音无法分辨出到底是“眼睛”还是“眼镜”。

针对以上内容，建议读者在阅读和理解本节内容的同时，也可以尝试一些不同的数据处理和模型设计方法，以更好地了解和掌握深度学习在计算机视觉中的应用。

10.4 本章小结

本章深入探讨了深度学习领域的核心内容之一——注意力机制及其模型。

首先详细介绍了注意力机制的基本理论和模型，着重讨论了自注意力机制，并强调了它在本书中的重要性。然后转向注意力机制的具体应用，通过构建编码器模型来实践这一机制。最后通过一个实战项目——自然语言转换模型，将理论知识应用于实践中。通过实战不仅巩固了本章前面介绍的概念和技术，还提供了实际操作的经验，帮助读者深化对注意力机制，特别是对编码器模型在自然语言处理中的应用的理解。

通过本章的学习，读者能够掌握注意力机制的核心原理，理解自注意力和多头自注意力的高级概念，以及编码器模型的构建和实战应用，深入理解这一前沿技术在深度学习领域内的实际应用。

第 11 章

开局一幅图——基于注意力机制的图像识别实战

在上一章中，详细阐述了注意力机制的基本理念和内容，并成功地将它应用于一项自然语言翻译实战中。从结果来看，基于注意力模型的编码器能够出色地对输入数据进行转化，从一种形式转化为另一种特征形式，从而达成项目目标。

随着注意力模型在自然语言处理领域的成功，相关研究者开始探索将其应用于其他深度学习任务的可能性。例如，在计算机视觉领域，研究者发现注意力模型能够通过学习图像中不同区域之间的依赖关系来提高图像分类和目标检测的准确性。具体来说，注意力模型可以对图像中的不同区域进行加权处理，突出重要的特征或区域。

此外，注意力模型还可以应用于图像生成任务。通过与扩散相结合，研究人员能够生成更为真实、更具艺术价值的图像。在这些任务中，注意力模型能够帮助算法更深入地理解输入数据，从而提高模型的性能和效果。总体来说，注意力模型的成功应用为深度学习领域的研究和应用带来了新的思考和创新方向。

本章将引导读者进入基于注意力模型的图像识别领域。我们将从最基本的基于注意力的图像识别算法开始，了解在深度学习处理项目的过程中，注意力机制如何帮助网络关注最重要的信息，从而提高模型的准确性和效率。

11.1 基于注意力的图像识别模型 Vision Transformer

Vision Transformer（ViT）模型是最新提出将注意力机制应用在图像分类的模型。Vision Transformer 算法会将整幅图像拆分成小图像块，然后把这些小图像块的线性映射序列作为注意力模块的输入数据送入网络，然后进行图像分类的训练。

11.1.1 Vision Transformer 整体结构

Vision Transformer 是注意力机制在图像识别领域的一项开创性的应用，它舍弃了传统基于卷积神经网络的图像识别模式，采用了全新的 Transformer 架构来处理图像数据。这种架构的核心思想是自注意力机制，它允许模型在同一序列中的不同位置之间建立相互依赖的关系，从而实现对图像特征的全局捕捉和长距离依赖的处理。与传统的卷积神经网络相比，Vision Transformer 具有以下几个显著优势：

- 长距离依赖处理：传统卷积神经网络在处理局部特征时表现出色，但在处理长距离依赖方面相对较弱。而Vision Transformer通过注意力机制，可以有效地捕捉到图像中不同位置之间的依赖关系，从而提高模型在处理长距离依赖任务时的性能。
- 可解释性：虽然深度学习模型通常被认为是“黑盒”，但Vision Transformer在一定程度上具有可解释性。通过对模型的中间层输出进行分析，我们可以了解到模型在不同层次上关注的图像特征。这有助于我们理解模型的工作原理，并在需要时进行调试和优化。
- 并行计算能力：由于Transformer架构天然具有并行计算能力，因此在处理大量图像数据时，Vision Transformer可以充分利用GPU资源，实现高效的计算。
- 全局感知：Vision Transformer通过注意力机制，可以在不同层次的特征之间建立起关联关系，从而实现对图像全局信息的感知。这使得模型在处理复杂图像任务时，能够更好地捕捉到图像的整体结构和语义信息。
- 易于迁移学习：由于Vision Transformer摒弃了传统的卷积神经网络结构，因此可以很容易地将其预训练好的权重迁移到其他任务上。这使得模型具有更强的泛化能力，可以在不同的图像识别任务中取得良好的效果。

一个完整的 Vision Transformer 结构如图 11-1 所示。

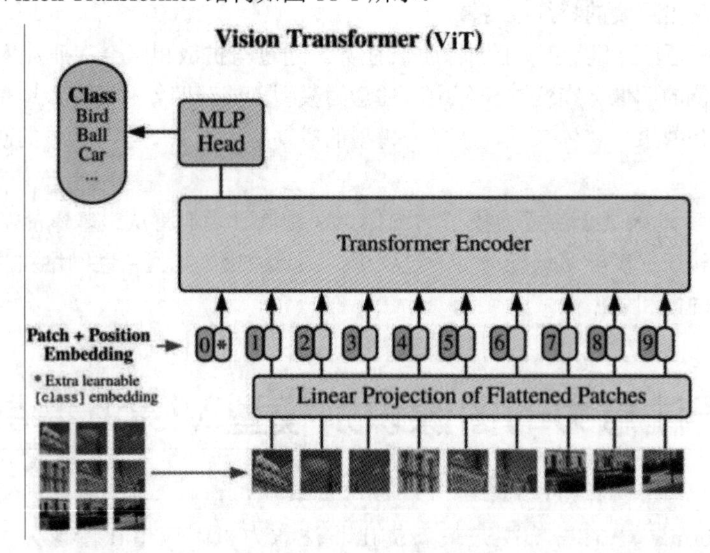

图 11-1　Vision Transformer 的整体结构

可以看到，同上一章讲解的编码器类似，Vision Transformer 也由组件构成：

- Patch Emebdding：将整幅图像拆分成小图像块，然后把这些小图像块的线性映射序列作为Transformer的输入送入网络。
- Posiotion Emebdding：由于Transformer没有循环结构，因此需要添加位置编码来保留输入序列中的位置信息。

- Transformer Encoder：使用多头自注意力机制对每个小图像块映射后的向量进行加权求和，得到新的向量。
- 分类器：最后使用一个全连接层对每个小图像块的向量进行分类。

而其中最重要的则是 Patch Embedding 和注意力模块，下面对它们进行讲解。

11.1.2 Patch Embedding

Patch Embedding 又称为图像分块映射。在 Transformer 结构中，需要输入的是一个二维矩阵（L，D），其中 L 是 sequence 的长度，D 是 sequence 中每个向量的维度。因此，需要将三维的图像矩阵转换为二维的矩阵。

图像的输入不是一个一个的字符，而是一个一个的像素。假设每个像素有 C 个通道，图片有宽 W 和高 H，因此一幅图片的所有数据可以用一个大小为[H,W,C]的张量来无损地表示。例如，MNIST 数据集里面，数据的大小就是 28×28。但是，将像素一个一个地输入 Transformer 则粒度太细了，一幅最小的图片也要 768(28×28)个 token。因此，一般把图片切成一些小块（patch）当作 token 输入而 patch 的大小[h,w]必须是能够被图片的宽和高整除的，如图 11-2 所示。

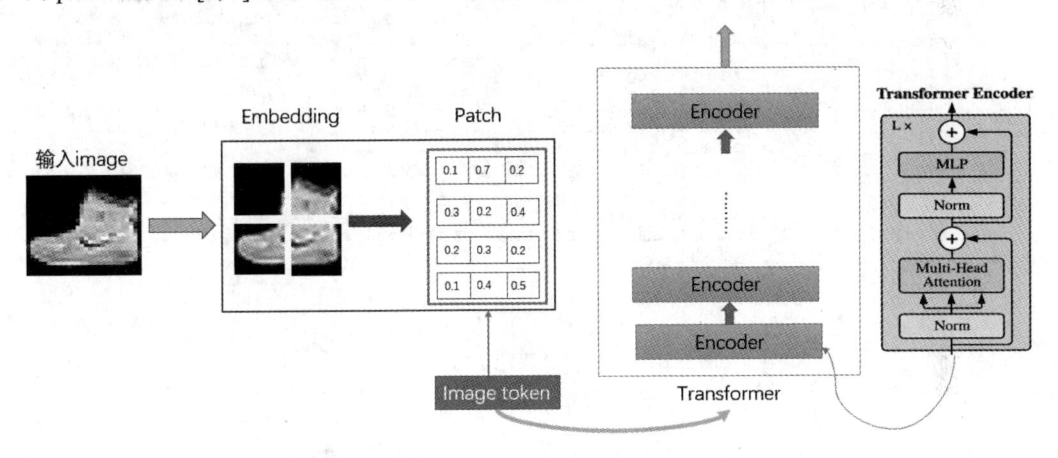

图 11-2 Patch Embedding 图像转换

这些图像的 token 在意义上等价于文本的 token，都是原来信息的序列表示。不同的是，文本的 token 是通过分词算法分到的特定字库中的序号，这些序号就是字典的 index，也就是说，文本的 token 是一个数字；而图像的 token（patch）是一个矩阵。

具体来看，如果输入图片大小为28×28×1，这是一个单通道的灰度图，则Patch Embedding将图片分为固定大小的 patch，patch 大小为 4×4，则每幅图像会生成(28×28)/(4×4)=49 个 patch，这个数值可以作为映射后的序列长度，值为 49，而每个 patch 的大小是 4×4×1=16。因此，每幅图片完成 Patch Embedding 映射后的矩阵大小为[49,16]，图片映射为 49 个 token，每个 token 维度为 16。

$$[49,16] \leftrightarrow 28 \times 28 = \left(\frac{28 \times 28}{4 \times 4}\right) \times (4 \times 4) = 49 \times 16$$

而对于多通道（一般通道数为 3）的彩色图片的处理，首先对原始输入图像作切块处理。假设输入的图像大小为 224×224，我们将图像切成一个一个固定大小为 16×16 的方块，每一个小方块就是一个 patch，那么每幅图像中 patch 的个数为(224×224)/(16×16) = 196。切块后，我们得到了 196 个[16, 16, 3]的 patch，之后把这些 patch 送入 Flattened Patches 层，这个层的作用是将输入序列展平。所以输出后也有 196 个 token，每个 token 的维度经过展平后为 16×16×3 = 768，因此输出的维度为[196, 768]。

有时候针对项目目标的分类特殊性，还需要加上一个特殊字符 cls，因此最终的维度是[token 数+1，token 维度]。到目前为止，我们已经通过 Patch Embedding 将一个视觉问题转换为了一个序列处理问题

下面以多通道的彩色图片处理为例，完成 Patch Embedding 的计算。在实际代码实现中，只需通过卷积和展平操作即可实现 Patch Embedding。使用的卷积核大小为16×16，步长为16，卷积核个数为 768，卷积后再展平，size 变化为[224, 224, 3] -> [14, 14, 768] -> [196, 768]。 代码如下：

```
    class PatchEmbed(torch.nn.Module):
        def __init__(self, img_size=224, patch_size=16, in_c=3, embed_dim=768):
            super().__init__()
            """
            此函数用于初始化相关参数
            :param img_size: 输入图像的大小
            :param patch_size: 一个 patch 的大小
            :param in_c: 输入图像的通道数
            :param embed_dim: 输出的每个 token 的维度
            :param norm_layer: 指定归一化方式，默认为 None
            """
            patch_size = (patch_size, patch_size)  #16 -> (16, 16)
            self.img_size = img_size = (img_size, img_size)  #224 -> (224, 224)
            self.patch_size = patch_size
            self.grid_size = (img_size[0] // patch_size[0], img_size[1] //
img_size[1])  #原始图像被划分为(14, 14)个小块
            self.num_patches = self.grid_size[0] * self.grid_size[1]  #patch 的个数
为 14×14=196
            #定义卷积层
            self.proj = torch.nn.Conv2d(in_channels=in_c, out_channels=embed_dim,
kernel_size=patch_size, stride=patch_size)
            #定义归一化方式
            self.norm = torch.nn.LayerNorm(embed_dim)

        def forward(self,image):
            """
                    此函数用于前向传播
                    :param x: 原始图像
                    :return: 处理后的图像
                    """
            B, C, H, W = image.shape

            #检查图像高宽和预先设定的是否一致，若不一致则报错
            assert H == self.img_size[0] and W == self.img_size[
```

```
            1], f"Input image size ({H}*{W}) doesn't match model
({self.img_size[0]}*{self.img_size[1]})."

        #对图像依次进行卷积、展平和调换处理: [B, C, H, W] -> [B, C, HW] -> [B, HW, C]
        x = self.proj(image).flatten(2).transpose(1, 2)
        #归一化处理
        x = self.norm(x)
        return x
```

这里使用卷积层完成了 Patch Embedding 的操作，即将输入的图形格式进行了转换。

图像的每个patch和文本一样，也有先后顺序，是不能随意打乱的，因此需要给每个token添加位置信息，有时候还需要添加一个特殊字符 class token。Vision Transformer 模型中使用了一个可训练的向量作为位置向量的参数添加在图像处理后的矩阵上。而对于 Position Embedding 来说，最终要输入 Transformer Encoder 的序列维度为[197, 768]。代码如下：

```
    self.num_tokens = 1
    self.pos_embed = torch.nn.Parameter(torch.zeros(1, num_patches +
self.num_tokens, embed_dim))
    x = x + self.pos_embed
```

需要注意的是，self.num_tokens 为额外添加的作为分类指示器的 class token 提供了位置编码。

11.1.3　Transformer Encoder 层

在 Vision Transformer 中，Transformer Encoder 作为编码器集成了多头注意力模型和一个采用全连接神经网络构成的前馈层，其结构如图 11-3 所示。

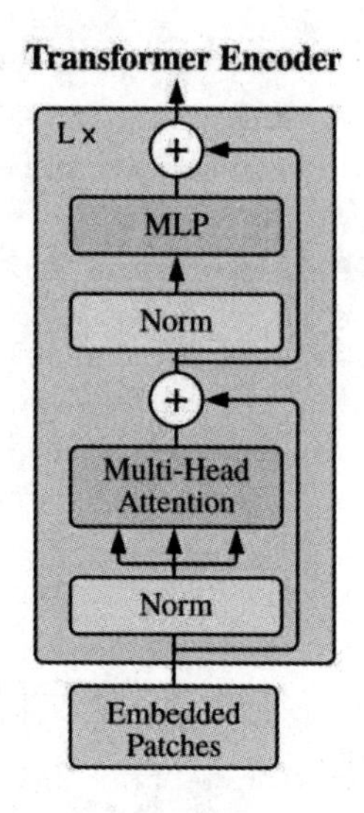

图 11-3　Transformer Encoder 结构

多头注意力模型的完整的代码如下：

```
    class Attention(torch.nn.Module):
        def __init__(self,dim = 768,num_heads=8,qkv_bias=False,
```

```
qk_scale=None,attn_drop_ratio=0.,proj_drop_ratio=0.):
        """
        此函数用于初始化相关参数
        :param dim: 输入 token 的维度
        :param num_heads: 注意力多头数量
        :param qkv_bias: 是否使用偏置，默认为 False
        :param qk_scale: 缩放因子
        :param attn_drop_ratio: 注意力的比例
        :param proj_drop_ratio: 投影的比例
        """
        super().__init__()
        self.num_heads = num_heads
        head_dim = dim // num_heads  #计算每一个头的维度
        self.scale = qk_scale or head_dim ** -0.5  #得到根号 d_k 分之一的值
        self.qkv = torch.nn.Linear(dim, dim * 3, bias=qkv_bias)  #通过全连接层生
成得到 qkv
        self.attn_drop = torch.nn.Dropout(attn_drop_ratio)
        self.proj = torch.nn.Linear(dim, dim)
        self.proj_drop = torch.nn.Dropout(proj_drop_ratio)

    def forward(self, x):
        """
        此函数用于前向传播
        :param x: 输入序列
        :return: 处理后的序列
        """
        #[batch_size, num_patches + 1, total_embed_dim]
        B, N, C = x.shape

        #qkv(): -> [batch_size, num_patches + 1, 3 * total_embed_dim]
        #reshape: -> [batch_size, num_patches + 1, 3, num_heads,
embed_dim_per_head]
        #permute: -> [3, batch_size, num_heads, num_patches + 1,
embed_dim_per_head]
        qkv = self.qkv(x).reshape(B, N, 3, self.num_heads, C //
self.num_heads).permute(2, 0, 3, 1, 4)
        #[batch_size, num_heads, num_patches + 1, embed_dim_per_head]
        q, k, v = qkv[0], qkv[1], qkv[2]

        #transpose: -> [batch_size, num_heads, embed_dim_per_head, num_patches
+ 1]
        #@: multiply -> [batch_size, num_heads, num_patches + 1, num_patches +
1]
        attn = (q @ k.transpose(-2, -1)) * self.scale
        attn = attn.softmax(dim=-1)
        attn = self.attn_drop(attn)

        #@: multiply -> [batch_size, num_heads, num_patches + 1,
embed_dim_per_head]
        #transpose: -> [batch_size, num_patches + 1, num_heads,
```

```
embed_dim_per_head]
        #reshape: -> [batch_size, num_patches + 1, total_embed_dim]
        x = (attn @ v).transpose(1, 2).reshape(B, N, C)
        x = self.proj(x)
        x = self.proj_drop(x)
        return x
```

需要注意的是，对于输入的维度，需要预先手工计算好，才能在初始化中建立合适维度大小的神经网络层。前馈层是通过两层全连接层完成功能，完整的前馈代码设计如下：

```
class Mlp(torch.nn.Module):
    def __init__(self, in_features = 768, hidden_features=None,
out_features=None, act_layer=torch.nn.GELU, drop=0.):
        super().__init__()
        out_features = out_features or in_features
        hidden_features = hidden_features or in_features
        self.fc1 = torch.nn.Linear(in_features, hidden_features)
        self.act = act_layer()
        self.fc2 = torch.nn.Linear(hidden_features, out_features)
        self.drop = torch.nn.Dropout(drop)

    def forward(self, x):
        x = self.fc1(x)
        x = self.act(x)
        x = self.drop(x)
        x = self.fc2(x)
        x = self.drop(x)
        return x
```

最终的 Transformer Encoder 是通过堆叠多头注意力和前馈模块完成的，而每个堆叠构成了一个单独的 block，因此可以通过如下方式实现：

```
class Block(torch.nn.Module):
    def __init__(self,
                 dim = 768,num_heads =
8,mlp_ratio=4.,qkv_bias=False,qk_scale=None,

drop_ratio=0.,attn_drop_ratio=0.,drop_path_ratio=0.1,act_layer=torch.nn.GELU,
    norm_layer=torch.nn.LayerNorm):
        super(Block, self).__init__()
        self.norm1 = norm_layer(dim)
        self.attn = Attention(dim, num_heads=num_heads, qkv_bias=qkv_bias,
qk_scale=qk_scale,
                              attn_drop_ratio=attn_drop_ratio,
proj_drop_ratio=drop_ratio)
        #NOTE: drop path for stochastic depth, we shall see if this is better than
dropout here
        self.drop_path = torch.nn.Dropout(drop_path_ratio)
        self.norm2 = norm_layer(dim)
        mlp_hidden_dim = int(dim * mlp_ratio)
        self.mlp = Mlp(in_features=dim, hidden_features=mlp_hidden_dim,
```

```
act_layer=act_layer, drop=drop_ratio)

    def forward(self, x):
        x = x + self.drop_path(self.attn(self.norm1(x)))
        x = x + self.drop_path(self.mlp(self.norm2(x)))
        return x
```

11.1.4　完整的 Vision Transformer 架构设计

完整的 Vision Transformer 架构如图 11-4 所示。

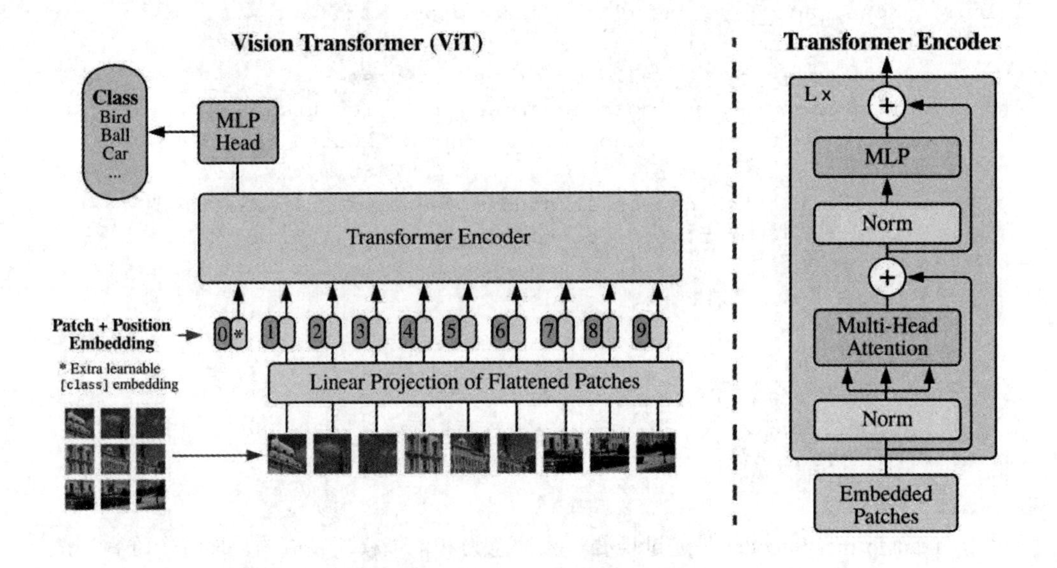

图 11-4　完整 Vision Transformer 的架构

读者可以参考该架构图自行尝试实现完整的 Vision Transformer 代码。在这里笔者提供了整合注意力模块和前馈模块的 block 模型，代码如下：

```
class Block(torch.nn.Module):
    def __init__(self,
                 dim,
                 num_heads = 6,
                 mlp_ratio=4.,
                 qkv_bias=False,
                 qk_scale=None,
                 drop_ratio=0.,
                 attn_drop_ratio=0.,
                 act_layer=torch.nn.GELU,
                 norm_layer=torch.nn.LayerNorm):
        super(Block, self).__init__()
        self.norm1 = norm_layer(dim)
        self.attn = Attention(dim, num_heads=num_heads, qkv_bias=qkv_bias,
qk_scale=qk_scale,
```

```
                              attn_drop_ratio=attn_drop_ratio,
proj_drop_ratio=drop_ratio)
        #NOTE: drop path for stochastic depth, we shall see if this is better than
dropout here

        self.norm2 = norm_layer(dim)
        mlp_hidden_dim = int(dim * mlp_ratio)
        self.mlp = Mlp(in_features=dim, hidden_features=mlp_hidden_dim,
act_layer=act_layer, drop=drop_ratio)

    def forward(self, x):
        x = x + (self.attn(self.norm1(x)))
        x = x + (self.mlp(self.norm2(x)))
        return x
```

完整的 Vision Transformer 代码在下一节的实战部分提供。

11.2　基于 Vision Transformer 的 mini_ImageNet 实战

上一节讲解了 Vision Transformer，并对其构成的模块进行了代码编写，本节将基于此完成 mini_ImageNet 图形分类实战。

11.2.1　mini_ImageNet 数据集的简介与下载

mini_ImageNet 数据集节选自 ImageNet 数据集。ImageNet 是一个非常有名的大型视觉数据集，它的建立旨在促进视觉识别研究。ImageNet 为超过 1400 万幅图像进行了注释，而且给至少 100 万幅图像提供了边框。同时，ImageNet 包含 2 万多个类别，比如“气球”“轮胎”和“狗”等类别，ImageNet 的每个类别均不少于 500 幅图像。

训练这么多图像需要消耗大量的资源，为了节约资源，后续的研究者在全 ImageNet 的基础上提取出了 mini_ImageNet 数据集。Mini_ImageNet 包含 100 类共 60000 幅彩色图片，其中每类有 600 个样本，每幅图片的规格为 84×84。通常而言，这个数据集的训练集和测试集的类别划分为 80:20。相比于 CIFAR-10 数据集，mini_ImageNet 数据集更加复杂，但更适合进行原型设计和实验研究。

mini_ImageNet 的下载也很容易，读者可以使用提供的库包完成对应的下载操作，安装命令如下：

```
pip install MLclf
```

之后只需要使用如下代码即可通过 Python 自动下载对应的数据：

```
MLclf.MLclf.miniimagenet_download(Download=True)
```

如果读者的网络条件不稳定，也可以通过按 Ctrl 键并单击 miniimagenet_download 函数，进入源码中直接复制下载地址，如图 11-5 所示。

```
if Download:
    import urllib.request
    print('Starting to download mini-imagenet data zipped file ...')
    url = 'https://data.deepai.org/miniimagenet.zip'
    urllib.request.urlretrieve(url, MLclf.download_dir+'/miniimagenet.zip')
    print('Completed downloading mini-imagenet data zipped file!')
    print('Starting to unzip mini-imagenet data files 1...')
    with zipfile.ZipFile(MLclf.download_dir+'/miniimagenet.zip', 'r') as zip_ref:
        zip_ref.extractall(MLclf.download_dir+'/miniimagenet')
    print('Completed unzipping mini-imagenet data files!')
```

图 11-5　复制下载地址

如果是手动下载的数据集，也可以将下载后的 ZIP 文件解压缩后直接放入特定的文件夹中。在本书提供的配套资源中，本实战的数据存储地址如图 11-6 所示。

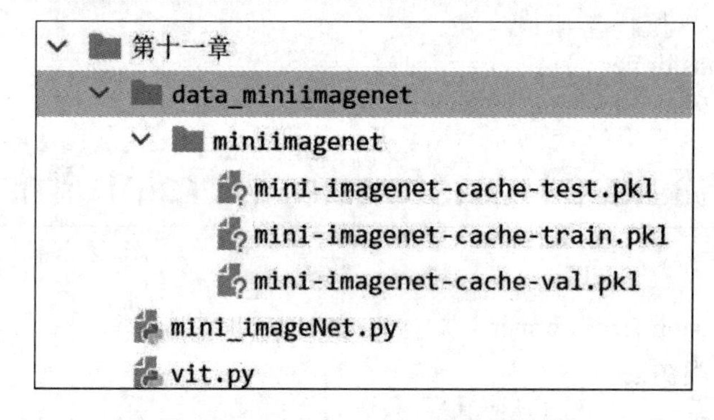

图 11-6　mini_ImageNet 的存储地址

下一步就是对数据进行读取，MLclf 库提供了完整的对数据进行读取的函数：

```
    data_feature_label_permutation_split =
MLclf.MLclf.miniimagenet_convert2classification("./data_miniimagenet/miniimagen
et/")
```

data_feature_label_permutation_split 将获取到的数据集进行处理，并分成对应的数据目标集合。读者可以采用如下的方式打印结果长度：

```
    data_feature_label_permutation_split =
MLclf.MLclf.miniimagenet_convert2classification("./data_miniimagenet/miniimagen
et/")
    print(len(data_feature_label_permutation_split[0]["image_data"]))
    print(len(data_feature_label_permutation_split[0]["class_dict"]))
```

这里的 data_feature_label_permutation_split[0]即读取的训练集合。通过打印可以看到其中的 train 数据集有 38400 条数据，而其中的 label 则是以字典的形式存放，具体请读者自行打印观察。

读者还可以通过 CV2 库包对单一图像进行展示，代码如下：

```
    #注意需要除以 255 来修正图形大小
    image = (data_feature_label_permutation_split[0]["image_data"][0])/255.

    import cv2
    cv2.imshow("image_1",image)
```

```
cv2.waitKey()
cv2.imwrite('image_1.png', image)        #将图片进行保存
```

展示的图形如图 11-7 所示。

图 11-7　mini_ImageNet 中的一幅图片

cv2.imwrite('image_1.png', image)的作用是对图片进行保存这里。需要注意的是，在进行 CV2 读取的时候，第三个维度的颜色通道的顺序为 BGR（blue,green,red 三原色），而在 matplot 中为 RGB，因此需要进行一个顺序调整，这在 11.3.2 节图像增强部分将给予解答，这里读者只需知道即可。

11.2.2　mini_ImageNet 数据集的处理——基于 PyTorch 2.0 专用数据处理类

上一小节完成了 mini_ImageNet 数据集的下载，下面则需要实现 mini_ImageNet 数据集的处理与转换。首先将下载的数据重构成需要的数据结构，代码如下：

```
import torch
import MLclf
data_feature_label_permutation_split = 
MLclf.MLclf.miniimagenet_convert2classification("./data_miniimagenet/miniimagen
et/")

#读取训练集并建立存放空间
train_image_list = ((data_feature_label_permutation_split[0]["image_data"]))
train_label_dict = ((data_feature_label_permutation_split[0]["class_dict"]))

#获取 label 的 key 作为 label 的列表
labels_list = list(train_label_dict.keys())

#对 label 进行重构并建立标签列表
train_label_list = []
for key in labels_list:
    for _ in train_label_dict[key]:
        lab = labels_list.index(key)
        train_label_list.append(lab)

#对数据进行重排顺序处理
import numpy as np
np.random.seed(29);np.random.shuffle(train_image_list)
np.random.seed(29);np.random.shuffle(train_label_list)
```

然后就是建立数据的输入与输出函数。重构后的数据被分配到两个集合中：

```
train_image_list
train_label_list
```

要处理这样的数据集，可以使用 for 循环的方法直接在模型的训练过程中进行数据的输出。这种做法的好处是操作简单且遵循一部分读者的学习和使用习惯，但是可能导致输入与输出的效率不高，特别是在大规模计算 batch_size 的情况下，会影响性能的发挥。

因此，也可以使用 PyTorch 2.0 官方提供的相应的专用数据输送类 Dataset，而我们只需要关注数据的转换。当使用 PyTorch 进行数据加载和预处理时，通常需要自定义一个数据集类来处理数据集。这个数据集类是通过继承 torch.utils.data.Dataset 类来实现的。

在继承 torch.utils.data.Dataset 类时，我们需要重载两个方法：__len__()和__getitem__()。

- __len__()方法用于返回数据集的大小，即样本数量。这个方法需要在子类中实现，并返回一个整数值。
- __getitem__()方法用于获取数据集中指定索引位置的数据样本。这个方法也需要在子类中实现，并返回一个元组，包含数据样本和该样本对应的标签。

在实现这两个方法时，需要注意以下事项：

- 对于每个数据样本，需要将其转换为张量形式，以便可以在PyTorch中使用。可以使用torch.Tensor()函数将数据转换为张量。
- 对于标签数据，需要根据实际情况进行转换。如果标签是分类标签，则需要将其转换为整数类型；如果标签是回归标签，则需要将其转换为浮点数类型。

除了上述两个方法之外，还可以在子类中添加其他的方法来处理数据集的其他属性或行为。例如，可以添加一个方法来对数据进行标准化、归一化等预处理操作。

当自定义好数据集类之后，可以使用 torch.utils.data.DataLoader 来加载数据和进行批量处理。DataLoader 会将数据集封装为迭代器，并提供多进程加载数据的能力。在使用 DataLoader 时，需要指定 batch_size 参数以控制每次从数据集中取出多少个样本作为一次训练的输入。此外，还需要指定其他参数，如 shuffle、num_workers 等来控制数据的采样和加载方式。

Dataset 类的一个使用示例如下：

```
    class SamplerDataset(torch.utils.data.Dataset):
        def __init__(self, image_list = train_image_list,label_list =
train_label_list):
            super().__init__()

            #初始化函数，传入数据和标签列表
            self.image_list = image_list
            self.label_list = label_list

        def __getitem__(self, index):
            #根据索引获取数据样本和标签
            img = self.image_list[index]/255.
            lab = self.label_list[index]

            img = torch.tensor(img).float()
```

```
        lab = torch.tensor(lab).long()

        return img,lab

    def __len__(self):
        #返回数据集大小
        return len(self.label_list)

if __name__ == '__main__':
        dataset  = SamplerDataset()

        #创建 DataLoader 对象并进行批量处理
        batch_size = 12 #每次取出 10 个样本作为一次训练的输入
        num_workers = 0 #也可以大于或等于 2。注意使用多个进程进行数据加载，在 Windows 系统中需要在 main 语句下执行
        dataloader = torch.utils.data.DataLoader(dataset, batch_size=batch_size, num_workers=num_workers)

        #使用 DataLoader 进行迭代，获取每个批次的数据样本和标签
        for batch_sample, batch_label in dataloader:
            print("Batch size:", batch_sample.size())    #打印批次大小
            print("Batch label:", batch_label)           #打印批次标签值
            print("--------------------------------")
```

需要注意的是，PyTorch 2.0 中，Dataset 类要结合 DataLoader 类一起使用。DataLoader 是 PyTorch 中用于加载和处理数据的工具类，它可以将数据集划分为多个批次，从而提高训练效率和速度。DataLoader 的使用方法非常简单，只需要将数据集传递给它，并指定批次大小等参数即可。例如上述代码中 torch.utils.data.DataLoader 类的定义，它传入了实例化后的 dataset，设定了每次输出的批次大小 batch_size 及使用的线程数。

还有一点需要注意的是，num_workers 这个参数在 Windows 环境下会占用大量的内容空间，另外也需要在 main 环境下进行调试。读者可以使用这个示例代码作为后续的数据处理的模板，具体内容请读者自行打印。

11.2.3　Vision Transformer 模型设计

下面就是对训练过程的 Vision Transformer 进行模型设计，在 11.1.4 节完成的 Vision Transformer 模型的设计，针对的是 224 维度大小的图片，而此时使用的是 mini 版本的 ImageNet，因此在维度上会有所变换。本例 Vision Transformer 模型的完整代码如下：

```
import torch
from vit import PatchEmbed,Block

class VisionTransformer(torch.nn.Module):
    def __init__(self,num_patches = 1,image_size = 84,patch_size = 14,embed_dim = 588,num_heads = 6,
                 qkv_bias = True,depth = 3,num_class = 64):
        super().__init__()
```

```
        #初始化 PatchEmbed 层
        self.patch_embed  = PatchEmbed(img_size =
image_size,patch_size=patch_size,embed_dim=embed_dim)
        #增加一个作为标志物的参数
        self.cls_token = torch.nn.Parameter(torch.zeros(1, 1, embed_dim))

        #建立位置向量，计算 embedding 的长度
        self.num_tokens = (image_size * image_size) // (patch_size * patch_size)
        self.pos_embed = torch.nn.Parameter(torch.zeros(1, num_patches +
self.num_tokens, embed_dim))

        #这里在使用 block 模块时采用了指针的方式，注意*号
        self.blocks = torch.nn.Sequential(
            *[Block(dim=embed_dim, num_heads=num_heads, mlp_ratio=4.0,
qkv_bias=qkv_bias) for _ in range(depth)]
        )
        #最终的 logits 推断层
        self.logits_layer = torch.nn.Sequential(torch.nn.Linear(embed_dim,
512),torch.nn.GELU(),torch.nn.Linear(512, num_class))

    def forward(self,x):

        embedding = self.patch_embed(x)

        #添加标志物
        cls_token = self.cls_token.expand(x.shape[0], -1, -1)
        embedding = torch.cat((cls_token, embedding), dim=1)  #[B, 197, 768]
        embedding += self.pos_embed

        embedding = self.blocks(embedding)

        embedding = embedding[:,0]
        embedding = torch.nn.Dropout(0.1)(embedding)
        logits = self.logits_layer(embedding)
        return logits

if __name__ == '__main__':
    image = torch.randn(size=(2,3,84,84))
    VisionTransformer()(image)
```

11.2.4　Vision Transformer 模型的训练

下面开始训练模型。

1. 数据集与模型的导入

第一步要做的就是导入数据集与模型。这里可以根据前期讲解的内容直接对内容进行导入并架构计算模型，代码如下：

```
import torch
```

```
    from tqdm import tqdm
    import get_dataset,vison_transformer

    batch_size = 320  #每次取出 320 个样本作为一次训练的输入
    dataset  = get_dataset.SamplerDataset()
    dataloader = torch.utils.data.DataLoader(dataset, batch_size=batch_size,
num_workers=0)

    device = "cuda" if torch.cuda.is_available() else "cpu"
    model = vison_transformer.VisionTransformer(depth = 6).to(device)
```

2. 损失函数与优化器的设计

设计损失函数与优化器的代码如下：

```
    optimizer = torch.optim.AdamW(model.parameters(), lr = 2e-4)
    lr_scheduler = torch.optim.lr_scheduler.CosineAnnealingLR(optimizer,T_max =
1200,eta_min=2e-6,last_epoch=-1)
    criterion = torch.nn.CrossEntropyLoss()
```

这里使用了 AdamW 优化器，这是在原有的 Adam 优化器基础上进一步改进而成的。而 torch.optim.lr_scheduler.CosineAnnealingLR 是采用余弦学习率曲线对优化器进行进一步设计。CrossEntropyLoss 为交叉熵损失函数。

3. 模型训练与结果的即时打印

最后一步就是训练模型，这里使用 tqdm 这个进程观察类库对结果进行即时的展示，代码如下：

```
    save_path = "./saver/vit_model.pth"
    if __name__ == '__main__':
        for epoch in range(1280):
            pbar = tqdm(dataloader,total=len(dataloader))
            for img,lab in pbar:
                img = img.to(device)
                lab = lab.to(device)
                logits = model(img)
                loss = criterion(logits.view(-1, logits.size(-1)), lab.view(-1))
                optimizer.zero_grad()
                loss.backward()
                optimizer.step()
                lr_scheduler.step()
                pbar.set_description(f"epoch:{epoch +1},
train_loss:{loss.item():.5f}, lr:{lr_scheduler.get_last_lr()[0]*1000:.5f}")

            accuracy = (logits.argmax(1) == lab).type(torch.float32).sum().item() /
batch_size
            print("accuracy:",accuracy)

            if (epoch + 1) % 4 == 0:
                torch.save(model.state_dict(), save_path)
```

```
        if accuracy > 0.90:
            break
```

随着训练的进行，模型会即时输出结果，读者可以自行查看运行结果。需要注意的是，本训练框架可以作为训练模板在后面的内容中继续使用，读者可以仿照此形式完成后续的模型训练。

11.2.5 基于现有 Vision Transformer 包的模型初始化

随着 Vision Transformer 的成功，目前也有开发者提供了完成度很高的 Vision Transformer 库包供我们直接使用。可以简单地使用如下代码完成现成 Vision Transformer 库包的安装：

```
pip install vit-pytorch
```

它的使用也很方便，这里直接提供了初始化的方法，代码如下：

```
import torch
from vit_pytorch import ViT
vit_model = ViT(
    image_size = 84,       #输入图像大小
    patch_size = 14,       #每个 patch 大小，也是卷积核和 stride 大小
    num_classes = 64,      #分类的类别
    dim = 588,             #每个 patch 的维度
    depth = 6,             #block 层数
    heads = 6,             #多头注意力的头数
    mlp_dim = 588 * 3,     #MLP 缩放后维度大小
    dropout = 0.1,         #dropout 的比率
    emb_dropout = 0.1      #embedding 后的 dropout 的比率
)
```

需要注意，上面代码中的 mlp_dim 设置值是 MLP 缩放后的维度大小，而在作者的代码中使用的是缩放比例。

11.3 提升 Vision Transformer 模型准确率的一些技巧

上一节讲解了 Vision Transformer 模型的基本方法，对于其架构和转换方法也做了介绍。当读者完成训练集上的识别训练后，准确率应该会在 0.93 左右，这是一个较好的成绩，但是对于图像识别来说还是不够。因此，除了基本的模型设计之外，还需要掌握其他一些提升准确率的方法。

11.3.1 模型的可解释性——注意力热图的可视化实现

对于注意力模型来说，它与传统的卷积神经网络或者循环神经网络的一个最显著的区别就是使用了注意力机制，使得模型可以聚集在某个特定的位置上。而如何可视化地获取到注意力集中的点就是一项令人兴奋的任务。本小节将结合已完成的 Vision Transformer 模型，实现 Vision Transformer 注意力热图的可视化。在开始之前首先需要导入对应的库包：

```
pip install grad-cam
```

下面开始实现注意力热图的可视化。

1. 载入模型

首先要做的是对模型的重用。在这里可以直接使用训练好的模型，并完成模型参数的载入，代码如下：

```
import vison_transformer,get_dataset
device = "cuda" if torch.cuda.is_available() else "cpu"
model = vison_transformer.VisionTransformer(depth = 6)
save_path = "./saver/vit_model.pth"
model.load_state_dict(torch.load(save_path))
model = model.cuda().eval()      #注意这里强制使用模型的推断模式
```

有一点需要说明，对于任意一个模型，包括现在想可视化的这个 Vision Transformer 模型，其可视化的目标都是“一个层”的参数，而这个层需要由层名称获取。我们可以使用 print(model)打印模型中所有层名称，如图 11-8 所示。

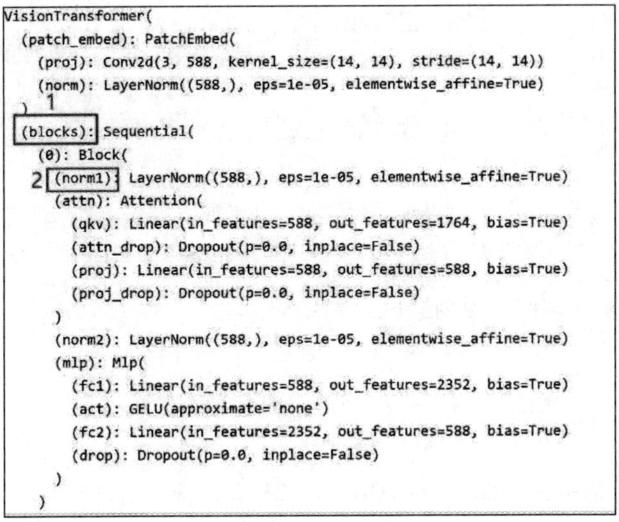

```
VisionTransformer(
  (patch_embed): PatchEmbed(
    (proj): Conv2d(3, 588, kernel_size=(14, 14), stride=(14, 14))
    (norm): LayerNorm((588,), eps=1e-05, elementwise_affine=True)
  )  1
  (blocks): Sequential(
    (0): Block(
    2 (norm1): LayerNorm((588,), eps=1e-05, elementwise_affine=True)
      (attn): Attention(
        (qkv): Linear(in_features=588, out_features=1764, bias=True)
        (attn_drop): Dropout(p=0.0, inplace=False)
        (proj): Linear(in_features=588, out_features=588, bias=True)
        (proj_drop): Dropout(p=0.0, inplace=False)
      )
      (norm2): LayerNorm((588,), eps=1e-05, elementwise_affine=True)
      (mlp): Mlp(
        (fc1): Linear(in_features=588, out_features=2352, bias=True)
        (act): GELU(approximate='none')
        (fc2): Linear(in_features=2352, out_features=588, bias=True)
        (drop): Dropout(p=0.0, inplace=False)
      )
    )
```

图 11-8　打印所有层名称

此时可以看到，blocks 是模型的一个一级层名称，norm1 则是 blocks 中一个 block 的最低级的层，这里需要的就是此层名称，完整的名称为“model.blocks[-1].norm1”。它在 GradCAM 类的初始化中使用。

2. 输入图像

这里使用训练集中的第一幅图进行输入。由于 PyTorch 模型在推断时也要保证图像的输入格式，因此使用如下代码输入图像：

```
image = (get_dataset.train_image_list[10357])/255.
input_tensor = torch.tensor(image).float() #将数据格式转换为 tensor
input_tensor = torch.permute(input_tensor, [2, 0, 1])  #调整维度
input_tensor = input_tensor.unsqueeze(0)    #扩充一个数据维度
input_tensor = input_tensor.to(device)      #将数据发送到硬件 GPU 中
```

3. 使用可视化库包函数

接下来使用可视化库包完成图像热点的可视化，代码如下：

```
from pytorch_grad_cam import GradCAM
from pytorch_grad_cam.utils.image import show_cam_on_image, preprocess_image
#是对层获取的参数维度进行变更，在下面 GradCAM 类的初始化中使用
#height 与 width 分别是获取到的图片大小
def reshape_transform(tensor, height=84, width=84):
    #去掉 cls token，并调整维度，将图形大小调整成初始大小
    result = tensor[:, 1:, :].reshape(tensor.size(0),3,height, width)
    #将通道维度放到第一个位置
    result = torch.permute(result, [0, 2, 3,1])
    return result

#GradCAM 是可视化的初始类，target_layers 针对的是 ViT 模型中可视化输出的那个层，使用层名称进行输出
cam = GradCAM(
model=model,                #初始化了目标模型
target_layers=[model.blocks[-1].norm1],#提取的目标层，一定要和模型中的层名称对应
use_cuda=True,                              #是否使用 GPU 加速
reshape_transform=reshape_transform)    #对提取的层进行整形的方法

#计算 grad-cam
target_category = None #可以指定一个类别，或者使用 None 表示最高概率的类别
grayscale_cam = cam(input_tensor=input_tensor, targets=target_category)
grayscale_cam = grayscale_cam[0, :]
#将 grad-cam 的输出叠加到原始图像上
visualization = show_cam_on_image(image, grayscale_cam)
#保存可视化结果
cv2.cvtColor(visualization, cv2.COLOR_RGB2BGR, visualization)
cv2.imwrite('cam.jpg', visualization)
```

这里的 GradCAM 是初始化的类，代码中对目标模型、提取的目标层以及对应的整形方法都做了显式说明。需要注意，target_layer 需要结合前期目标中的那个层名称，才可以获得对应的参数。可视化展示效果如图 11-9 所示。

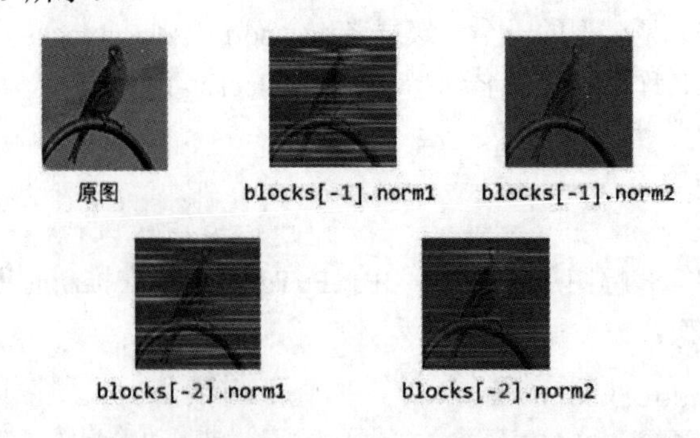

图 11-9　对 Vision Transformer 模型进行热力图提取的可视化展示

可以很明显地看到，当获取到 model.blocks[-1].norm1 这个层的参数后，可视化表示的注意力

模型会重点关注鸟类的头部、腰部以及脚部，而 model.blocks[-2].norm2 则侧重鸟类的头部。同时，通过对其他层的展示也可以看到，随着层级的不同，观察的重点也不相同。有兴趣的读者可以自行比较和查看。

提示：本章是为了向读者讲解 Vision Transformer 模型，因此使用的 ImageNet 数据集采用的是 mini 版，有兴趣的读者可以使用全量的 ImageNet 数据集进行完整的训练，相信能获得更好的结果。

11.3.2　PyTorch 2.0 中图像增强方法详解

Vision Transformer 模型是目前图形识别领域最为前沿的和性能最好的图形分类模型，它能够对目标图像做出准确度最高的判断。但在某些情况下，图像数据还不够大。在这种情况下，需要使用一些技术来增加我们的训练数据。人为地创建训练数据，使用诸如随机旋转、位移、剪切和翻转等技术来处理给定的数据。这种人为地创建更多的数据就称为图像增强。

深度学习中的图像增强可以提高模型的准确度，因为它可以增加数据集中图像的多样性，从而提高模型的性能。此外，通过对图像进行旋转、缩放、裁剪等操作，可以增加数据集的大小，从而减少过拟合的风险，提高模型的泛化能力。

主要的图像增强技术包括：

- 调整大小。
- 标准化。
- 高斯模糊。
- 随机裁剪。
- 中心剪切。
- 随机旋转。
- 亮度、对比度和饱和度调节。
- 水平翻转。
- 垂直翻转。
- 随机添加mask块。
- 中心区域添加补丁。
- 高斯噪声。
- 灰度变换。

传统的图像增强方法需要我们使用不同的类库进行处理，而 PyTorch 2.0 官方提供的 API 中有已经定义好的处理类库，我们可以直接安装对应的类然后使用即可。安装代码如下：

```
pip install torchvision
```

下面基于 torchvision 完成了几条图像增强方法。

1. 调整大小

首先需要导入数据，这里使用前面章节保存的鸟类图片 image_1.png。在使用上可以直接导入即可，代码如下：

```
import cv2
from PIL import Image
from pathlib import Path
import matplotlib.pyplot as plt
import numpy as np
import sys
import torch
import numpy as np
import torchvision.transforms as T

plt.rcParams["savefig.bbox"] = 'tight'
orig_img = Image.open(Path('image_1.png'))
torch.manual_seed(0) #设置 CPU 生成随机数的种子，方便下次复现实验结果
print(np.asarray(orig_img).shape) #(800, 800, 3)

#图像大小的调整，核心处理部分
resized_imgs = [T.Resize(size=size)(orig_img) for size in [128,256]]

#plt.figure('resize:128*128')
ax1 = plt.subplot(131)
ax1.set_title('original')
ax1.imshow(orig_img)

ax2 = plt.subplot(132)
ax2.set_title('resize:128*128')
ax2.imshow(resized_imgs[0])

ax3 = plt.subplot(133)
ax3.set_title('resize:256*256')
ax3.imshow(resized_imgs[1])

plt.show()

resized_imgs_128 = np.asarray(resized_imgs[0])
resized_imgs_256 = np.asarray(resized_imgs[1])
print(resized_imgs_128.shape) #(800, 800, 3)
print(resized_imgs_256.shape) #(800, 800, 3)
cv2.imwrite("image_128.png",resized_imgs_128[:,:,::-1])     #对最后一个维度进行
调整
cv2.imwrite("image_256.png",resized_imgs_256[:,:,::-1])     #对最后一个维度进行
调整
```

这里有两个内容需要读者注意，一个是 resized_imgs = [T.Resize(size=size)(orig_img) for size in [128,256]]，它完成了对维度大小的调整。另一个是当使用 CV2 进行图形读取或者保存的时候，其通道为 BGR（blue,green,red 三原色），而在 matplot 中为 RGB，因此需要对维度进行调整。调整结果如图 11-10 所示。

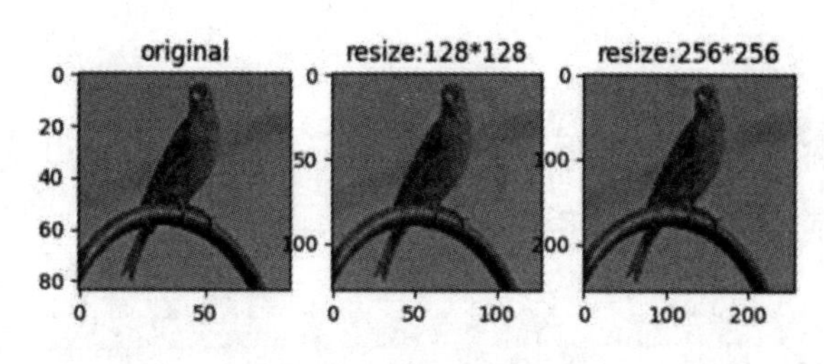

图 11-10　调整图像大小

2. 标准化

标准化可以加快基于神经网络结构的模型的计算速度，从而加快学习速度。标准化方式主要有两种：一是从每个输入通道中减去通道平均值，二是除于通道标准差。代码如下：

```
    normalized_img = T.Normalize(mean=(0.5, 0.5, 0.5), std=(0.5, 0.5, 
0.5))(T.ToTensor()(orig_img))
    normalized_img = [T.ToPILImage()(normalized_img)]
    #plt.figure('resize:128*128')
    ax1 = plt.subplot(121)
    ax1.set_title('original')
    ax1.imshow(orig_img)

    ax2 = plt.subplot(122)
    ax2.set_title('normalize')
    ax2.imshow(normalized_img[0])

    plt.show()
```

结果如图 11-11 所示。

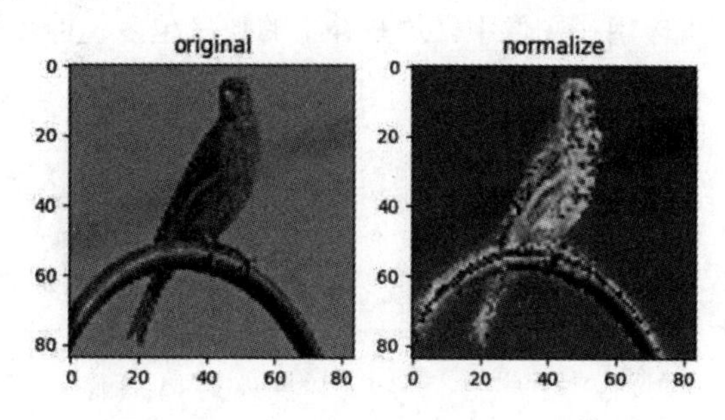

图 11-11　标准化

3. 高斯模糊

高斯模糊的作用是对图形进行模糊变换，核心代码如下：

```
    blurred_imgs = [T.GaussianBlur(kernel_size=(3, 3), sigma=sigma)(orig_img) for 
sigma in (3,7)]
```

4. 随机裁剪

随机剪切图像的某一部分，核心代码如下：

```
    random_crops = [T.RandomCrop(size=size)(orig_img) for size in (400,300)]
```

5. 中心剪切

剪切图像的中心区域，核心代码如下：

```
center_crops = [T.CenterCrop(size=size)(orig_img) for size in (128,64)]
```

6. 随机旋转

设计角度旋转图像，核心代码如下：

```
rotated_imgs = [T.RandomRotation(degrees=90)(orig_img)]
```

7. 亮度、对比度和饱和度调节

对图像的亮度、对比度和饱和度进行调节，核心代码如下：

```
    colorjitter_img = [T.ColorJitter(brightness=(2,2), contrast=(0.5,0.5),
saturation=(0.5,0.5))(orig_img)]
```

8. 水平翻转

此操作将图像转进行水平翻转，核心代码如下：

```
HorizontalFlip_img = [T.RandomHorizontalFlip(p=1)(orig_img)]
```

9. 垂直翻转

此操作将图像转进行垂直翻转，核心代码如下：

```
VerticalFlip_img = [T.RandomVerticalFlip(p=1)(orig_img)]
```

10. 随机添加mask块

正方形补丁（mask）随机应用在图像中。这些补丁的数量越多，神经网络解决问题的难度就越大。核心代码如下：

```
plt.rcParams["savefig.bbox"] = 'tight'
orig_img = Image.open(Path('image_128.png'))    #导入图片

def add_random_boxes(img,n_k,size=9):  #这里的 size 是添加的随机块的多少
    h,w = size,size
    img = np.asarray(img).copy()
    img_size = img.shape[1]
    boxes = []
    for k in range(n_k):
        y,x = np.random.randint(0,img_size-w,(2,))
        img[y:y+h,x:x+w] = 0
        boxes.append((x,y,h,w))
    img = Image.fromarray(img.astype('uint8'), 'RGB')
    return img

blocks_imgs = [add_random_boxes(orig_img,n_k=10)]
```

结果如图 11-12 所示。

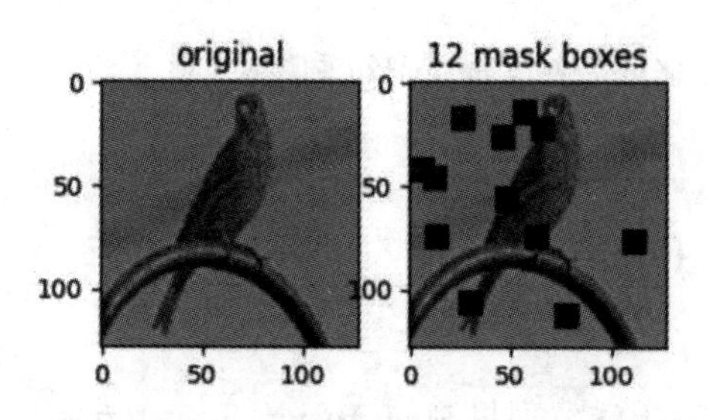

图 11-12　添加 mask 后的图片

add_random_boxes 用于随机添加 mask，其中的参数 n_k 是添加的 mask 块的个数，而 size 则是 mask 块的大小。

顺便说一句，当模型的要求是对 mask 块进行补全时，则是另一种专门的训练模型 MAE，这点在后续的内容中会讲解。

11. 中心区域添加补丁

和随机添加 mask 块类似，这里只不过在图像的中心加入 mask 块，核心代码如下：

```
def add_central_region(img, size=9):
    h, w = size, size
    img = np.asarray(img).copy()
    img_size = img.shape[1]
    img[int(img_size / 2 - h):int(img_size / 2 + h), int(img_size / 2 - w):int(img_size / 2 + w)] = 0
    img = Image.fromarray(img.astype('uint8'), 'RGB')
    return img

central_imgs = [add_central_region(orig_img, size=12)]
```

12. 高斯噪声

通过设置噪声因子，向图像中加入高斯噪声。噪声因子越高，图像的噪声越大。核心代码如下：

```
def add_noise(inputs, noise_factor=0.3):
    noisy = inputs + torch.randn_like(inputs) * noise_factor
    noisy = torch.clip(noisy, 0., 1.)
    return noisy

#这里的 0.3 和 0.6 分别是添加的高斯噪声的系数
noise_imgs = [add_noise(T.ToTensor()(orig_img), noise_factor) for noise_factor in (0.3, 0.6)]
noise_imgs = [T.ToPILImage()(noise_img) for noise_img in noise_imgs]
```

13. 灰度变换

此操作将 RGB 图像转换为灰度图像，核心代码如下：

```
gray_img = T.Grayscale()(orig_img)
```

以上是 PyTorch 2.0 官方提供的图像变换方面的函数，读者可以在后续的学习中有目的地使用变换函数，从而增强模型的泛化能力，从而提高准确度。

11.4　本章小结

本章首先详尽地介绍了基于注意力机制的 Vision Transformer，它的核心思想非常简单：将Transformer 模型中的自注意力机制和位置编码机制直接应用于图像，从而实现图像的分类。然后，基于 Vision Transformer 进行了 mini_ImageNet 实战，帮助读者进一步理解 Vision Transformer 模型。最后，介绍了提升 Vision Transformer 模型性能的一些技巧。其中对于图像增强，介绍了多种方案，虽然这些方案是单独介绍的，但是将它们综合应用在同一幅图像上，理论上可以产生无数种修改形式。请读者注意这一点。

本章内容是基于注意力机制进行图像处理，非常重要。通过本章的学习，读者将能够深入了解基于注意力机制的图像处理方法，并为后续的学习和研究打下坚实的基础。

第 12 章

内容全靠编——基于 Diffusion Model 的从随机到可控的图像生成实战

在前面的内容中，大多数的图像处理任务，都是基于给定的图像进行判别。无论是使用 Unet 的图像降噪，还是基于卷积神经网络或注意力机制的人脸识别或图像识别，其基础数据都是一幅完整的或符合一定要求的图像。

本章将打破以往先输入图像再进行推断的固有框架，采用一种全新的方法。我们将仅仅依靠输入的一组特征或要求，由神经网络决定生成的具体内容。即使每次输入相同的内容，神经网络也会根据细节（噪声）的微小差异生成细节不同的图像，也就是由计算机视觉模型“编出”相应的结果。

这得益于基于 Diffusion Model 的扩散模型，其主要代表有两种，分别是 DDPM（Denoising Diffusion Probabilistic Models）和 DDIM（Denoising Diffusion Implicit Models）。

本章将介绍 DDPM 和 DDIM 模型的原理、优缺点，并通过实战项目来展示它们的性能。此外，本章还将探讨如何根据实际需求选择合适的扩散模型，并通过调整模型参数来优化生成结果。

通过本章的学习，读者将能够掌握扩散模型的基本原理和应用技巧，为实现计算机视觉领域的生成任务打下坚实的基础。

12.1 Diffusion Model 实战 MNIST 手写体生成

Diffusion Model 是一类生成模型，它和 VAE（Variational AutoEncoder，变分自动编码器）、GAN （Generative Adversarial Network，生成对抗网络）等生成网络不同的是，Diffusion Model 在前向阶段对图像逐步施加噪声，直至图像被破坏变成完全的高斯噪声，然后在逆向阶段学习从高斯噪声还原为原始图像的过程。

深度学习去噪的Diffusion Model主要用于图像去噪，它是一种通过添加噪声并逐步去噪来提高图像质量的模型。该模型是通过扩散过程来实现的，包括前向扩散和反向扩散两个阶段。

在前向扩散阶段，模型将逐步向原始图像添加噪声，直到得到纯噪声的图像。这个过程可以看作对原始图像的“破坏”。

在反向扩散阶段，模型会从纯噪声的图像开始，逐步去除噪声，最终得到一个相对原始图像质量较好的版本。这个过程可以看作“重建”原始图像。

12.1.1 Diffusion Model 的传播流程

Diffusion Model 是一个对输入数据进行动态处理的过程。具体来说，前向阶段在原始图像x_0上逐步增加噪声，每一步得到的图像x_t只和上一步的结果x_{t-1}相关，直至第T步的图像x_T变为纯高斯噪声，如图 12-1 所示。

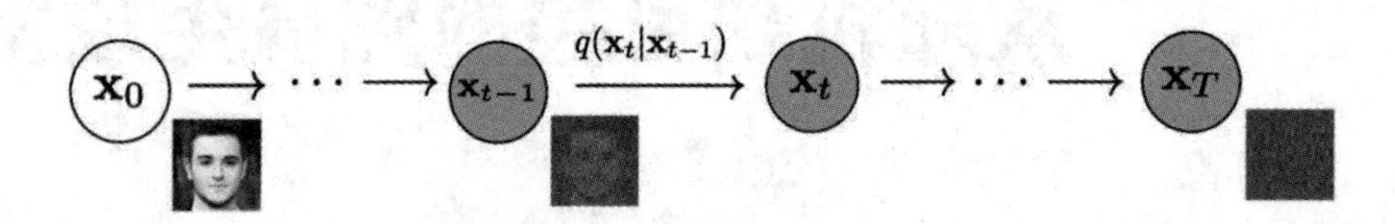

图 12-1　加噪过程（x_0为原始图像）

逆向阶段则是不断去除噪声的过程，首先给定高斯噪声x_T，通过逐步去噪，直至将原图像x_0恢复出来，如图 12-2 所示。

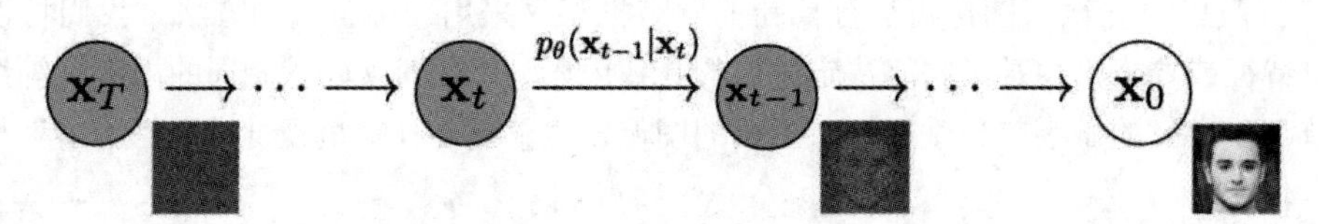

图 12-2　去噪过程（x_T为全噪声图像）

模型训练完成后，只要给定高斯随机噪声，就可以生成一幅从未见过的图像。这里x_0为原始图像，x_T为全噪声图像，读者一定要牢记，后面会有公式讲解。

所谓的加噪声，就是基于目标图片计算一个（多维）高斯分布（每个像素点都有一个高斯分布，且均值就是这个像素点的值，方差是预先定义的），然后从这个多维分布中抽样一个数据出来，这个数据就是加噪之后的结果。显然，如果方差非常小，那么每个抽样得到的像素点的值和原本的像素点的值非常接近，也就是加了一个非常小的噪声。如果方差比较大，那么抽样结果就会和原本的结果差距较大。

同理，去噪声就是基于噪声的图片计算一个条件分布，希望从这个分布中抽样得到的是相比于噪声图片更加接近真实图片的稍微干净的图片。假设这样的条件分布是存在的，并且也是个高斯分布，那么只需要知道均值和方差就可以了。加噪声和去噪声如图 12-3 所示。

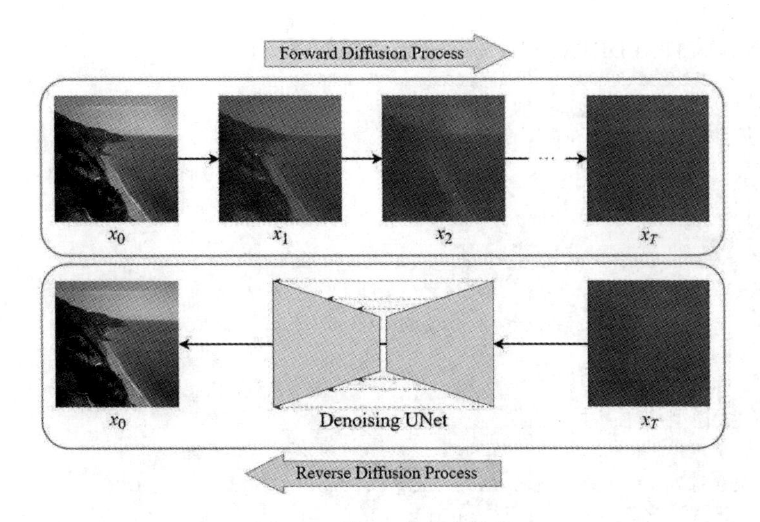

图 12-3 加噪声和去噪声

但问题是这个均值和方差是无法直接计算的，所以用神经网络去学习近似这样一个高斯分布。高斯噪声是一种随机信号，也称为正态分布噪声。它的数学模型是基于高斯分布的概率密度函数，因此也被称为高斯分布噪声。

在实际应用中，高斯噪声通常是由于测量设备、传感器或电子元件等因素引起的随机误差所产生的。高斯噪声具有以下特点：

- 平均值为0：即高斯噪声随机变量的期望值为0。
- 对称性：高斯噪声在平均值处呈现对称分布。
- 方差决定波动的幅度：高斯噪声的波动幅度与方差成正比，方差越大，则波动幅度越大。
- 由于高斯噪声的统计特性十分稳定，因此在许多领域，如图像处理、信号处理、控制系统等得到了广泛使用。

总结起来Diffusion Model的处理过程是给一幅图片逐步加噪声直到变成纯粹的噪声，然后对噪声进行去噪，得到真实的图片。所谓的扩散模型就是让神经网络学习这个去除噪声的方法。

12.1.2 直接运行的 DDPM 的模型训练实战

本书配套资源中提供了简单的可运行 DDPM 框架，如图 12-4 所示。

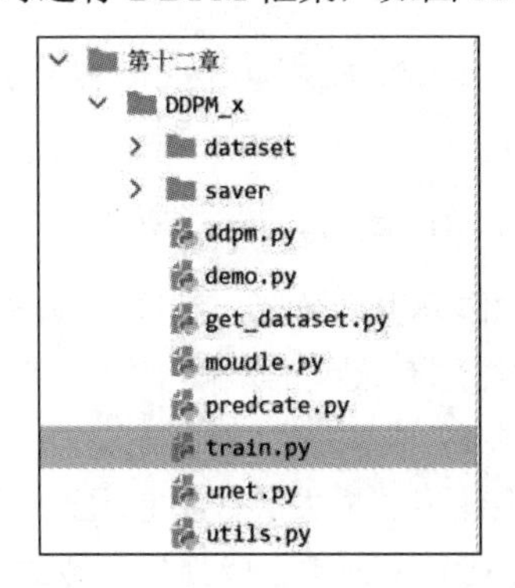

图 12-4 DDPM 模型文件存档

其中的 train.py 文件是 DDPM 的训练文件，代码如下：

```
    import torch
    import get_dataset
    import cv2
    from tqdm import tqdm
    import ddpm

    batch_size = 48
    dataloader = torch.utils.data.DataLoader(get_dataset.SamplerDataset(),
batch_size=batch_size)

    #Unet 作为生成模型从噪声生成图像
    import unet
    device = "cuda" if torch.cuda.is_available() else "cpu"
    model = unet.Unet(dim=28,dim_mults=[1,2,4]).to(device)
    optimizer = torch.optim.AdamW(model.parameters(), lr = 2e-4)


    epochs = 3
    timesteps = 200
    save_path = "./saver/ddpm_saver.pth"
    model.load_state_dict(torch.load(save_path),strict=False)
    for epoch in range(epochs):
        pbar = tqdm(dataloader, total=len(dataloader))
        #使用 DataLoader 进行迭代，获取每个批次的数据样本和标签
        for batch_sample, batch_label in pbar:
            optimizer.zero_grad()
            batch_size = batch_sample.size()[0]
            batch = batch_sample.to(device)

            optimizer.zero_grad()
            t = torch.randint(0, timesteps, (batch_size,), device=device).long()

            loss = ddpm.p_losses(model, batch, t, loss_type="huber")


            loss.backward()
            optimizer.step()
            pbar.set_description(f"epoch:{epoch + 1},
train_loss:{loss.item():.5f}")

        torch.save(model.state_dict(), save_path)
```

从训练数据中可以看到，Unet 作为生成模型，直接从噪声数据中生成图像。Unet 模型在第 1 章中已经介绍了，这里的整体架构在原有模型的基础上增加了注意力模块，使用了经典的 ResNet 架构，因而可以获得更好的生成效果。

ddpm.p_losses 函数是 DDPM 中使用的损失函数，它通过计算生成的预测图像与噪声图像的 L1 距离（也就是曼哈顿距离 Manhattan Distance）完成损失函数的计算。读者可以直接使用 train.py 开

启训练过程，如图 12-5 所示。

```
epoch:1, train_loss:0.02117: 100%|██████████| 1250/1250 [10:21<00:00,  2.01it/s]
epoch:2, train_loss:0.01747: 100%|██████████| 1250/1250 [09:55<00:00,  2.10it/s]
epoch:3, train_loss:0.01644: 100%|██████████| 1250/1250 [10:41<00:00,  1.95it/s]
epoch:4, train_loss:0.01672: 100%|██████████| 1250/1250 [11:56<00:00,  1.74it/s]
epoch:5, train_loss:0.01676: 100%|██████████| 1250/1250 [11:32<00:00,  1.81it/s]
epoch:6, train_loss:0.01894:  73%|███████   | 910/1250 [07:57<03:08,  1.81it/s]
```

图 12-5　训练过程

硬件设备不同，训练时间也会略有不同。这里设置了 epoch 的次数为 20，读者可以等待训练完成，也可以在等待模型训练的同时阅读下一小节了解运行背后的原理。

而对于使用模型进行推理，读者可以直接使用相同目录下的 predicate.py 文件，只需要直接加载训练好的模型文件即可。代码如下：

```
import torch
import ddpm
import cv2
import unet

#导入的依旧是一个 Unet 模型
device = "cuda" if torch.cuda.is_available() else "cpu"
model = unet.Unet(dim=28,dim_mults=[1,2,4]).to(device)

#加载 Unet 模型存档
save_path = "./saver/ddpm_saver.pth"
model.load_state_dict(torch.load(save_path))

#sample 25 images
bs = 25
#使用 sample 函数生成 25 个 MNIST 手写体图像
samples = ddpm.sample(model, image_size=28, batch_size=bs, channels=1)

imgs = []
for i in range(bs):
    img = (samples[-1][i].reshape(28, 28, 1))
    imgs.append(img)

#以矩阵的形式加载和展示图像
import numpy as np
blank_image = np.zeros((28*5, 28*5, 1)) + 1e-5
for i in range(5):
    for j in range(5):
        blank_image[i*28:(i+1)*28, j*28:(j+1)*28] = imgs[i*5+j]
cv2.imshow('Images', blank_image)
cv2.waitKey(0)
```

需要注意的是，模型加载的参数是针对 Unet 模型的参数。实际上也可以看到，Diffusion Model 就是通过一个 Unet 模型对一组噪声进行“去噪”处理，从噪声中“生成”一个特定的图像。生成的结果如图 12-6 所示。

图 12-6　生成的结果

尽管生成的结果略显模糊，但仍可明确地辨认出，模型确实基于所接收的训练数据成功地生成了一组随机手写体。这个成果无疑在一定程度上证明了模型训练的可行性。

读者可以自行尝试。

12.1.3　DDPM的基本模块说明

上一小节中完成了对Diffusion Model手写体的生成，相信读者已经开始运行此段代码了。本节将从基本的生成模型入手，详细地讲解DDPM模型理论。

1. Unet模型详解

为了节省篇幅，请读者自行对应随书的源码查看下面的讲解。

DDPM中的Unet的作用是预测每幅图片上所添加的噪声，之后通过计算的方式去除对应的噪声，从而重现原始的图像。Unet由一个收缩路径（编码器）和一个扩展路径（解码器）组成，这两条路径之间有跳跃连接。首先是Unet的初始化部分，它包括以下几个内容：

- 初始卷积层（self.init_conv）。
- 时间嵌入模块（self.time_mlp）。
- 下采样模块（self.downs）。
- 中间模块（self.mid_block1, self.mid_attn, self.mid_block2）。
- 上采样模块（self.ups）。

虽然其中的模块和具体实现有所不同，但是完成的功能都是将数据从掺杂了随机比例的噪声中进行恢复。

而对于forward前向函数，更为具体的解释如下：

- x = self.init_conv(x)：这一行将输入x通过初始化卷积层进行处理。
- t = self.time_mlp(time) if utils.exists(self.time_mlp) else None：这一行检查是否存在时间嵌入模块，如果存在，就将时间输入通过时间嵌入模块进行处理。
- h = []：初始化一个空列表h，用于存储中间特征映射。

下面的循环是下采样阶段，它通过一系列模块对输入x进行处理，并将结果存储在列表h中。每个模块包括两个卷积块、一个注意力模块和一个下采样操作：

- x = self.mid_block1(x, t)：这一行将x通过中间的第一个卷积块进行处理。
- x = self.mid_attn(x)：这一行将x通过中间的注意力模块进行处理。

- x = self.mid_block2(x, t): 这一行将x通过中间的第二个卷积块进行处理。

下面的循环是上采样阶段，它通过一系列模块对输入 x 进行处理。每个模块包括两个卷积块、一个注意力模块和一个上采样操作。在这个过程中，还会从列表 h 中弹出先前存储的中间特征映射，并将它与当前特征映射拼接在一起。

- x = torch.cat((x, _h), dim=1): 这一行将当前特征映射x和先前存储的中间特征映射_h沿着通道维度（dim=1）拼接在一起。
- x = block1(x, t): 这一行将拼接后的特征映射通过第一个卷积块进行处理。
- x = block2(x, t): 这一行将特征映射通过第二个卷积块进行处理。
- x = attn(x): 这一行将特征映射通过注意力模块进行处理。
- x = upsample(x): 这一行将特征映射通过上采样操作进行处理。

最终，这段代码的目的是通过 Unet 模型对输入数据进行下采样和上采样，从而生成一个分割结果或类似的输出。其中的卷积块、注意力模块和上下采样操作都是为了提取和学习输入数据的特征，并在不同尺度上进行处理。DDPM 中的 Unet 模型如图 12-7 所示。

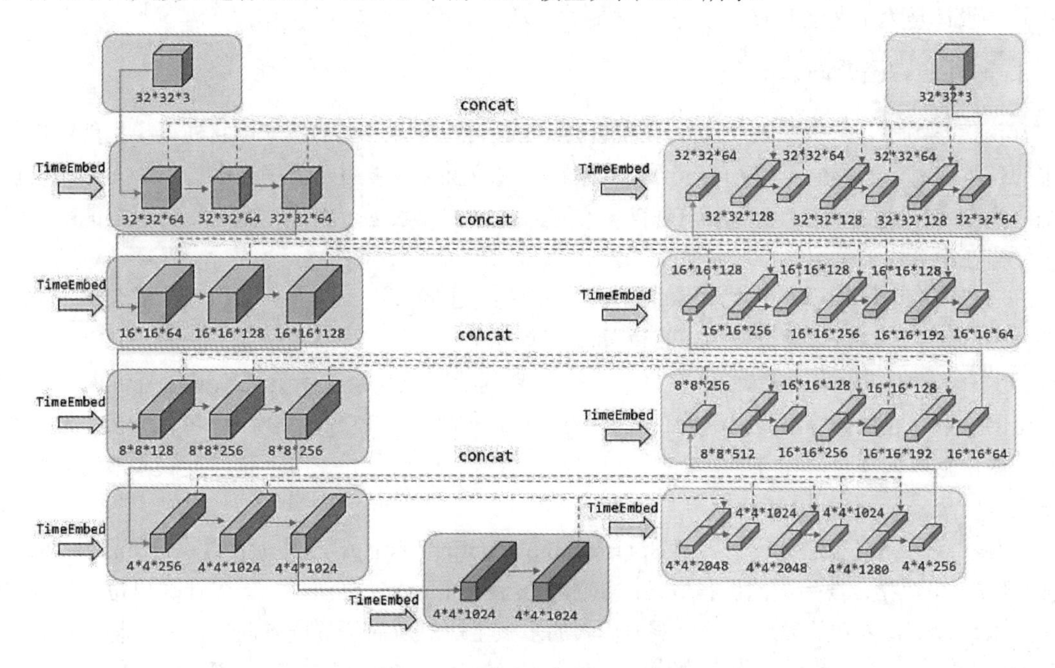

图 12-7　DDPM 中的 Unet 模型

Unet 主要包括 3 部分，左边的是 Encoder 部分，中间的是 MidBlock 部分，右边的是 Decoder 部分。

在 Encoder 部分中，Unet 模型会逐步压缩图片的大小；在 Decoder 部分中，Unet 模型则会逐步还原图片的大小。同时在 Encoder 和 Decoder 之间，还会使用“残差连接”(虚线部分)，确保 Decoder 部分在推理和还原图片信息时不会丢失掉之前的信息。

需要注意的是，在本章 DDPM 的 Unet 中使用了 Residual 架构和注意力模块，具体如图 12-8 所示。

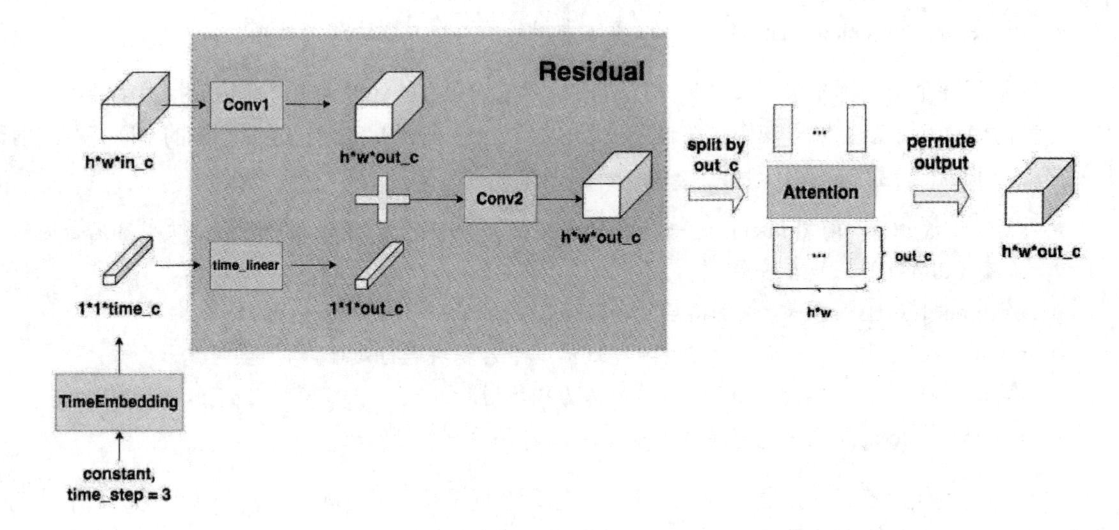

图 12-8　Unet 中的 Residual 架构和注意力模块

这种设计是为了增强 Unet 的图像重建能力，从而获得一个更好的输出表现。

2. 时间步骤函数详解

在深度学习中，位置嵌入（Positional Embedding）是一种常见的技术，它使得模型能够捕获序列中的位置信息。在类似于 Transformer 的架构中，位置嵌入被用于将序列中的每个元素的位置信息编码为固定长度的向量，然后将这些向量与输入序列的元素进行相加，从而使得模型能够意识到每个元素在序列中的位置。

在 DDPM 中，为了使模型能够知道当前处理的是去噪过程中的哪一个步骤，需要将步数也编码并传入网络中。这可以通过使用正弦位置嵌入来实现。

正弦位置嵌入是一种特殊的位置嵌入方法，它基于正弦和余弦函数来生成位置嵌入向量。对于给定的位置，通过计算不同频率的正弦和余弦函数的值，并将它们组合在一起，可以得到一个固定长度的位置嵌入向量。在 DDPM 中，可以将步数视为位置，并使用正弦位置嵌入来生成对应的位置嵌入向量。

具体实现上，笔者定义一个名为 SinusoidalPositionEmbeddings 的类，它继承自 nn.Module。在 __init__ 方法中，指定要生成的位置嵌入向量的维度。在 forward 方法中，首先计算出每个位置对应的正弦函数和余弦函数的频率，然后根据输入的步数生成对应的位置嵌入向量，最后将正弦和余弦部分拼接在一起，并返回生成的位置嵌入向量。读者可以自行查看 module 文件中的 SinusoidalPositionEmbeddings 类的代码。

3. DDPM中使用加噪策略

DDPM 在图像中添加噪声也不是一蹴而就的，而是通过一定的策略和方法向图像中添加高斯噪声，从而使得模型学会去除图像中噪声的技巧。这种策略一般称为“schedule”。

DDPM 是一种概率模型，受到物理扩散过程的启发，用于学习数据的有噪声版本与原始数据之间的关系。在训练过程中，DDPM 通过逐步将噪声添加到原始数据中，并使用加噪链和去噪链来实现噪声的添加和去除，如图 12-9 所示。

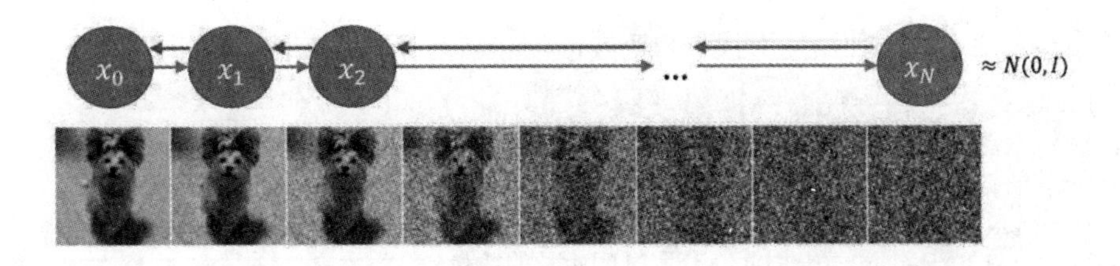

图12-9　修改图像与噪声的比例（向图像中添加噪声）

加噪链将原始数据转换为容易处理的噪声数据，这个过程是通过一系列的概率分布变换实现的。在每一个时间步长，加噪链根据一定的schedule将噪声添加到数据中，这个schedule控制了噪声的添加方式和程度。

去噪链则是将加噪链生成的噪声数据转换为新的生成数据。去噪链也是通过一系列的概率分布变换实现的，并且它的作用是尽可能地恢复原始数据，减少噪声的影响。

在DDPM中，schedule还用于控制训练过程的速度和效果。通过调整schedule中的参数，可以影响噪声添加和去除过程的速度和精度，以达到更好的训练效果。

在笔者的演示中，为了简便起见，采用的是线性schedule，即按等差序列的方式修改噪声与图像的比例，代码如下：

```
def linear_beta_schedule(timesteps = 1000):
    beta_start = 0.0001
    beta_end = 0.02
    return torch.linspace(beta_start, beta_end, timesteps)
```

这段代码定义了一个名为linear_beta_schedule的函数，它根据给定的时间步长（默认为1000）生成一个线性增加的beta值序列。

在DDPM中，beta值用于控制扩散过程，即将随机噪声逐步添加到输入数据中。在这个函数中，beta值从beta_start（0.0001）开始，到beta_end（0.02）结束，并在给定的时间步长内线性增加。

此外，使用了PyTorch 2.0的torch.linspace函数来生成等间隔的beta值序列。torch.linspace（beta_start, beta_end, timesteps）返回一个张量，其中包含了从beta_start到beta_end的timesteps个等间隔的值。这个函数可以用于DDPM的训练过程，模型在每个时间步长上应用不同的beta值来控制扩散过程。生成的beta值序列可以用于计算添加噪声的程度，以及在去噪过程中控制噪声的减小程度。

12.1.4　DDPM加噪与去噪详解

下面进入DDPM的理论部分。对于理论部分的讲解，会结合DDPM的代码一并进行。

1. DDPM的加噪过程

向图像中添加噪声的过程可以按如下方式进行：首先定义一个前向扩散过程，之后向数据分布中逐步添加高斯噪声，加噪过程持续T次，产生一系列带噪声图片$x_0,x_1,\cdots,x_T$。在由x_{T-1}加噪至x_T的过程中，噪声的标准差/方差是由一个(0,1)区间内的固定值β_T来确定的，均值是以固定值β_T和当前时刻的图片数据x_{T-1}来确定的。

换句话说，只要有了初始图像x_0，并且提供每一步固定的噪声比例β_T，就可以推断出任意一步的加噪数据x_T。这个过程使用如下代码来实现：

```
#前向过程-forward diffusion
#代码段 1：从图像张量中提取特定步长
#a 是预计算的 alpha 值的张量，t 是时间步长的张量，x_shape 是输入数据的形状
def extract(a, t, x_shape):
    batch_size = t.shape[0] #获取时间步长的数量

out = a.gather(-1, t.cpu()) #使用 gather 函数从预计算的张量中提取对应时间步长的值。这里使用 -1 作为索引，表示在最后一个维度上进行聚集

    #将提取的值重塑为与输入数据形状相匹配的张量，并将结果返回。这里使用 *((1,) * (len(x_shape) - 1)) 来创建一个与输入数据形状匹配的维度元组
    return out.reshape(batch_size, *((1,) * (len(x_shape) - 1))).to(t.device)


#代码段 2：前向扩散过程
def q_sample(x_start, t, noise=None):
    #如果噪声不存在，就随机生成一个正态分布的噪声
    if noise is None:
        noise = torch.randn_like(x_start)

    #结合 extract 函数，从预计算的 alpha 值的平方根的累积乘积张量中提取特定时间步长的值
    sqrt_alphas_cumprod_t = extract(sqrt_alphas_cumprod, t, x_start.shape)

    #从预计算的（1-alpha）的平方根的累积乘积张量中提取特定时间步长的值
    sqrt_one_minus_alphas_cumprod_t =
extract(      sqrt_one_minus_alphas_cumprod, t, x_start.shape)

    #根据 DDPM 模型的公式，将提取的值与初始数据和噪声相乘，得到扩散后的数据，并返回结果
    return sqrt_alphas_cumprod_t * x_start + sqrt_one_minus_alphas_cumprod_t *
noise
```

可以看到，extract 函数的作用是从一个给定的张量中提取特定时间步长的值，并返回与输入数据形状相匹配的张量。它接收 3 个参数：a 是预计算的 alpha 值的张量，t 是时间步长的张量，x_shape 是输入数据的形状。

在该函数内部，首先获取时间步长的数量 batch_size，然后使用 gather 函数从预计算的张量中提取对应时间步长的值。接下来，将提取的值重塑为与输入数据形状相匹配的张量，并将结果返回。

q_sample 函数的作用是在 DDPM 模型中进行前向扩散过程。它接收了参数：x_start 表示初始数据，t 表示时间步长，noise 表示添加的噪声。如果没有提供噪声，则使用标准正态分布的随机噪声。

在该函数内部，首先根据时间步长 t 和初始数据的形状，从预计算的 sqrt_alphas_cumprod 和 sqrt_one_minus_alphas_cumprod 中提取相应的值。这两个预计算的变量分别表示 alpha 值的平方根的累积乘积和（1-alpha）的平方根的累积乘积。然后，函数将这两个值与初始数据和噪声相乘，得到扩散后的数据。这个计算过程是根据 DDPM 模型的公式推导得出的。

这样，通过逐步添加噪声并学习去噪过程，DDPM 模型可以生成与原始数据类似的新数据。这段代码为模型的训练和推理提供了基础的前向扩散过程。

从上述代码中可以看到，加噪的过程就是一个向图像中添加一定比例噪声的过程，下面一步的任务就是需要了解和计算这个噪声的比例，这里使用如下代码进行计算：

```
timesteps = 200 #定义时间步长的数量为 200

#使用线性调度函数生成 beta 值的张量，其中 beta 值用于控制扩散过程中的噪声水平
betas = linear_beta_schedule(timesteps=timesteps)

#计算 alpha 值，它们与 beta 值互补，表示信号保留的比例
alphas = 1. - betas

#计算 alpha 值的累积乘积，用于计算前向扩散过程中的平均值
alphas_cumprod = torch.cumprod(alphas, axis=0)

#后验算部分的讲解在去噪过程中会讲到
#对 alpha 值的累积乘积进行填充操作，用于计算后验复原过程中的加权平均值
alphas_cumprod_prev = F.pad(alphas_cumprod[:-1], (1, 0), value=1.0)

#计算 alpha 值的平方根的倒数，用于计算后验复原过程中的方差
sqrt_recip_alphas = torch.sqrt(1.0 / alphas)

#计算 alpha 值的平方根的累积乘积，用于计算前向扩散过程中的加权平均值
#原始图像保留的比例
sqrt_alphas_cumprod = torch.sqrt(alphas_cumprod)

#计算(1 - alpha)的平方根的累积乘积，用于计算前向扩散过程中的加权平均值
#添加的噪声比例
sqrt_one_minus_alphas_cumprod = torch.sqrt(1. - alphas_cumprod)

#计算后验分布中的方差，用于计算后验分布中的加权平均值
#用于从噪声复原图像的步骤
posterior_variance = betas * (1. - alphas_cumprod_prev) / (1. - alphas_cumprod)
```

这段代码是 DDPM 深度学习模型的一部分，用于实现前向扩散过程。具体来说，这段代码计算了前向扩散过程中的一些关键量，包括 alpha 值的计算、累积乘积的计算、后验分布的计算等。这些计算都是为了实现 DDPM 模型的前向扩散过程和后验分布的计算。

在 DDPM 模型中，前向扩散过程是通过逐步添加噪声来完成的，而添加的噪声是通过一定的概率分布来生成的。在这个过程中，原始图像逐步被噪声所掩盖，最终变成了一个完全随机的噪声图像。

最后用公式对这部分内容进行讲解。前面已经说到，在逐步加噪的过程中，虽然可以一步一步地添加噪声，由图像x_0得到完全噪声的图像x_T，但是事实上，也完全可以通过x_0和固定比例策略$\{\beta_T \epsilon()\}_{t=1}^{T}$（代码中的加噪策略，linear-beta-schedule()函数）直接计算得到。

这里定义了$\alpha_t = 1 - \beta_t, \alpha^t = \prod_{i=1}^{T} \alpha_i$，因此，对于采样的计算，可以遵循如下公式：

$$
\begin{aligned}
\mathbf{x}_t &= \sqrt{\alpha_t}\mathbf{x}_{t-1} + \sqrt{1-\alpha_t}\mathbf{z}_{t-1} && ;\text{ where } \mathbf{z}_{t-1}, \mathbf{z}_{t-2}, \cdots \sim \mathcal{N}(\mathbf{0}, \mathbf{I}) \\
&= \sqrt{\alpha_t\alpha_{t-1}}\mathbf{x}_{t-2} + \sqrt{1-\alpha_t\alpha_{t-1}}\bar{\mathbf{z}}_{t-2} && ;\text{ where } \bar{\mathbf{z}}_{t-2} \text{ merges two Gaussians (*).} \\
&= \cdots \\
&= \sqrt{\bar{\alpha}_t}\mathbf{x}_0 + \sqrt{1-\bar{\alpha}_t}\mathbf{z} \\
q(\mathbf{x}_t \mid \mathbf{x}_0) &= \mathcal{N}(\mathbf{x}_t; \sqrt{\bar{\alpha}_t}\mathbf{x}_0, (1-\bar{\alpha}_t)\mathbf{I})
\end{aligned}
$$

通过公式可以看到，只要有了x_0和固定比例策略$\{\beta_T \epsilon ()\}_{t=1}^{T}$，得到一个固定的常数$\beta$，再从标准分布$N(0,1)$中采样一个 z，就可以直接计算出x_t了。

2. DDPM的去噪过程

下面讨论 DDPM 的去噪过程。接着上面的公式讲解，如果将上述过程转换方向，即从$q(x_{t-1}|x_t)$中采样，目标是从一个随机的高斯分布$N(0,1)$中重建一个真实的原始样本，也就是从一幅完全杂乱无章的噪声图像中得到一幅真实图像。但是，由于需要从完整数据集中找到数据分布，没办法很简单地预测x_t，因此需要学习一个模型p_θ来近似模拟这个条件概率，从而运行逆扩散过程。这里笔者直接提供了去噪伪代码（去噪算法将结合 DDIM 在 12.3.2 节讲解）：

1: $\mathbf{x}_T \sim \mathcal{N}(\mathbf{0}, \mathbf{I})$
2: **for** $t = T, \ldots, 1$ **do**
3: 　$\mathbf{z} \sim \mathcal{N}(\mathbf{0}, \mathbf{I})$ if $t > 1$, else $\mathbf{z} = \mathbf{0}$
4: 　$\mathbf{x}_{t-1} = \frac{1}{\sqrt{\alpha_t}}\left(\mathbf{x}_t - \frac{1-\alpha_t}{\sqrt{1-\bar{\alpha}_t}}\mathbf{z}_\theta(\mathbf{x}_t, t)\right) + \sigma_t\mathbf{z}$
5: **end for**
6: **return** $\mathbf{x}_0$

采样过程发生在反向去噪时，对于一幅纯噪声图像，扩散模型一步一步地去除噪声，最终得到真实图像，采样事实上定义的就是去除噪声这一行为。观察伪代码中的第 4 行，$t-1$步的图像是由t步的图像减去一个噪声得到的，只不过这个噪声是由神经网络（Unet）拟合出来并且训练过的。这里要注意第 4 行式子的最后一项，采样时每一步也都会加上一个从正态分布采样的 z，这是一个纯噪声。

基于 DDPM 的去噪过程的代码如下：

```
#代码段 1：特定步骤的去噪计算表示
@torch.no_grad()
def p_sample(model, x, t, t_index):
"""
输入参数：
model：预训练的噪声预测模型。
x：输入数据。
t：时间步长。
t_index：时间步长的索引。
功能：根据 DDPM 的公式，使用噪声预测模型生成样本。该函数根据 DDPM 的前向扩散过程计算下一个状态。
其中，betas_t, sqrt_one_minus_alphas_cumprod_t 和 sqrt_recip_alphas_t 是根据时间步和当前状态形状提取的系数。
如果 t_index 为 0，说明是前向扩散过程的最后一步，直接返回模型预测的平均值；否则，根据后验分布计算方差，并加上噪声得到下一个状态。
"""
```

```
        betas_t = extract(betas, t, x.shape)      #从预计算的 beta 值张量中提取特定时间步
长的值

    #从预计算的（1-alpha）的平方根的累积乘积张量中提取特定时间步长的值
        sqrt_one_minus_alphas_cumprod_t = extract(
            sqrt_one_minus_alphas_cumprod, t, x.shape
        )

        #从预计算的 alpha 值的平方根的倒数的张量中提取特定时间步长的值
        sqrt_recip_alphas_t = extract(sqrt_recip_alphas, t, x.shape)

        #根据 DDPM 的公式计算模型均值
        model_mean = sqrt_recip_alphas_t * (
            x - betas_t * model(x, t) / sqrt_one_minus_alphas_cumprod_t
        )

        if t_index == 0:
            return model_mean
        else:
            #计算后验分布中的方差，并生成与输入数据形状相同的噪声。然后，根据 DDPM 的公式计算样
本，并返回结果
            posterior_variance_t = extract(posterior_variance, t, x.shape)
            noise = torch.randn_like(x)
            #上面伪代码中第 4 行公式
            return model_mean + torch.sqrt(posterior_variance_t) * noise
```

上面是对算法步骤的特定表示，实现的是某个特定步骤的去噪计算，而 DDPM 作为一个整体，使用下面代码来完成整个去噪流程：

```
    @torch.no_grad()
    def p_sample_loop(model, shape):
        #model：预训练的噪声预测模型
        #shape：生成样本的形状
        #功能：使用 p_sample 函数从噪声预测模型中生成样本，并返回一系列样本
        device = next(model.parameters()).device
        b = shape[0]

    #生成一个纯噪声图像作为起始点
        img = torch.randn(shape, device=device)
        imgs = []

    #使用循环逐步增加时间步长，调用 p_sample 函数生成样本，并将其添加到样本列表中
        for i in tqdm(reversed(range(0, timesteps)), desc='sampling loop time step',
total=timesteps):
            img = p_sample(model, img, torch.full((b,), i, device=device,
dtype=torch.long), i)
            imgs.append(img.cpu().numpy())

    return imgs #返回生成的结果
```

下面就是调用 sample 完成图像生成的过程，代码如下：

```
@torch.no_grad()
def sample(model, image_size, batch_size=16, channels=3):
    """输入参数:
    model: 预训练的噪声预测模型。
    image_size: 生成图像的大小。
    batch_size: 批量大小，默认为 16。
    channels: 图像通道数，默认为 3。
    功能: 调用 p_sample_loop 函数生成一系列样本，并返回结果。
    代码解释:
    调用 p_sample_loop 函数生成一系列样本。
    返回生成的样本。
    """
    return p_sample_loop(model, shape=(batch_size, channels, image_size,
image_size))
```

上面这段代码为DDPM模型的样本生成过程提供了基础实现，通过DDPM模型从前向扩散过程中逐步添加噪声，来生成与原始数据类似的新数据。在训练过程中，模型学习预测每个时间步的噪声，从而逐步去噪并生成新的图像序列。

总结一下DDPM模型，这是一种概率模型，通过逐步添加噪声来生成与原始数据类似的新数据。这个模型的实现并不复杂，但其背后的数学原理却非常丰富。

在DDPM模型中，扩散过程是一个重要的概念。这个过程可以看作一个马尔可夫链，每个状态依赖于前一个状态，同时加入了一些噪声。在每一步中，数据会逐渐变得混乱，但同时也包含了一些原始数据的特征。

具体来说，DDPM模型的扩散过程是通过一个可逆的转换函数实现的。该函数将原始数据逐渐加入噪声，直到最终得到完全噪声的数据；然后通过反向过程，可以预测每一步加入的噪声，并尝试还原得到无噪声的原始数据。

在DDPM模型中，训练神经网络是关键的一步。该模型使用深度学习的方法来训练神经网络，使其能够学习噪声和数据之间的关系。训练好的神经网络可以接收含有噪声的图像数据，并输出预测的噪声。通过这种方式，我们可以逐渐还原得到原始数据。

可以看到，DDPM模型是一种基于扩散过程和神经网络训练的图像去噪方法。它通过逐步添加噪声和反向过程来生成新的数据，并通过神经网络训练来学习噪声和数据之间的关系。这种模型的优点是可以在保持图像质量的同时去除噪声，并且训练时间相对较短。

12.1.5 DDPM的损失函数

下面我们回到DDPM的训练。通过上文的分析与程序的实现，可以知道DDPM模型训练的目的是给定time_step和加噪的图像，结合两者去预测图像中的噪声，而Unet则是实现DDPM的核心模块架构。现在通过对比可以知道：

- 第t个时刻的输入图像可以表示为：$x_t = \sqrt{\alpha^t}x_0 + \sqrt{1-\alpha^t}\varepsilon$。
- 第t个时刻采样出的噪声为：$z \in N(0,1)$。
- Unet模型预测出的噪声为：$\epsilon_\theta\left(\sqrt{\alpha^t}x_0 + \sqrt{1-\alpha^t}\varepsilon, t\right)$，$\epsilon$为预测模型。

则损失函数可以表示为：

$$loss = z - \epsilon_\theta(\sqrt{\alpha^t}x_0 + \sqrt{1-\alpha^t}\varepsilon, t)$$

目标是要最小化损失函数，这里采用的损失函数为 L1 损失。当然也可以使用其他损失函数。有关损失函数的使用，读者可以自行学习相关内容。

12.2　可控的 Diffusion Model 生成实战——指定数字生成 MNIST 手写体

我们之前已经利用 Diffusion Model 成功生成了手写体，现在的目标是在此基础上更进一步。我们不再满足于随机生成的结果，而是希望能够有针对性地生成特定的数字。具体来说，我们期望输入一个特定的标签，系统便能根据这个标签生成相应的 MNIST 数字手写体。这样，我们就能更精准地控制生成过程，满足特定的需求。

12.2.1　Diffusion Model 可控生成的基础——特征融合

特征融合是一种技术，它通过结合不同特征或不同深度学习模型输出来提高模型性能或数据质量。在 Diffusion Model 中，特征融合主要涉及将文本特征和图像特征融合在一起，以实现更稳定、更高质量的图像生成。

具体来说，Diffusion Model 的特征融合主要涉及以下两个方面：

- 文本特征的融合：在可控图像生成中，通常需要将文本描述作为输入，引导图像的生成。文本描述可以包含物体类别、形状、颜色等先验信息。为了将这些先验信息融合到 Diffusion Model中，可以将这些文本描述通过文本嵌入向量进行表示，然后将这些文本嵌入向量输入Diffusion Model中，与图像数据进行融合。
- 特征融合方法：在Diffusion Model中，文本特征和图像特征需要进行融合，以实现更稳定、更高质量的图像生成。常见的特征融合方法包括简单的特征拼接、加权平均、卷积操作等。这些方法可以将文本特征和图像特征有机地结合起来，使得Diffusion Model可以同时利用文本特征和图像特征进行图像生成。

可以看到，在 Diffusion Model 进行文本特征融合时，需要将文本描述融合在生成模型中。这可能涉及如何选择和组合这些文本描述，以便最大程度地保留原始语义信息。

本书简化起见，采用的是直接融合的方式对特征进行处理，即直接将映射后的文本特征相加到 Unet 中的图像特征上。

12.2.2　Diffusion Model 可控生成的代码实战

下面就是需要完成 Diffusion Model 可控生成的代码部分，读者可以使用本章源码中的 DDPM_cond 完成训练，存档位置如图 12-10 所示。

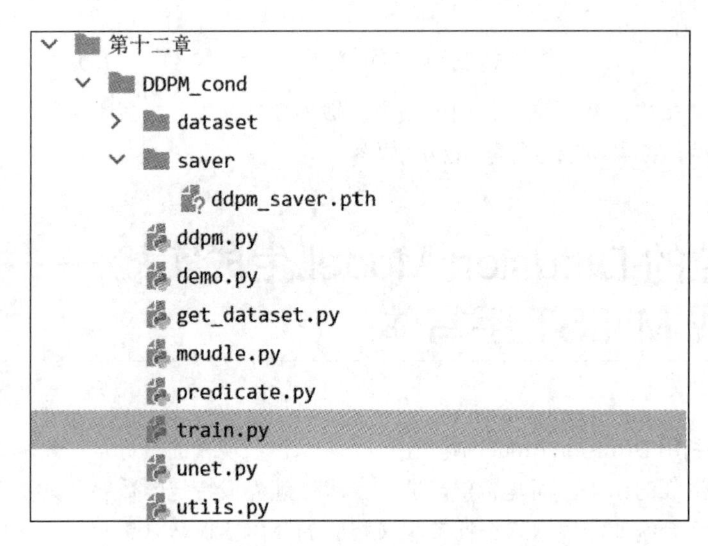

图 12-10　带有条件生成的 DDPM 存档位置

相对于上一节的原生 DDPM 模型来说，这里带有条件，需要将输入的文本信息添加到图像生成中。一个最简单的方案就是将 label 视为文本输入，采用 embedding 的方式将文本矩阵化后与 Unet 抽取的特征相加，从而完成特征的融合。其中关键代码如下：

```
        …
            #在 init 的格式化部分
        self.label_embedding =
torch.nn.Embedding(num_embeddings=10,embedding_dim=784)
        self.label_norm = torch.nn.BatchNorm2d(num_features=112)
        …#这里定义了两个模块
```

self.label_embedding 这行代码定义了一个嵌入层，用于将离散的标签数据（MNIST 数据集中有 10 个不同的标签）转换为连续的向量表示，向量的维度是 784(784 -> [1,28,28])。我们的目标是通过执行 resize 操作来调整向量的维度，确保它与输入和输出图像的尺寸保持一致。这样一来，在模型训练的过程中，我们能够顺利地进行各种必要的处理和计算，从而优化模型的性能。

self.label_norm 这行代码定义了一个批量归一化层，用于对输入数据进行归一化处理，使得其分布更加稳定，有助于提升模型的训练效率和效果。这个归一化层的输入特征数是 112。通常，在卷积神经网络中，批量归一化被广泛应用于隐藏层的输入，以加速模型训练。

这两行代码需要在 Unet 的 init 函数中定义。下面就是需要在 forward 函数中将它们利用起来，这里默认输入的 label 是每个生成图像对应的符号，例如：

```
[0,1,2,3,4,5,6,7,8,9,0,1,2…]
```

这样可以把数据集充分利用起来。

对于特征的融合，这里是在 forward 函数中通过直接相加的方式完成的，在 Unet 模型中经过 mid_block 之后的位置上添加了一个对特征的融合计算，代码如下：

```
        …
        lab = lab[:,None]     #对输入的一维序列进行扩维
        label_embedding = self.label_embedding(lab) #embedding 计算
```

```
        #调整维度大小
        label_embedding = rearrange(label_embedding,"b 1 (h w) -> b 1 h w",h = 28)

        #完成特征融合的计算
        x = self.label_norm(x + label_embedding)
    ...
```

首先通过扩展的方式将输入的一维序列进行扩维度，之后计算了映射向量并将其维度进行调整，最后通过相加的方式进行特征融合，从而将原始的特征 x 和经过处理的标签特征 label_embedding 结合起来，以增强模型的表达能力。

对于最终的生成结果，读者可以等待训练结束后，运行 DDPM_cond 文件夹下的 predicate 函数，完成图像的生成，核心代码如下：

```
#sample 25 images
bs = 25
label = [0,1,2,3,4,
         0,1,2,3,4,
         0,1,2,3,4,
         0,1,2,3,4,
         0,1,2,3,4]

samples = ddpm.sample(model, image_size=28, batch_size=bs, channels=1,label=label)
```

这里为了演示，特地准备了一个特殊规则矩阵序列供读者生成，并将这个一维序列作为 label 传递到模型中使用，最终的生成结果如图 12-11 所示。

图 12-11　条件生成的图像样式

虽然生成的样式还有所欠缺，但是可以很明显地看到，这是按笔者提供的信息完成的图像生成。

12.3　加速的 Diffusion Model 生成实战——DDIM

上一节完成了基于 DDPM 的模型生成，DDPM 是扩散模型的一个实现。对于扩散模型，其最大的缺点是需要设置较长的扩散步数才能得到好的效果，这就导致样本的生成速度较慢。例如，如果设置扩散步数为 1000，那么生成一个样本就需要进行 1000 次模型推理。DDPM 的模型预测如图 12-12 所示。

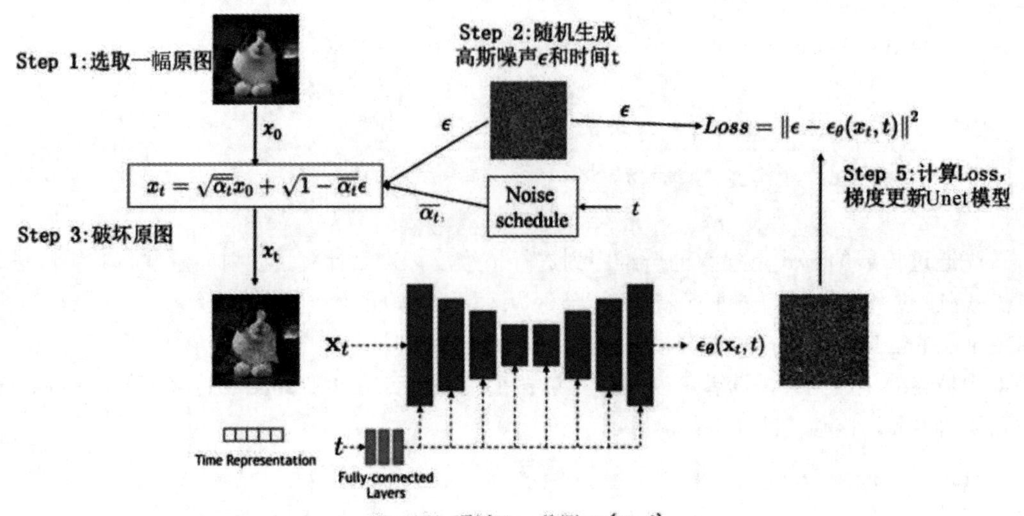

图 12-12　DDPM 的模型预测

那么有没有一种方法，可以在保持生成的图像质量不变甚至超越 DDPM 的生成图像的情况下，减少扩散的步数。答案是有的。

本节将介绍一种新的生成模型DDIM，它采用了类似于DDPM的结构，通过多阶段的高斯随机游走扩散过程，将输入信息逐步传播到更深层次的特征表示中。在每个阶段，DDIM 将前一阶段的输出作为当前阶段的输入，并利用高斯随机游走进行信息传播，从而提取更加丰富的特征。

12.3.1　直接运行的少步骤的 DDIM 手写体生成实战

正如前面所述，DDIM和DDPM具有相同的训练目标，这使得它们可以采用相同的训练策略。在训练阶段，DDIM和DDPM的训练方法完全一致，因为它们都需要学习如何从原始数据中有效地提取特征，以及如何利用这些特征进行预测。

在训练过程中，DDIM和DDPM模型的参数都是通过优化算法(如随机梯度下降)进行更新的。这些参数包括神经网络的权重和偏置，它们共同决定了模型的结构和功能。通过不断地调整这些参数，可以使模型更好地适应训练数据，从而降低预测误差。

当训练完成后，DDIM和DDPM模型的预测阶段将开始。在这个阶段，使用已经训练好的模型参数来进行预测。由于DDIM和DDPM具有相同的训练目标和训练方法，因此它们的预测结果应该是相似的，甚至在某些情况下是完全相同的。此外，由于它们的模型参数已经存档，因此可以在需要时进行共享使用。

读者可以直接使用本书提供的源码中的 DDIM 文件夹中的 predicate.py 文件进行预测，如图 12-13 所示。为了能够运行，可以直接将 12.1 节中的 DDPM 存档加载到 DDIM 的 saver 文件夹中，请读者自行运行。

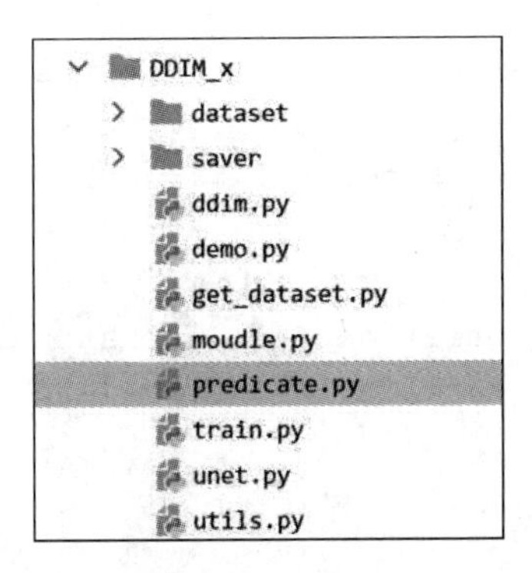

图 12-13　DDIM

下面回到 DDIM 的代码讲解，由于其训练结构和模式与 DDPM 相同，因此这部分就不再过多讲解，主要讲解实战代码。DDIM 相对于 DDPM 最重要的就是实现了一个节省了时间步的生成函数——ddim_timesteps，它专用于 DDIM 的步数设置，一般远小于 DDPM 的步数，代码如下：

```
    #请结合 DDPM 的 p_sample_loop 函数一起学习
    def p_sample_loop(model, shape,clip_denoised = True,ddim_eta=0.0):
        #函数的输入参数包括模型 model、输出图像的形状 shape、是否对去噪结果进行裁剪 clip_denoised，以及 DDIM 的参数 ddim_eta

        #这里 ddim_timesteps 专用于 DDIM 生成的步数设置，一般远小于 DDPM 的步数
        #timesteps 时间步与 ddim_timesteps 时间步 ，c 为对应整数倍差
        c = timesteps // ddim_timesteps

        #序列表示在 DDIM 过程中的时间步长
        ddim_timestep_seq = np.asarray(list(range(0, timesteps, c)))

        #将时间步长序列加 1，因为序列的起始值通常从 0 开始，而我们需要从 1 开始
        ddim_timestep_seq = ddim_timestep_seq + 1

        #生成前一个时间步长的序列
        ddim_timestep_prev_seq = np.append(np.array([0]), ddim_timestep_seq[:-1])

        #获取模型的设备
        device = next(model.parameters()).device

        #获取批处理的大小
        batch_size = shape[0]

        #生成一个与给定形状相同大小的随机噪声图像
        sample_img  = torch.randn(shape, device=device)

        #在每个时间步长上，计算 alpha 累积值（alpha_cumprod_t 和 alpha_cumprod_t_prev），这是 DDIM 模型中的关键参数
        for i in tqdm(reversed(range(0, ddim_timesteps)), desc='sampling loop time step', total=ddim_timesteps):
```

```
        t = torch.full((batch_size,), ddim_timestep_seq[i], device=device, 
dtype=torch.long)
        prev_t = torch.full((batch_size,), ddim_timestep_prev_seq[i], 
device=device, dtype=torch.long)

        alpha_cumprod_t = utils.extract(alphas_cumprod, t, sample_img.shape)
        alpha_cumprod_t_prev = utils.extract(alphas_cumprod, prev_t, 
sample_img.shape)

        #使用模型预测噪声
        pred_noise = model(sample_img, t)

        #根据预测的噪声和alpha累积值，计算去噪后的图像（pred_x0）
        pred_x0 = (sample_img - torch.sqrt((1. - alpha_cumprod_t)) * pred_noise) 
/ torch.sqrt(alpha_cumprod_t)

        #如果clip_denoised为True，则对去噪后的图像进行裁剪，使其在[-1, 1]区间
        if clip_denoised:
            pred_x0 = torch.clamp(pred_x0, min=-1., max=1.)

        #计算sigma值（sigmas_t），这是DDIM模型中的另一个关键参数，用于控制随机性
        sigmas_t = ddim_eta * torch.sqrt(
            (1 - alpha_cumprod_t_prev) / (1 - alpha_cumprod_t) * (1 - 
alpha_cumprod_t / alpha_cumprod_t_prev))

        #计算指向x_t的方向（pred_dir_xt），这是DDIM模型中的另一个关键参数
        pred_dir_xt = torch.sqrt(1 - alpha_cumprod_t_prev - sigmas_t ** 2) * 
pred_noise

        #根据去噪后的图像、指向x_t的方向和sigma值，计算前一个时间步长的图像（x_prev）
        x_prev = torch.sqrt(alpha_cumprod_t_prev) * pred_x0 + pred_dir_xt + 
sigmas_t * torch.randn_like(sample_img)

        #将噪声图像更新为前一个时间步长的图像，并继续下一个时间步长的迭代
        sample_img = x_prev

    return sample_img.cpu().numpy()
```

可以看到 p_sample_loop 函数的目标是通过迭代的方式，从纯粹的噪声图像开始，逐步生成一个尽可能接近真实数据分布的图像。具体来说，这个函数通过在DDIM模型中逐步添加噪声并从噪声中恢复原始图像的方式，生成一个去噪后的图像。

12.3.2 DDIM 的预测传播流程

首先回到DDPM的传播过程，DDPM的公式定义如下：

$$
\begin{aligned}
\mathbf{x}_t &= \sqrt{\alpha_t}\mathbf{x}_{t-1} + \sqrt{1-\alpha_t}\mathbf{z}_{t-1} && \text{; where } \mathbf{z}_{t-1}, \mathbf{z}_{t-2}, \cdots \sim \mathcal{N}(\mathbf{0}, \mathbf{I}) \\
&= \sqrt{\alpha_t\alpha_{t-1}}\mathbf{x}_{t-2} + \sqrt{1-\alpha_t\alpha_{t-1}}\bar{\mathbf{z}}_{t-2} && \text{; where } \bar{\mathbf{z}}_{t-2} \text{ merges two Gaussians (*).} \\
&= \cdots \\
&= \sqrt{\bar{\alpha}_t}\mathbf{x}_0 + \sqrt{1-\bar{\alpha}_t}\mathbf{z} \\
q(\mathbf{x}_t \mid \mathbf{x}_0) &= \mathcal{N}\left(\mathbf{x}_t; \sqrt{\bar{\alpha}_t}\mathbf{x}_0, (1-\bar{\alpha}_t)\mathbf{I}\right)
\end{aligned}
$$

这里通过一个连续的变换将一个正常的图像变形为全噪声图像。用另外一种方法对这个公式进行表达：

$$q(x_t|x_{t-1}) = N\left(x_t, \sqrt{\frac{\alpha_t}{\alpha_{t-1}}}x_{t-1}, \left(1-\frac{\alpha_t}{\alpha_{t-1}}\right)I\right) \quad \text{单步骤的加噪过程}$$

$$q(x_{1:T}|x_0) = \prod_{t=1}^{T} q(x_t|x_{t-1}) \quad \text{全局加噪过程。冒号表示过程}$$

综合上面的两条公式可以得到：

$$q(x_t|x_0) = N\left(x_t, \sqrt{\frac{\alpha_t}{\alpha_{t-1}}}x_{t-1}, \left(1-\frac{\alpha_t}{\alpha_{t-1}}\right)I\right) \quad \text{最终的加噪公式}$$

在 12.1.4 节的去噪过程中，是通过伪代码的形式完成了去噪过程，如果将其用公式的形式表示，可以得到：

$$p_\theta(x_{t-1}|x_t) = N\left(x_{t-1}, \mu_\theta(x_t,t), \sum\nolimits_\theta(x_t,t)\right) \quad \text{单步骤的加噪过程}$$

$$p_\theta(x_{0:T}) = p(x_t)\prod_{t=1}^{T} p_\theta(x_{t-1}|x_t) \quad \text{全局加噪过程。冒号表示过程}$$

这里实际上是使用神经网络$p_\theta(x_{t-1}|x_t)$来拟合真实分布$q(x_{t-1}|x_t)$，可以认为这是一个完整的马尔科夫链。仔细分析 DDPM 的前向加噪会发现，DDPM 其实仅仅依赖边缘分布$q(x_t|x_0)$，而并不是直接作用在联合分布$q(x_{1:t}|x_0)$上。这带来的一个启示是：DDPM 这个隐变量模型可以有很多推理分布来选择，只要推理分布满足边缘分布条件（扩散过程的特性）即可，而且这些推理过程并不一定要是马尔卡夫链。

基于此认识，可以将 DDIM 的前向加噪过程重新定义为：

$$q(x_{1:T}|x_0) = q(x_T|x_0)\prod_{t=1}^{T} q(x_{t-1}|x_t,x_0) \quad \text{从初始图像到最终噪声的过程公式}$$

通过上述公式的表示可以看到，对于从初始图像到最终图像，只需要修正公式为：

$$q(x_t|x_0) = N\left(x_t, \sqrt{\alpha^t}x_0, (1-\alpha^t)I\right) \quad \text{注意中间项，直接使用}x_0\text{进行计算}$$

这个公式的改变意味着前向过程并没有一个固定的目标，而是可以从原始图像生成一个任意步骤的含噪声图像。

将这个公式进行反向翻转即可得到如下的推理结论：

$x_{t-1} \leftarrow p(x_t, x_0)$　　含有任意噪声的图像可以由 x_t、x_0 和模型 p 推导出，并且 t≥2

这个公式的意义是任何一个 $t \geqslant 2$ 的，含有任意噪声的图像可以由x_t，x_0和模型p推导出，因此在推导时可以不经过一条完整的马尔科夫链计算，生成的x_t不再依靠x_{t-1}，而是以x_0为基础。这里省略了推导步骤，直接给出含有特定步骤噪声的图像生成公式：

$$x_{t-1} = \sqrt{\alpha_{t-1}}\left(\frac{x_t - \sqrt{1-\alpha_t} \cdot \epsilon(x_t, t)}{\sqrt{\alpha_t}}\right) + \sqrt{1 - \alpha_{t-1} - \alpha^2} \cdot \epsilon(x_t, t) + \sigma \cdot \epsilon \qquad \text{特定步骤的噪声生成}$$

这里将生成过程分成 3 个部分：一是由预测的x_0来产生的，二是指向x_t的部分，三是随机噪声$\sigma \cdot \epsilon$，如图 12-14 所示。

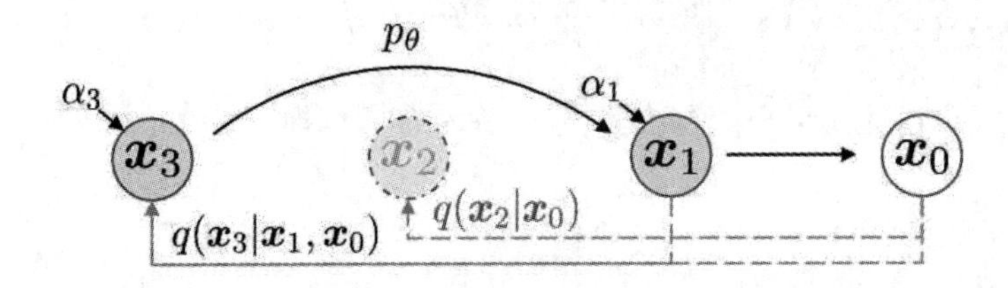

图 12-14　只需要根据步骤数以及对应含噪图像就只可以推导特定步骤的图像

基于此推导出的完整的 DDIM 生成公式如下：

$$p_\theta(x_{0:T}) = p(x_t) \cdot \prod_{t=1;i=1}^{T} p_\theta(x_{t-i}|x_t) \cdot \prod_{t \in \tau}^{T} p_\theta(x_0|x_t)$$

中间的t为当前步骤，而i为t之前的任意一个步骤，右侧为分解得到的x_0与x_t的单步骤差距，一般为预选设定好的常数。

以上就是DDIM的生成介绍，笔者在这里只分析了DDIM推导中最重要的几个公式，有兴趣的读者可以参考已发表的 DDIM 论文和教材自行学习。

12.4　本章小结

本章详细讲解了基于 Diffusion Model 的两种扩散模型 DDPM 和 DDIM 的基本概念，这一领域涉及的知识广泛且深入。Diffusion Model 是一种描述物质扩散过程的数学模型，在许多领域都有应用，包括金融、医学、环境科学等。在深度学习领域，Diffusion Model 可以用于图像处理、图像生成等。

DDPM 是一种常见的 Diffusion Model，通过将高维数据的扩散过程建模为一系列低维空间的随机游走，从而实现对高维数据的降维和特征提取。在训练 DDPM 模型时，通常采用梯度下降法来优化模型参数，同时需要设定合适的步长和迭代次数。

DDIM 模型则是在 DDPM 的基础上进行了一些改进，主要体现在生成策略与取样策略上。DDIM 模型将完整的、有明确目标的马尔科夫链转换为非马尔科夫链，因此在生成时只需要考虑初始步骤和噪音的变化。DDIM 模型的训练过程更加简单，可以更快速地收敛到较好的效果。此外，

DDIM 模型还引入了重参数化技术来避免梯度消失和梯度爆炸等问题。

可以看到，基于 Diffusion Model 的深度学习模型具有广泛的应用前景和较大的发展潜力。未来可以进一步拓展 Diffusion Model 的应用领域，改进模型的性能和效率，并探索其在多模态数据处理和跨域迁移学习等方面的应用。此外，还可以研究如何利用 Diffusion Model 进行特征生成和结构发现等问题。

第 13 章

认清物与位——基于注意力的单目摄像头目标检测实战

在前几章的叙述中，已经向读者揭示了将 Transformer 这一强大的工具引入计算机视觉领域的基本理论，并展示了注意力模型在图像处理与图像生成中的突破性应用。这些具有启示性的实例充分挖掘了注意力模型的潜力。注意力模型它以独特的方式捕捉输入数据的复杂模式，并生成具有高度可解释性和精确性的结果。然而，要真正掌握并运用这些前沿技术，需要深入的理解以及大量的实践经验。

本章将深入探讨计算机视觉领域的另一关键内容——目标检测（Object Detection）。我们将深入学习和运用基于注意力机制的目标检测方法，并借助最新的深度学习模型——DETR（DEtection Transformer），更好地洞察图像中的关键区域与核心特征，从而更加精准地检测目标。

目标检测是计算机视觉领域的一项关键任务，旨在从图像或视频中确定并定位感兴趣的目标。这项任务在实际应用中具有重要意义，例如自动驾驶、智能监控、医学图像分析等领域都会用到目标检测。近年来，基于深度学习的目标检测方法取得了显著的进展，其中基于注意力机制的方法因其优越的性能和灵活性而备受关注。

在本章中，首先介绍目标检测的基本概念，然后详解基于注意力机制的目标检测方模型 DETR，接着分析 DETR 模型的损失函数，最后基于 DETR 的目标检测进行自定义数据集实战。DETR 模型是一种基于 Transformer 的目标检测方法，它将目标检测任务视为一个直接的集合预测问题，无须进行复杂的后处理步骤。DETR 模型在 COCO 数据集上取得了优异的性能，成为目标检测领域的里程碑之作。

通过学习本章的内容，读者将了解目标检测的基本概念、常用方法以及基于注意力机制的 DETR 模型的原理和应用，并将掌握如何使用 PyTorch 实现 DETR 模型。此外，读者还将了解如何根据实际需求对 DETR 模型进行调整和优化，以提高目标检测的准确性和效率。这将为读者在计算机视觉领域的研究和实践提供有力的支持。

13.1　目标检测基本概念详解

目标检测是计算机视觉中的一项重要任务，它要求模型在图像中识别并定位出各种不同的目标。这些目标可能具有不同的形状、大小、颜色和位置，而且通常会相互重叠或遮挡。因此，目标检测是一项具有挑战性的任务，需要模型具备强大的特征学习和空间建模能力。

基于注意力机制的目标检测方法能够有效地解决这个问题。通过利用自注意力机制或多头注意力机制，这些方法可以动态地学习图像中的特征表示，并将注意力集中在那些对目标检测有重要贡献的特征上。此外，这些方法还可以有效地捕获图像中的空间信息和非局部关联，从而更好地建模图像中的复杂模式。

13.1.1　基于注意力机制的目标检测模型 DETR

目标检测是一项在图像或视频中识别并定位各类目标物体的关键任务，它对于许多计算机视觉应用（如智能驾驶、自动巡航等）具有重要意义。在开始讲解目标检测之前，首先介绍本章使用的主要目标检测模型——基于注意力机制的 DETR 模型，其中的一些大写字母缩写代表的算法，会在下一小节统一讲解。

在注意力机制出现之前，基于深度学习的目标检测方法通常可以分为两步：先通过全卷积网络（FCN）提取特征，再利用预测网络生成候选区域，最后利用分类器和回归器对候选区域进行分类和定位。但是，这种方法存在一些问题，例如，独立的预测网络和分类器/回归器之间难以协调，而且它们不能直接优化最终目标检测任务的性能指标。

DETR 模型的推出开辟了目标检测领域的新路径。DETR 模型全称为“End-to-End Object Detection with Transformers”，它将目标检测任务重新定义为一个序列到序列的问题，并借助强大的 Transformer 结构来进行模型的构建和优化。与以往的目标检测方法相比，DETR 的架构实现了质的飞跃，它是首个成功将 Transformer 融入检测流程的核心组件的框架。这种基于 Transformer 的端到端目标检测方法，不仅消除了非最大抑制（Non-Maximum Suppression，NMS）这一后处理步骤，而且完全不使用锚框（Anchor Box），在效果上甚至超过了 Faster R-CNN 的标准。DETR 检测流程如图 13-1 所示。

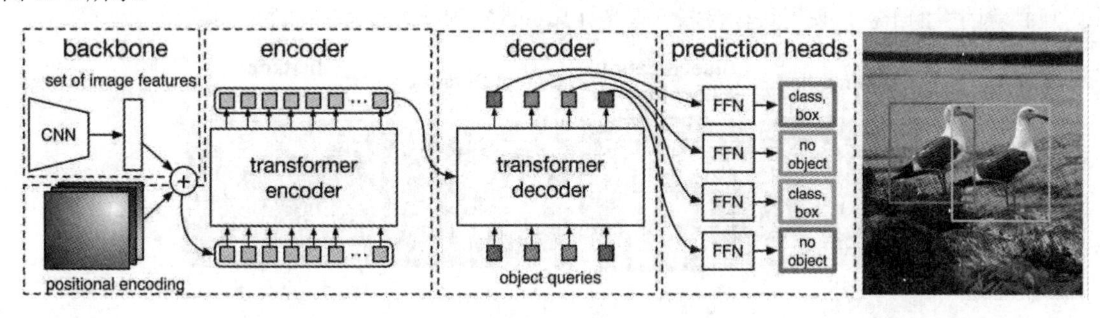

图 13-1　DETR 检测流程

DETR 模型的基本思路是，将目标检测任务转换为一个类似于自然语言处理中的机器翻译任务，即输入图像类似于自然语言中的句子，而目标物体的边界框和类别信息则相当于翻译中的目标语言。

DETR模型利用Transformer进行端到端的训练，将输入图像作为自然语言输入，将目标物体的边界框和类别信息作为翻译的输出。

DETR 模型的训练过程分为两个阶段。在第一阶段，DETR 模型使用一个类似于自编码器的结构进行训练。输入图像首先通过一个 CNN 进行特征提取，然后对得到的特征图进行一系列的卷积和池化操作，最终得到一个高维度的特征向量。这个特征向量再经过一个对称的 Transformer 结构，得到输出图像的特征抽取结果。在第二阶段，DETR 模型使用类似特征融合的方式进行训练，首先将设定的用于位置抽取的检测框（query_embedding）与图像特征进行融合，然后将融合后的特征输入解码器中进行训练。DETR 模型架构如图 13-2 所示。

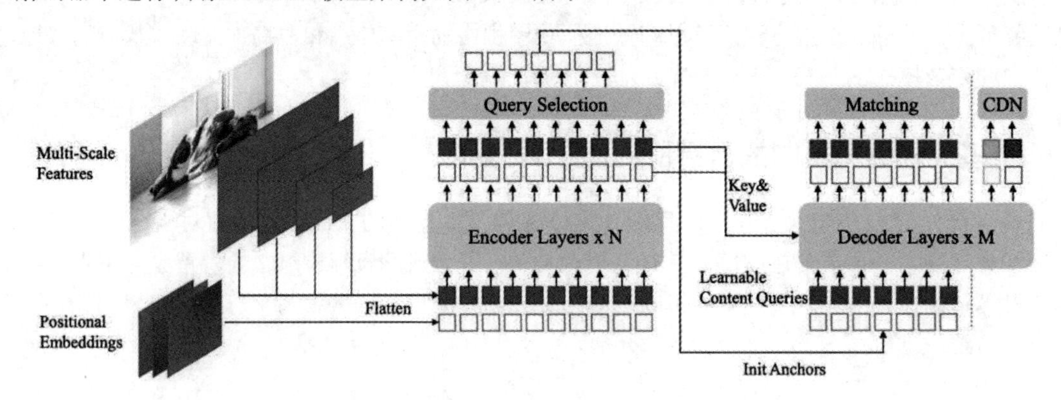

图 13-2　DETR 模型架构

DETR 模型在一定程度上解决了传统目标检测算法中 RPN、分类器和回归器之间难以协调的问题。同时，DETR 模型使用了类似于自编码器和半监督学习的方法进行训练，可以在一定程度上减少数据标注的成本。此外，DETR 模型还具有很强的可扩展性，它可以很方便地扩展到大规模的数据集上进行训练和测试。

13.1.2　目标检测基本概念（注意力机制出现之前）

目标检测是计算机视觉领域的核心问题之一，其任务是从图像中找出所有的目标（物体），并确定它们的类别和位置，如图 13-3 所示。由于各类物体有不同的外观、形状和姿态，加上成像时光照、遮挡等因素的干扰，使得目标检测一直是计算机视觉领域最具有挑战性的问题。

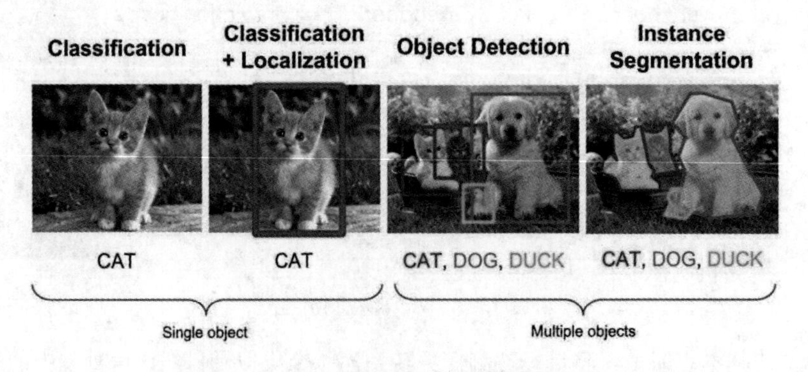

图 13-3　分类定位与目标检测

更具体地说，目标检测任务是一个分类问题和定位问题的叠加，分类是区分目标属于哪个类别，定位是确定目标所在的位置，旨在识别并定位图像或视频中的特定对象。下面是目标检测算法的一些基本概念。

注意：本小节的标题中标注了“注意力机制之前”文字，说明这部分内容在注意力机制出现后可能已经被摒弃不用了，因此读者只需要了解即可。

1. 注意力机制之前的目标检测算法分类

在注意力机制出现之前，基于深度学习的目标检测算法主要分为两大类：一类是基于 Region Proposal 的方法，另一类是基于 End-to-End 的方法。其中，Region Proposal 方法主要包括 Faster R-CNN、Region CNN（R-CNN）等，它们首先通过全图卷积网络（如 VGG、ResNet 等）提取特征，然后利用 RPN 网络生成候选区域，再对这些区域进行分类和定位。End-to-End 方法则主要包括 YOLO、SSD 等，它们直接对整图进行卷积，并同时得到目标物体的类别和位置，因此速度较快，但定位精度略低。

2. 卷积神经网络

卷积神经网络是深度学习中最为核心的技术之一，也是目标检测算法的基础。CNN 通过一系列的卷积核和池化操作，提取图像中的特征，并将这些特征用于后续的分类和定位任务。基于 CNN 的目标检测算法通常会使用预训练模型（如 VGG、ResNet 等）来提取特征，并使用特定层（如全连接层）进行最终的分类和定位。

3. 注意力机制之前常用的锚框

锚框是目标检测算法中用于初始化和定位目标物体的一个关键概念。锚框通常是在训练集上根据各类目标物体的尺寸和比例预先定义好的，并在预测阶段用于生成候选区域。在预测网络中，卷积神经网络会根据输入的锚框进行预测，得到每个锚框的类别和位置偏移量，从而得到每个候选区域的位置和大小。

4. 注意力机制之前常用的非最大抑制

非最大抑制是一种用于目标检测的后处理技术。因为经过预测网络生成的候选区域可能会有重叠或者冗余，所以提出了 NMS。它通过抑制那些与真实目标重叠较大的冗余框，保留那些与真实目标更为接近的框，来提高目标检测的准确率和性能。

以上是目标检测一些基本概念，虽然有些内容在注意力机制出现后不再使用，但是了解其内容和基本概念还是有助于后续的学习的。

13.1.3 目标检测基本概念（注意力机制出现之后）

下面介绍注意力机制出现之后的目标检测的一些概念。

1. IoU概念详解

IoU（Intersection over Union）是目标检测任务中的一个重要概念，用于衡量预测框与真实框之间的重叠程度。

目标检测任务的目标是识别出图像或视频中的各类目标物体，并对每个目标物体进行准确定位。为了评估模型在目标检测任务中的性能，需要一种方法来衡量预测框与真实框之间的重叠程度。在这种情况下，IoU 应运而生。

IoU 的计算方式如下：

（1）计算两个边界框的交集区域（Intersection Area）。交集区域是指两个边界框重叠部分的面积。

（2）计算两个边界框的并集区域（Union Area）。并集区域是指两个边界框的面积之和。

（3）计算交集区域与并集区域的比值（Intersection over Union）。将交集区域除以并集区域，得到 IoU 值。

$$\text{IoU} = \frac{A \cap B}{A \cup B}$$

直观来讲，IoU 就是两个图形面积的交集和并集的比值，如图 13-4 所示。

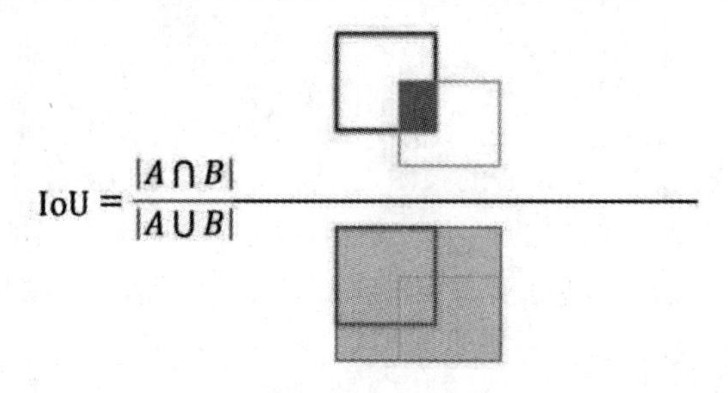

图 13-4　IoU

IoU 值的范围为 0~1，其中 0 表示两个边界框完全没有重叠，1 表示两个边界框完全重合。一般来说，如果 IoU 大于一定阈值（如 0.5），则认为预测框与真实框相匹配。使用 Python 实现 IoU 的代码如下：

```
box1 = [0, 0, 6, 8]
box2 = [3, 2, 9, 10]

def IoU(box1, box2):
    #计算中间矩形的宽和高
    in_w = min(box1[2], box2[2]) - max(box1[0], box2[0])
    in_h = min(box1[3], box2[3]) - max(box1[1], box2[1])

    #计算交集、并集面积
    inter = 0 if in_w <= 0 or in_h <= 0 else in_h * in_w
    union = (box2[2] - box2[0]) * (box2[3] - box2[1]) +\
            (box1[2] - box1[0]) * (box1[3] - box1[1]) - inter
    #计算 IoU
    iou = inter / union
    return iou
print(IoU(box1, box2))
```

下面举个形象化的例子，如图 13-5 所示，矩形 AC 与矩形 BD 相交，它们的顶点 A、B、C、D 分别是 A(0,0）、B(3,2)、C(6,8)、D(9,10)。

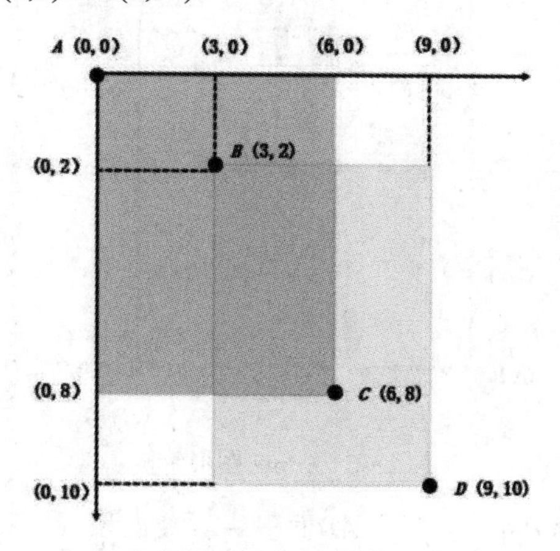

图 13-5　IoU 图形示例

此时 IoU 的计算公式应为：

$$
\begin{aligned}
\text{IoU} &= \frac{A\cap B}{A\cup B} = \frac{\textit{相交面积}}{AC\textit{面积}+BD\textit{面积}-\textit{相交面积}} \\
&= \frac{(6-3)\times(8-2)}{(6-0)\times(8-0)+(9-3)\times(10-2)-(6-3)\times(8-2)} \\
&= \frac{18}{78} = 0.23
\end{aligned}
$$

通过计算可得两个矩形的 IoU 值为 0.23。

IoU 在目标检测任务中起着至关重要的作用，它被广泛应用于各种目标检测指标的评估，还可以作为损失函数值指导模型的训练过程。

2. GIoU概念详解

GIoU（Generalized Intersection over Union）相较于 IoU 多了一个“Generalized”，这也意味着它能在更广义的层面上计算 IoU，并解决“两个图像没有相交时，无法比较两个图像的距离远近”的问题。GIoU 的计算公式为：

$$
\text{GIoU} = \text{IoU} - \frac{[C-(A\cap B)]}{C} \qquad \text{C 为两个图像的最小外接矩形面积}
$$

由 GIoU 的公式可以看到，原有的 IoU 取值为[0,1]，而 GIoU 的取值为[−1,1]，因此当两个图像完全重合时，IoU=GIoU=1；而在两个图像没有交集的时候，IoU=0。与 IoU 只关注重叠区域不同，GIoU 不仅关注重叠区域，还关注非重叠区域，这样能更好地反映两个图像的重合度。

下面用一个图形对 GIoU 的计算进行演示，同样使顶点 A、B、C、D 分别是 A(0,0）、B(3,2)、C(6,8)、D(9,10)，如图 13-6 所示。

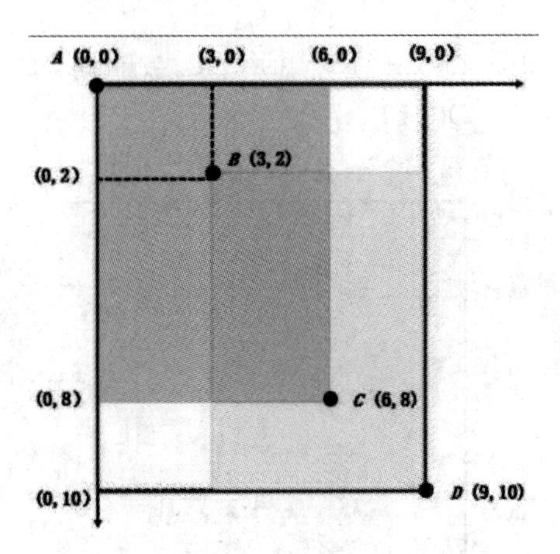

图 13-6　GIoU 图形示例

$$\text{GIoU}=\text{IoU}-\frac{[C-(A\cap B)]}{C}=0.23-\frac{AD\text{面积}-\text{并集面积}}{AD\text{面积}}=0.23-\frac{9\times10-78}{9\times10}\approx0.10$$

使用 Python 实现 GIoU 的代码如下：

```
import numpy as np
#box : [左上角 x 坐标，左上角 y 坐标，右下角 x 坐标，右下角 y 坐标]
#box: [ 0          1          2          3 ]

box1 = [0, 0, 6, 8]
box2 = [3, 2, 9, 10]
#GIoU
def GIoU(box1, box2):
    #计算两个图像的最小外接矩形的面积
    x1, y1, x2, y2 = box1
    x3, y3, x4, y4 = box2
    area_c = (max(x2, x4) - min(x1, x3)) *\
             (max(y4, y2) - min(y3, y1))

    #计算中间矩形的宽和高
    in_w = min(box1[2], box2[2]) - max(box1[0], box2[0])
    in_h = min(box1[3], box2[3]) - max(box1[1], box2[1])

    #计算交集、并集面积
    inter = 0 if in_w <= 0 or in_h <= 0 else in_h * in_w

     union = (box2[2] - box2[0]) * (box2[3] - box2[1]) + \
           (box1[2] - box1[0]) * (box1[3] - box1[1]) - inter
    #计算 IoU
    iou = inter / union

    #计算空白面积
    blank_area = area_c - union
    #计算空白部分占比
    blank_count = blank_area / area_c
```

```
    giou = iou - blank_count
    return giou

print(GIoU(box1, box2))
```

相对于 IoU 来说，GIoU 的目标就是最小化 C，在这个过程中使得检测框和真实框不断靠近，从而达到一个最好的模型训练效果。

顺便说一下，除了这里介绍的 IoU、GIoU，为了提高模型的准确率和满足不同的应用场景，还有 DIoU (Distance-IoU)和 CIoU (Complete-IoU)，读者可以自行学习。

13.2　基于注意力机制的目标检测模型 DETR 详解

13.1 节讲解了基于注意力机制的目标检测的一些基本算法，本节将围绕 DETR 模型进行详细的讲解。从模型结构上来说，DETR 可拆分成 3 个部分：通过 CNN 抽取图像特征、基于注意力的编码器学习图像全局特征，最后计算二分图匹配损失。其中注意力架构和二分图匹配损失是分析重点。

本节首先基于预训练模型实现一个实用化目标检测网页，之后讲解 DETR 的模型架构和重要的目标检测损失设计。

13.2.1　基于预训练 DETR 模型实现的实用化目标检测网页

在进入正式讲解之前，读者可以先运行随书源码中的 weiUI.py 文件，这里是笔者以预先训练好的一个 DETR 模型为基础完成的实用化目标检测网页，效果如图 13-7 所示。

图 13-7　实用化目标检测网页效果

对 DETR 的使用这里不做介绍，读者只需要知道完成网页需要调用 streamlit 进行后续的处理，streamlit 的安装方式如下：

```
pip install streamlit
```

之后可以按如下步骤完成 DETR 网页版的启动。

1. 定位weiUI.py的位置并启动

笔者在本章提供了一个已完成的 weiUI 程序，其作用是使用预训练的 DETR 完成图像目标检测，如图 13-8 所示。

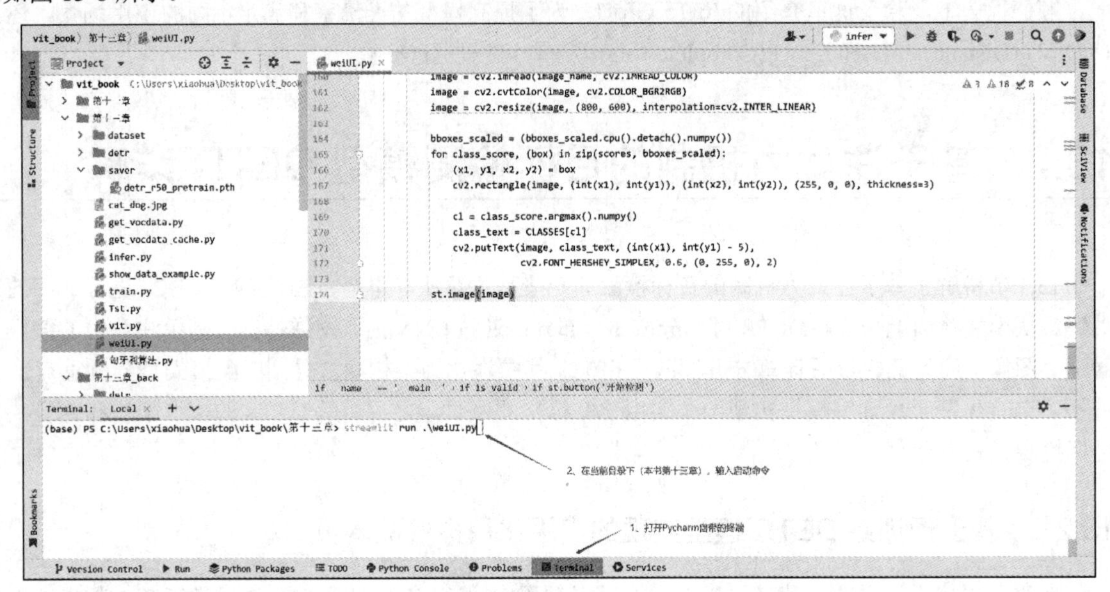

图 13-8　weiUI 程序

程序启动后，会自动弹出一个 HTTP 地址，这是网页端正在运行的 streamlit 事件程序，打开该地址，效果如图 13-9 所示。

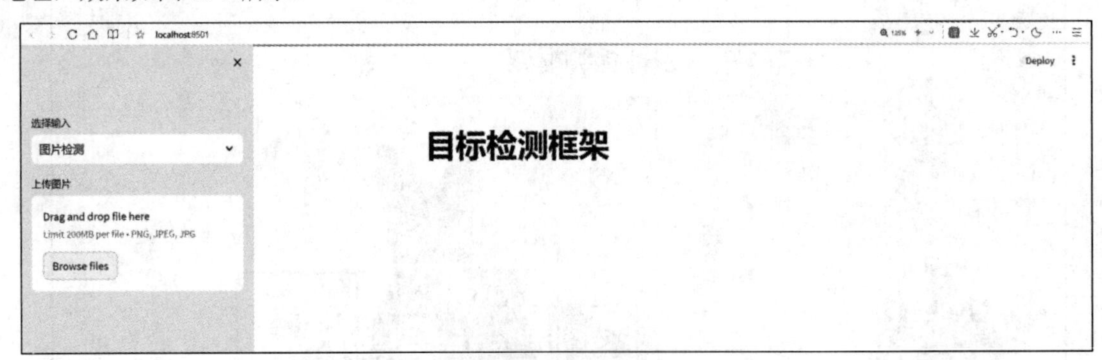

图 13-9　目标检测网页

2. 使用目标检测网页进行网页识别

笔者在程序的同一目录下提供了一幅动物图像（cat_dog.jpg），读者可以单击 Browse files 按钮上传该图像，等图像上传完毕后，单击“开始检测”按钮对图像进行检测，如图 13-10 所示。

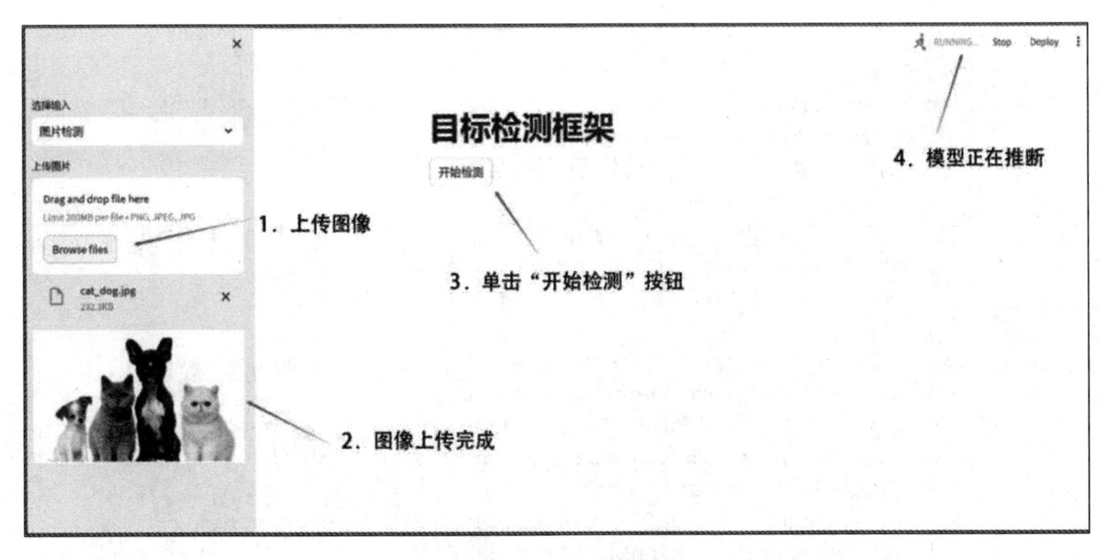

图 13-10 检测图像

最终结果参看图 13-7 所示。读者可以选择更多的图像进行检测。

13.2.2 基于注意力的目标检测模型 DETR

目标检测是计算机视觉领域的一个重要任务，它的目标是在图像或视频中识别并定位出特定的对象。在这个过程中，需要确定对象的位置和类别，以及可能存在的多个实例。

DETR 模型通过端到端的方式进行目标检测，即从原始图像直接检测出目标的位置和类别，而不需要进行区域提议或特征金字塔等步骤。

DETR 模型的核心思想是将目标检测任务转换为一个序列到序列的问题。它将输入图像视为一个序列，并使用 Transformer 编码器将其转换为一种可被解码器理解的形式。具体来说，DETR 模型使用 CNN 来提取图像特征，然后将其输入 Transformer 编码器中进行处理。再使用一个 Transformer 解码器来逐步解码出目标的位置和类别。完整的 DETR 模型的架构如图 13-11 所示。

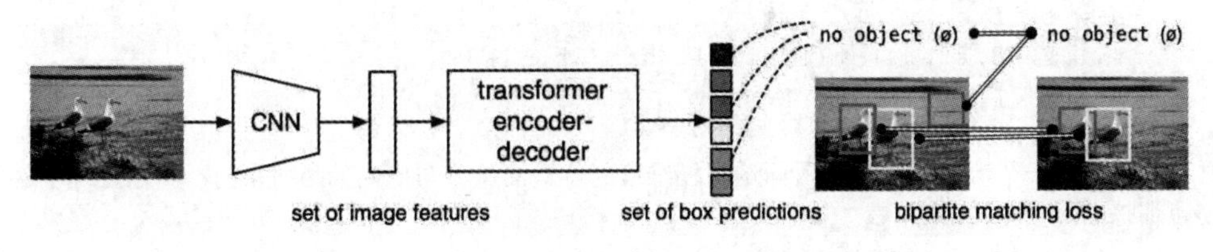

图 13-11 完整的 DETR 模型架构

下面借用在 13.2 节中实现的 DETR 目标检测模型进行讲解。完整的 DETR 模型代码如下：

```
import torch
from torch import nn
from torchvision.models import resnet50

class DETR(nn.Module):
    def __init__(self,num_classes = 
92,hidden_dim=256,nheads=8,num_encoder_layers=6,num_decoder_layers=6):
```

```
        super().__init__()
        #创建 ResNet-50 的骨干（backbone）网
        with torch.no_grad():
            self.backbone = resnet50()
            #清除 ResNet-50 骨干网最后的全连接层
            del self.backbone.fc
        #创建转换层，1×1 的卷积，主要起到改变通道大小的作用
        self.conv = nn.Conv2d(2048,hidden_dim,1)
        #利用 PyTorch 内嵌的类创建 Transformer 实例
        self.transformer =
nn.Transformer(hidden_dim,nheads,num_encoder_layers,num_decoder_layers)
        #预测头，多出的类别用于预测 non-empty slots
        self.linear_class = nn.Linear(hidden_dim,num_classes)
        self.linear_bbox = nn.Linear(hidden_dim,4)
        # 输出检测槽编码(object queries)
        self.query_pos = nn.Parameter(torch.rand(100,hidden_dim))
        #可学习的位置编码，用于指导输入图形的坐标
        self.row_embed = nn.Parameter(torch.rand(50,hidden_dim//2))
        self.col_embed = nn.Parameter(torch.rand(50,hidden_dim//2))
        self._reset_parameters()

    def forward(self,inputs):
        #将 ResNet-50 网络作为 backbone
        x = self.backbone.conv1(inputs)
        x = self.backbone.bn1(x)
        x = self.backbone.relu(x)
        x = self.backbone.maxpool(x)
        x = self.backbone.layer1(x)
        x = self.backbone.layer2(x)
        x = self.backbone.layer3(x)
        x = self.backbone.layer4(x)        #将 ResNet-50 网络作为 backbone

        #从 2048 维度转换到可被 Transformer 接受的 256 维特征平面
        h = self.conv(x)
        #(1,2048,25,34)->(1,hidden_dim,25,34)
        # 构建位置编码
        B,C,H,W = h.shape
        #创建一个可训练的与输入向量同样维度的位置向量，与原始的 DETR 的不同之处在于这里的位
置向量是可训练的
        pos = torch.cat([self.col_embed[:W].unsqueeze(0).repeat(H,1,1),self.
row_embed[:H].unsqueeze(1).repeat(1,W,1),],dim=-1).flatten(0,1).unsqueeze(1)

        #将图像特征与位置信息进行合并
        src = pos+0.1*h.flatten(2).permute(2,0,1)
        #创建查询函数
        tgt = self.query_pos.unsqueeze(1).repeat(1,B,1)
        #通过 Transformer 继续前向传播
        #参数 1：(h*w,batch_size,256),参数 2：(100,batch_size,hidden_dim)
        #输出：(hidden_dim,100)-->(100,hidden_dim)
        h = self.transformer(src,tgt).transpose(0,1)
```

```
        #将 Transformer 的输出投影到分类标签及边界框
        return {'pred_logits':self.linear_class(h),'pred_boxes':
self.linear_bbox(h).sigmoid()}

    def _reset_parameters(self):
        for p in self.parameters():
            if p.dim() > 1:
                torch.nn.init.xavier_uniform_(p)
```

从上面模型架构的实现代码上来看，整体 DETR 设计较为简单，可以分为 3 个主要部分：backbone、Transfomer 和 FFN。

1. backbone组件

backbone 是 DETR 模型的第一部分，主要用于在图像上提取特征，生成特征图。这些特征图将作为输入传递给 Transformer Encoder。backbone 通常使用类似于 ResNet 或 CNN 模型来提取特征。

DETR 将 Resnet50 作为 backbone 进行特征抽取，这样做的目的是可以直接使用 PyTorch 2.0 中提供的预训练模型和权重，从而节省了训练时间。

```
    #将 ResNet-50 网络作为 backbone
    x = self.backbone.conv1(inputs)
    x = self.backbone.bn1(x)
    x = self.backbone.relu(x)
    x = self.backbone.maxpool(x)
    x = self.backbone.layer1(x)
    x = self.backbone.layer2(x)
    x = self.backbone.layer3(x)
    x = self.backbone.layer4(x)          #利用 ResNet-50 网络作为 backbone
```

将 ResNet 提取的特征图转换成特征序列后，图像就失去了像素的空间分布信息，所以下一步中的 Transformer 就需要引入位置编码。把特征序列和位置编码序列拼接起来，作为编码器的输入。

在这里使用了两个可学习的向量作为位置编码的表示，使用两个向量的原因是分别从行和列的角度去对图像进行表示，从而在合成以后能够完整地对图像进行映射。

```
    pos = torch.cat([self.col_embed[:W].unsqueeze(0).repeat(H,1,1),self.
row_embed[:H].unsqueeze(1).repeat(1,W,1),],dim=-1).flatten(0,1).unsqueeze(1)
```

2. Transformer构成

Transformer 是 DETR 模型的第二部分，它是由编码器和解码器构成，如图 13-12 所示。

编码器用于对 backbone 输出的特征图进行编码。这个编码过程主要是通过多头自注意力机制实现的。在 DETR 模型中，每个多头自注意力之前都使用了位置编码，这种位置编码方式可以帮助模型更好地理解图像中的空间信息。

需要注意，Transformer 还包括一个解码器部分，用于将 Transformer 编码器的输出解码为最终的目标检测结果。与编码器不同的是，DETR 的解码器在处理图像目标检测时需要同时预测目标的位置和类别。因此，它的输入由 src 和 tgt 组成，而 src 又是通过将编码器的输出与物体的位置信息相结合而生成的。tgt 是解码器模块的输入中的一个关键组成部分，它以无效数据的形式存在，但是在形式上与输出部分保持一致。具体来说，tgt 的维度被设计成与待查询的检测槽编码相匹配，以便在模型处理过程中发挥重要作用。

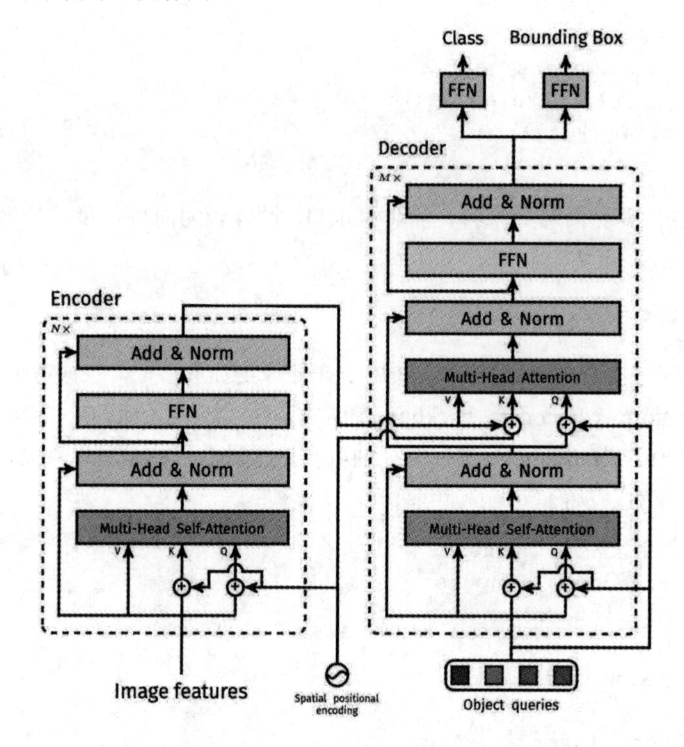

图 13-12　DETR 中的 Transformer 组件

本例使用 PyTorch 提供的 Transformer 预构建的类作为特征抽取类，其实现如下：

```
    B,C,H,W = h.shape
    #创建一个可训练的与输入向量同样维度的位置向量，与原始的DETR不同之处在于这里的位置向量是可
训练的
    pos = torch.cat([self.col_embed[:W].unsqueeze(0).repeat(H,1,1),self.row_
embed[:H].unsqueeze(1).repeat(1,W,1),],dim=-1).flatten(0,1).unsqueeze(1)
    src = pos+0.1*h.flatten(2).permute(2,0,1)
    tgt = self.query_pos.unsqueeze(1).repeat(1,B,1)
    #Transformer继续前向传播通过
    #参数1：(h*w,batch_size,256),  参数2：(100,batch_size,hidden_dim)
    #输出：(hidden_dim,100)-->(100,hidden_dim)
    h = self.transformer(src,tgt).transpose(0,1)
```

从代码中可以看到，src 是合并了图像特征与位置信息的向量，而 tgt 是用于查询的“检测槽”参数，目的是从输入向量中“查询”特定目标的类别和位置信息。

3. 分类器FFN

FFN 一般使用两个全连接层作为分类器，其作用是对基于 Transformer 编码和查询后的特征向量进行分类计算，代码如下：

```
    {'pred_logits':self.linear_class(h),'pred_boxes':self.linear_bbox(h).sigmoi
d()}
```

这里的 self.linear_class 和 linear_bbox 分别是对查询结果类别和位置的计算，分别用于预测分类和边界框回归。

为了更好地符合边界框的计算，在输入训练数据时，边界框以小数的形式存在，代表占行或者列长度的比例，因此这里需要一个 sigmoid 函数将线性回归的结果映射到(0,1)范围内，并将其视为概率值。具体来说，sigmoid 函数可以将任意实数映射到(0,1)区间内，因此可以用它来将边界框的坐标映射到其概率值的范围内。通过这种方式，sigmoid 函数为边界框回归提供了一种有效的解决方案，使得预测结果更加准确。

以上就是对 DETR 模型的讲解。可以看到，DETR 模型在架构设计上并没有太过于难懂的部分，可以认为是前面所学知识的集成。DETR 在目标检测上的成功除了模型的设计外，还有一个重大创新就是开创性地提出了新的损失函数，目标检测中的损失函数通常由两部分组成：类别损失和边界框损失。对于类别损失，一般采用交叉熵损失函数，而在边界框损失方面，一般采用 L1 或 L2 损失函数。然而，DETR 算法采用了不同的方式来计算类别损失和边界框损失。

DETR 算法中的损失函数采用了基于二部图匹配的方式进行计算。具体来说，该算法首先将 ground truth 和预测的 bounding box 进行匹配，然后通过对比匹配结果和真实标签之间的差异来计算损失值。我们将在下一节详细讲解 DETR 的损失函数。

13.3 DETR 模型的损失函数

基于深度学习的目标检测模型已经取得了重大进展，其中 DETR 模型是一种备受瞩目的新型模型。然而，如何设计一个有效的损失函数来优化 DETR 模型是一个具有挑战性的问题。

DETR 模型假设每个图像中都存在 N 个目标，每个目标由一个类别标签 c 和一个边界框 b 来表征。为了进行目标检测，DETR 采用一个固定大小的集合来表示预测的目标，其中每个元素由一个类别分数向量 s 和一个边界框向量 t 组成。为了实现预测集合与真实集合之间的最优二分匹配，需要确定一个一对一的映射，使得总匹配代价（损失函数）最小。

匹配代价由类别损失和边界框损失两部分组成。类别损失采用交叉熵损失来衡量预测类别分数与真实类别标签之间的差异。边界框损失采用广义 GIoU 损失来衡量预测边界框与真实边界框之间的重叠程度。这两部分损失的加权和构成了总匹配代价。权重是一个可调节的超参数，可以根据不同的任务和数据集进行调整，以实现最佳的性能表现。

相对于传统只计算 IoU 和交叉熵损失函数的目标检测方法，DETR 模型开创性地提出了二分图匹配算法（又叫匈牙利算法），其最大的作用就是在最小损失函数的基础上解决了类别与真值框一一匹配的问题。

DETR 模型也对 IoU 计算的损失函数做了改进，采用 GIoU 作为替代，从而使得模型在计算时能够一步一步地按照减少损失函数值的方向进行优化，具体方法会在下面进行讲解。

13.3.1 一看就会的二分图匹配算法

为了解决目标匹配问题，二分图匹配算法被提出。二分图匹算法是一种在图论中求解最大匹配问题的经典算法，于 1965 年由美国的哈罗德·库恩提出。在图论中，最大匹配问题是在给定图中找到一个匹配，该匹配包含的边的数量最大。该算法主要基于一个思想：在一个二分图中寻找增广路径。

以上是对二分图匹配算法的解释，下面我们换一个方式进一步解释。例如，森林中有3只鸟，人类为了鸟类的繁衍生息，决定在5棵树上搭建鸟巢，每棵树只能容纳一只鸟。由于每棵树的高矮茂密不同，每只鸟的生活习性也不同，我们希望通过搭建鸟巢使得每一只鸟都获得一个最优的生活环境，于是应该在哪棵树上搭建鸟巢成为一项需要解决的重要的任务。

通过以往的研究可知，每只鸟对于每棵树的认可程度如表13-1所示。

表13-1　每只鸟对于每棵树的认可程度

认知程度	喜鹊	燕子	翠鸟
杉树	1.2	1.5	1.4
松树	0.5	0.6	0.8
桂树	1.4	1.2	1.4
柳树	1.8	1.8	1.8
灌木丛	1.6	1.7	1.2

因此，如果我们希望最终的鸟巢设置能够让每只鸟都获得最大程度的认可，则要将每只鸟的认可程度的总值最大化：

$$value = sum([喜鹊|树木],[燕子|树木],[翠鸟|树木]) \quad 最大化这个值$$

$$loss = -value \quad 等价于最小化这个负值$$

下面的问题就是找到这个能够使得 value 最大化，而损失作为负数最小化的排列组合。当然，读者可以先手动地对所有的排列组合做一个全排列，然后找到那组最优化的排列。但是这个过程会耗费大量的时间，而二分图匹配算法就是为了解决此种找到最优化的排列组合的问题。基于此算法的排列计算代码如下：

```
import numpy as np
from scipy.optimize import linear_sum_assignment
matrix = [
    [1.2, 1.5, 1.4],
    [0.5, 0.6, 0.8],
    [1.4, 1.2, 1.4],
    [1.8, 1.8, 1.8],
    [1.6, 1.7, 1.2],
]

goodAt =np.array(matrix)
weakAt= - goodAt
row_ind,col_ind=linear_sum_assignment(weakAt)

birds = ["喜鹊","燕子","翠鸟"]
trees = ["杉树","松树","桂树","柳树","灌木丛"]
for i in range(len(col_ind)):
    print( trees[row_ind[i]], " -> ", birds[col_ind[i]])
```

上面代码输出结果会根据设置的矩阵完成最优化组合，结果如图13-13所示。

```
桂树   ->  翠鸟
柳树   ->  喜鹊
灌木丛  ->  燕子
```

图 13-13　输出结果

由上面结果可以看到，通过算法计算，使得每个鸟巢配对一种动物，从而使得效果最大化（损失函数最小化）。这个问题通常被称为“线性总和分配”问题，它寻找一个代价最小的分配方案。其中更为细节的部分读者可以自行完成，笔者在这里仅仅演示了二分图匹配算法的使用。

13.3.2　基于二分图匹配算法的目标检测的最佳组合

目标检测的目的是对图像中物体的类别以及所处位置进行检测，即同时需要考虑检测物体的数目、物体的种类以及检测框的定位位置。

二分图匹配算法的核心在于如何高效地将两种不同的排列进行最优组合。在目标检测中，这种算法可以将类别检测和定位框的确定最优地结合在一起，从而显著提高目标检测的精度和效率。它可以捕捉到输入数据的复杂模式，进一步优化损失函数，并提高计算效率。

1. 算法的说明

对于任何一个物体来说，其中所蕴含的目标物是不可知的。例如，在未检测之前，你知道图 13-14 所示的图片中含有多少只鸟吗？

图 13-14　你知道图片中有多少只鸟吗

如果模型足够强大，可以无限地去数清楚图片中的鸟的个数。但是从实际出发和出于硬件本身的考虑，其计算容量是有限的，因此在使用模型进行识别之前，可以预先设定一个模型辨识的最大物体数目。这个数目既可以保证模型能够辨识出足够多的物体，也可以保证模型在硬件上运行的效率。

但是具体到实际图片来说，每幅图中蕴含的物体个数是不同的。例如，如果我们设置 100 个检测框，也就是准备 100 个槽位（见图 13-15），同时对图像中的物体进行检测，即模型可以同时对 100 个物体进行检测，这也是可以的。

图 13-15　具有 100 个槽位的检测框

这样做就是强制让模型的每个槽位学会对一种物体进行检测。这里需要梳理一个思路，在这个槽序列中，每个物体在检测列表中的位置是不变的，例如“鸽子”在槽位 1，则其永远为槽位 1。

我们采用一个更符合实际场景的假设，即每幅图像仅包含 3 只待检测的鸟类，如图 13-16 所示。这样的数据将更贴近实际应用需求，有助于我们更准确地评估模型的性能。

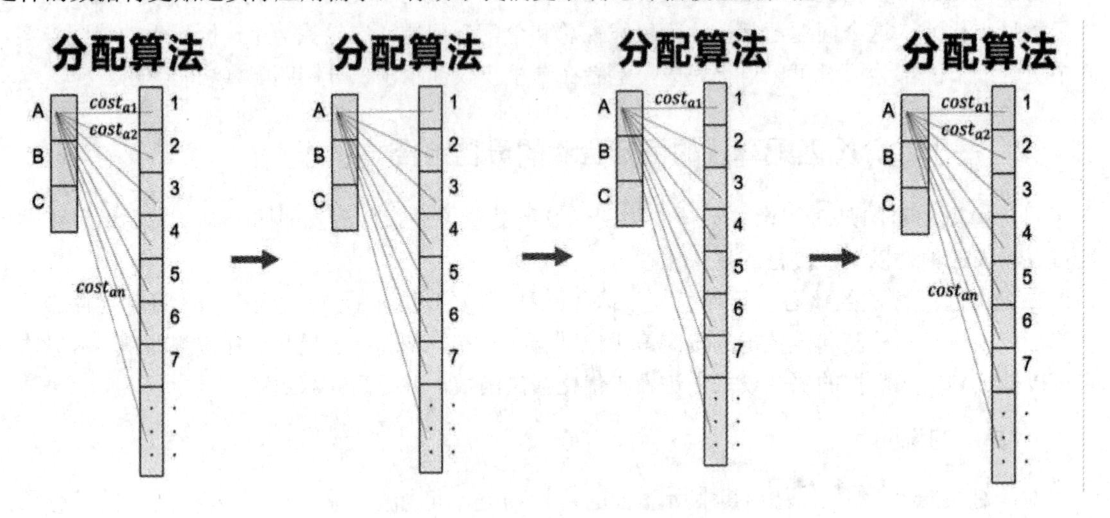

图 13-16　每幅图像中包含 3 只待检测的鸟类

但是问题又来了，这里的 A 可以分配到检测器中 100 个槽位中的任意一个。例如，A 这个类被第一个槽位检测到了，但是检测器中有 100 个槽位，每个槽位都会对 A 这个物体做出反应，并给出一个 A 物体是什么归属的概率值 cost1、cost2……，而每个配对对应的值都不相同。

在这里，可以根据损失函数的传统计算方法，以最小值作为最合适的条件。换一种表述方法，将其组成矩阵的形式进行配对（笔者将其起名为 cost matrix），如图 13-17 所示。

	A	B	C
1	$cost_{a1}$	$cost_{b1}$	$cost_{c1}$
2	$cost_{a2}$	$cost_{b2}$	$cost_{c2}$
3	$cost_{a3}$	$cost_{b3}$	$cost_{c3}$
4	$cost_{a4}$	$cost_{b4}$	$cost_{c4}$
5	$cost_{a5}$	$cost_{b5}$	$cost_{c5}$
6	$cost_{a6}$	$cost_{b6}$	$cost_{c6}$
7	$cost_{a7}$	$cost_{b7}$	$cost_{c7}$
.	.	.	.
.	.	.	.
100	$cost_{a100}$	$cost_{b100}$	$cost_{c100}$

图 13-17　组合成 cost matrix

由上图可以清楚地看到 A、B、C 3 个目标对于每个槽位都有目标的概率值。但是问题来了，每组 ABC 都会带有一套任意的组合，而我们只需要一套唯一组合实现配对，如图 13-18 所示。

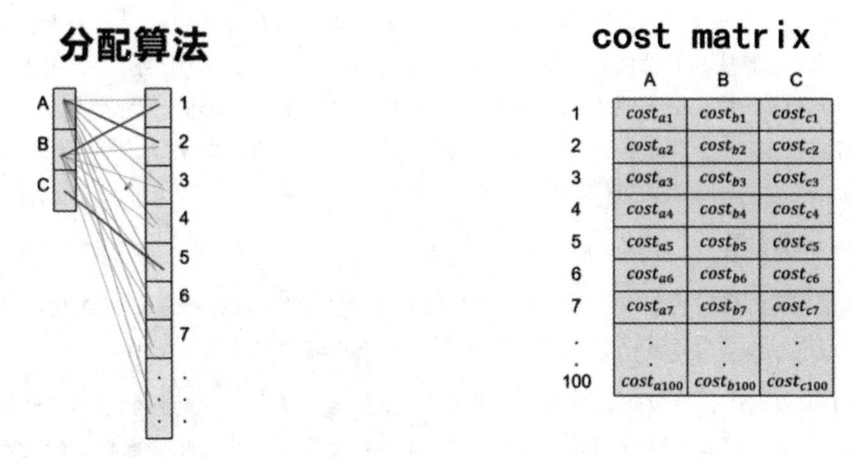

{ [A – 1]　, [B – 2], [C – 3] }　**存在，但不是最优配对**

{ [A – 2]　, [B – 1], [C – 5] }　**是最优配对**

……

{ [A – 7]　, [B – 8], [C – 7] }　**存在，但不是最优配对**

图 13-18　cost matrix 的各个组合

那么如何找到这个最优值呢？最简单的办法，就是将所有的配对组合值相加在一起，以值最小的那组合作为标准进行取舍，如图 13-19 所示。

SUM({ [A – 1], [B – 2], [C – 3] }) = 0.1　　sum**值最小**

SUM({{ [A – 2], [B – 1], [C – 5] }) = 0.2

……

SUM({{ [A – 7]　, [B – 8], [C – 7] }) = 0.15

图 13-19　对 cost matrix 的各个组合进行计算

从上图可以看到，通过这种计算找到一个值最小的组合，从而实现对不同目标物落在哪个槽位的确认。

上一节我们已经介绍了 DETR 模型的网络结构，它还有一个非常重要的技巧，就是训练时正负样本如何分配。如果正负样本的分配策略没有确定，则模型将无法迭代优化。

为了实现一对一的预测，在训练时，每个预测框（object query）就只对应一个目标框。我们将所有预测框看作一个集合，目标框看作另一个集合，现在需要为一个集合里的每个元素，在另一个集合中独占地找到一个元素与之配对。这个问题可以通过二分图匹配算法解决。二分图匹配算法通过最小化“匹配开销”来找到最优匹配，其中开销函数定义如下：

$$-\mathbb{1}_{\{c_i\neq\varnothing\}}\hat{p}_{\sigma(i)}(c_i)+\mathbb{1}_{\{c_i\neq\varnothing\}}\mathcal{L}_{\text{box}}(b_i,\hat{b}_{\sigma(i)})$$

$$\lambda_{\text{iou}}\mathcal{L}_{\text{iou}}(b_i,\hat{b}_{\sigma(i)})+\lambda_{\text{L1}}||b_i-\hat{b}_{\sigma(i)}||_1$$

上面的开销函数分为两部分：分类开销和边框回归开销。分类开销是预测框在分配的目标框类别上预测的概率乘以-1，也就是说预测框预测的类别概率越高，则开销越小。而边框回归开销是 GIoU 损失加上中心点、长和宽 4 个值的 L1 损失。需要注意，所有开销仅针对分配为正类的样本。

关于二分图匹配算法的具体实现，读者可以参考下面的“算法的示例讲解”。由于预测框的数量是固定的，而目标框数量根据输入图片而变化，且数量是少于预测框的，因此为了能实现一一对应，需要为预测框添加一个背景类，数量是目标框和预测框的差值。如果预测框匹配到了某个目标框，那它就是正样本，否则就是负样本。

2. 算法的示例讲解

二分图匹配算法的核心就是找到一组匹配值使得匹配后的权重连线总和最大化，即匹配值总和最高，而加上负号后则会让其匹配总值最低。下面逐条对这个算法进行讲解。

注意：为了形象起见，将检测器称为“检测槽”。每个检测槽点具有的检测能力为识别 100 个不同物体，并且强制规定了每个槽点每次检验只能输出一个结果，而且彼此槽点输出的检测结果不能重复。

```
    #这里 output 是网络输出，为了简单起见，有 3 个检测槽位，从 7 个类别中检测物体，并且输出了 3 个位置
    #为了好表达，将它们放到一个字典里
    outputs =
{'logits':torch.randn(size=(2,3,7)),'boxes':torch.randn(size=(2,3,4))}

    #这里是抽取的输入数据维度大小，后续计算使用
    bs,num_queries = outputs["logits"].shape[:2]

    ##为了计算损失函数值，将生成的预测在第一和第二维度上展平，并对最后一个维度应用 softmax 函数，得到每个类别的概率分布
    out_prob = outputs["logits"].flatten(0, 1).softmax(-1)  #[batch_size * num_queries, 7] 这里的 7 是类别
    out_bbox = outputs["boxes"].flatten(0, 1)  #[batch_size * num_queries, 4]  #对坐标进行变换

    #假设了两幅图像，第一幅图像中包含编号为 1 和 2 的物体，第二幅图像中包含编号为 5 的物体
    a = torch.tensor([1,2]);   b = torch.tensor([5])
    label_target = [a,b]
    tgt_ids = torch.concat(  ([v for v in label_target])  )  #图片类别真值，维度=[3]。总共两幅图片，第一幅图片仅有一个物体，第二幅图片有两个物体，所以 concat 有 1 + 2 维
    #shape: [3], value: [1, 2, 5]

    #假设了两幅图像，第一幅图像中包含编号为 1 和 2 的物体，第二幅图像中包含编号为 5 的物体，这是图片框坐标值，每个物体对应 4 个维度
    ab = torch.tensor([[1,2,3,4.],[1,2.,3,4]]);   bb = torch.tensor([[1.,2,3,4]])
    box_target = [ab,bb]
    tgt_bbox = torch.concat(  ([v for v in box_target])  )   #图片框真值，维度=[3,4]。与 out_bbox 对应
    #shape: [3: 4], value: [[1,2,3,4.] , [1,2,3,4.] , [1,2,3,4.]]

    #最小化分类概率
```

```
    #根据索引号，把模型预测的概率取出来，得到的是模型预测的概率
    cost_class = -out_prob[:, tgt_ids]  #为什么用负号，因为最后要计算矩阵的最小值，而概率越大的值，负值以后概率越小
    #shape [6,3] 这里是 6 种物体的对应类别

    #通过打印下面的内容可以看到，这里就是根据序号从 out_prob，也就是图 cost matrix 对应的序号那一列取出
    #print(out_prob)
    #print("---------------------------------------")
    #print(cost_class)
    #print("---------------------------------------")

    #bbox L1 损失
    #这个是计算两个矩阵之间的距离，做一个距离矩阵，这个矩阵用的是直接相减的方法
    cost_bbox = torch.cdist(out_bbox, tgt_bbox, p=1)

    #这里是计算 pred 与真值框体的 IoU。我们希望这个值越小越好，就用负值
    cost_giou = -utils.generalized_box_iou((out_bbox), (tgt_bbox))

    #为不同类别的 cost 分别赋予一个系数（ cost_bbox_weight = 5, cost_class_weight = 1, cost_iou_weight = 2 ）
    cost_bbox_weight = 5;cost_class_weight = 1;cost_iou_weight = 2

    #计算各个权重后的损失函数值，这里整合了最小化的类别损失函数、box 大小损失函数，以及 IoU 损失函数
    #这里是一个损失函数矩阵
    #计算总的匹配值，加上权重修正后
    C = cost_class_weight * cost_class + cost_bbox_weight * cost_bbox + cost_iou_weight * cost_giou

    #将损失函数矩阵做出形状变化，与输入的标签配对
    C = torch.reshape(C,(bs,num_queries,-1)).cpu()

    #下面就是计算当前 batch 中，每幅图片中有几个物体，组成一个列表
    sizes = [len(v) for v in box_target]

    #下面就是根据刚才计算的 size，把损失函数矩阵重新进行切割
    from scipy.optimize import linear_sum_assignment
    #经过前面二分图匹配算法的演示，求得两个位置的张量序列，横坐标是每个槽位的序号，而纵坐标是槽位对应物品的编号
    indices = [linear_sum_assignment(c[i]) for i, c in enumerate(C.split(sizes, -1))]

    """
    注意：这里获取的是二分图匹配结果，也就是从所有预测框中找到和真值 cost 最小的框体的组合情况，不是模型需要梯度下降的 loss。

    C 为不同类别的 cost 分别赋予一个系数（cost_bbox=5，cost_class=1，cost_iou=2），维度=[6,13]。再还原 batch 维度= [2,3,13]。
    这里对应的是 cost 矩阵，表示每个预测框（object queries）对应真值框的 cost（距离），
```

```
    现在的目标是找到预测框和真值框 cost 最小的排列组合情况。

    linear_sum_assignment：传入的是代价矩阵 C。因为第一幅图真值仅有一个框，所以 C 矩阵第一列，维度=[2,3,1]，
    C 矩阵第二列，维度=[2,3,12]。为什么要这样取数据？假设去掉 batch 维度，那么 C 矩阵被分解为[6,1]和[6,12]，
    也就是 6 个预测框和第一个真值框的 cost 矩阵、6 个预测框和后 12 个真值框的 cost 矩阵。

    indices：表示二分图匹配算法计算的最优匹配结果，[(array([2]), array([0])), (array([0, 1, 2]), array([11, 5, 2]))]。看懂这个结果很重要！每个匹配组里，左边是检测槽位置 list，右边是检测到的物品 list。
    解释一下结果表示什么，一个 batch 中有 2 个 sample，每个 sample 里固定有 3 个 object query，(array([2]), array([0]))是由第二个检测槽查询到，这个物品是 0；
    第二个 sample 中，检索结果为(array([0, 1, 2]), array([11, 5, 2]))，其中 0、1、2 是 object query 检测槽的编号，而对应筛选出 cost 最小的物品编号为 11，5，2。
    这个结果用在后面计算 loss 上。注意：每个物品都能不重复地匹配一个 object query，当真值数量<object queries 数量时，没有匹配上物品的是模型认为的背景图；当物品> object queries 数量，有些真值就无法匹配上 object query。
    """
    indices = [(torch.as_tensor(i, dtype=torch.int64), torch.as_tensor(j, dtype=torch.int64)) for i, j in indices]
```

具体的 indeces 请读者自行打印测试，由于这里使用的是随机数，因此每次打印的结果可能并不相同，但是其中的理论相同。读者可以自行进行深入学习。

13.3.3 DETR 中的损失函数

在目标检测任务中，评分模型对预测的目标与真实目标之间的一致性进行评估是一个挑战。因为在目标检测任务中，要同时考虑目标的类别预测、位置预测和尺寸预测。

为了解决这个问题，DETR 模型的损失函数采用了二分图匹配的方式，将预测的目标与真实目标进行最优匹配。这个最优匹配过程能够确保每个预测的目标都与一个真实目标产生匹配。在完成了最优匹配后，模型可以根据配对的结果计算特定目标的损失，即类别损失+边界框损失。这些损失用于优化预测的目标种类，以及目标的边界框预测与真实目标边界框之间的差异，从而进一步提高目标检测的准确性。完整的损失函数代码如下：

```
import torch

from 第十三章.detr.matcher import HungarianMatcher
from 第十三章.detr import utils,box_ops
losses = ['labels', 'boxes', 'cardinality']
weight_dict = {"loss_ce": 1, "loss_bbox": 5, "loss_giou": 5}

class SetCriterion(torch.nn.Module):
    def __init__(self,num_classes = 21):
        super().__init__()
        self.matcher = HungarianMatcher()
        self.pad_class = 0  #这里是作为 pad 的部分使用的
        self.losses = ['labels', 'boxes', 'cardinality']
        self.num_classes = num_classes
```

```
    def forward(self, outputs, targets):
        """
        :param outputs:  {'pred_logits': (b,num_queries,
num_classes),'pred_boxes': (b,num_queries,4)}
        :param targets: [{'boxes':...,'labels':...,...},{...},...]
        :return:
        """
        _outputs = {k: v for k, v in outputs.items()}

        #进行二分图匹配得到（单幅图片中所有 query 对应的槽位索引）的元组列表 indices
        #ex:[([7,8,9],[1,0,2]),(...),(...),(...)] #右侧第 1 号物品，对应第 7 个槽位
分辨出的；
        #换句话说，第 7 个检测槽检索到了 id 为 7 的那个物品
        #左边是物品的编号，右边的是槽的位置编号
        indices = self.matcher(_outputs, targets)

        #计算一个 batch 图像中目标的数量
        num_boxes = sum(len(t["labels"]) for t in targets)
        num_boxes = torch.tensor([num_boxes], dtype=torch.float,
device=next(iter(outputs.values())).device)


        #下面开始计算各种 loss
        losses = {}
        lab_loss_result = self.loss_labels(outputs, targets, indices, num_boxes)
        losses.update(lab_loss_result)

        #loss_cardinality = self.loss_cardinality(outputs, targets, indices,
num_boxes)
        #losses.update(loss_cardinality)

        loss_boxes = self.loss_boxes(outputs, targets, indices, num_boxes)
        losses.update(loss_boxes)
        return losses

    #分类 loss， 用的交叉熵
    def loss_labels(self, outputs, targets, indices, num_boxes,log = True):


        #取出 detr 输出的分类结果，key 为 pred_logits， size 为 4×100×6
        src_logits = outputs['pred_logits']

        #这里取出了每个检测到的物品来自 batch 中的第几幅图；同时也获取到了对于检测的物品，
模型认为是什么
        idx = self._get_src_permutation_idx(indices)

        #这里建设了一个映射关系，由于槽位顺序是不固定的，因此假设其映射到图像待检测物品序
列上，并按这个顺序取出物品
        #就是强行假设了前若干个取出槽的位置，必须与待测物体一致
        #也就是和待预测物品要保持一致，这样的话，就可以用 CrossEntropy 进行损失函数计算
        target_classes_o = torch.cat([t["labels"][J] for t, (_, J) in zip(targets,
```

```
indices)])

        #为了整齐划一，这里初始化了一个背景
        target_classes = torch.full(src_logits.shape[:2],
self.pad_class,dtype=torch.int64, device=src_logits.device)
        #下面就是使用target_classes_o建立一个位置矩阵，找到那个label
        target_classes[idx] = target_classes_o

        #为了提高准确率，下面就是设置一个empty权重计算矩阵
        empty_weight =
torch.ones(self.num_classes).to(target_classes.device);empty_weight[-1] = 0.1;

        #这里千万不能弄错了，当需要计算3D的时候，中间才是维度
        loss_ce = torch.nn.functional.cross_entropy(src_logits.transpose(1, 2),
target_classes, empty_weight)
        losses = {'loss_ce': loss_ce}

        return losses

    def _get_src_permutation_idx(self, indices):

        #torch.full_like(input, value)，就是将input的形状作为返回结果tensor的形状
        #获取对应的目标在batch中的索引tensor([0, 0, 0, 1, 1, 2, 2, 2, 3, 3, 3])
        #这里的作用就是对序列中的每个位置，自动编码其来自batch中的第几幅图像。
        batch_idx = torch.cat([torch.full_like(src, i) for i, (src, _) in
enumerate(indices)])
        #提取出找到的每个物品在模型中的槽点位置
        src_idx = torch.cat([src for (src, _) in indices])

        #batch_idx表示当前批次中每个元素索引来自哪个图像序号；src_idx表示每个元素在原始
数据中的索引信息
        return batch_idx, src_idx

    def loss_boxes(self, outputs, targets, indices, num_boxes):
        """
            使用L1和GIoU计算预测的边界框与真值框之间的距离
        """
        assert 'pred_boxes' in outputs
        #outputs['pred_boxes']: [bs, num_queries, 4]

        idx = self._get_src_permutation_idx(indices)     #解析每个index都是属于哪
个样本，对应样本的哪个bbox，idx看作一个二维索引
        src_boxes = outputs['pred_boxes'][idx]
        target_boxes = torch.cat([t['boxes'][i] for t, (_, i) in zip(targets,
indices)], dim=0)

        loss_bbox = torch.nn.functional.l1_loss(src_boxes, target_boxes,
reduction='none')

        losses = {}
        losses['loss_bbox'] = loss_bbox.sum() / num_boxes

        loss_giou = 1 - torch.diag(box_ops.generalized_box_iou(
```

```
            box_ops.box_cxcywh_to_xyxy(src_boxes),
            box_ops.box_cxcywh_to_xyxy(target_boxes)))
        losses['loss_giou'] = loss_giou.sum() / num_boxes

        return losses
```

从代码中可以看到，最终的 losses 部分是由 loss_ce、loss_bbox 和 loss_giou 加权求和得到，它们分别为预测框的分类损失、真值框的 L1 和 GIoU 的损失。

13.3.4　解决 batch 中 tensor 维度不一致的打包问题

前面介绍了二分图匹配算法的匹配规则和计算过程，但是存在一个问题，此时在每个 batch 中的输入，其大小并不一致，例如：

图片 1	[1,2,3]	[[x,x,x,x],[x,x,x,x],[x,x,x,x]]
图片 2	[1,3]	[[x,x,x,x],[x,x,x,x]]
图片 3	[4]	[[x,x,x,x]]

可以看到，由于每幅图中所需要检测的目标数不一致，默认的 batch 组装无法将结果进行打包，因此需要一种方法能够将大小不一致的数据整合成一个 batch 进行数据输入。

```
image, {"bbox": [[1, 2, ,3 4], ...], "classes": [1, ...], " }
```

在这里笔者直接提供了整合不一致维度的 tensor 在同一 batch 中的方法，只需要向 torch 的数据类中传递打包方式即可，代码如下：

```
@staticmethod
def collate_fn(batch):
    return tuple(zip(*batch))
```

这个类的作用就是将具有不同维度的数据打包在一起，组成一个“元组”，并将元组整体传送给训练过程进行解码和计算。一个使用示例如下所示。

```
a1 = ["a", [1, 2, 3]]
a2 = ["b", [3, 4]]    #第二个元素维度不一致
b = [a1, a2]
c = zip(*(b))
for i in c:
    print(i)
```

具体请读者自行检验。

要将其迁移到 torch 的 DataLoader 的数据搭建类，可以仿照如下的使用方式：

```
    torch.utils.data.DataLoader(dataset,
batch_size=1,collate_fn=collateFunction)
```

这里只需传入打包函数即可。顺便说一下，这也是 Torch 官方推荐的对数据进行二次重构和处理的使用示例，具体将在模型训练中使用。

13.4　基于 DETR 的目标检测自定义数据集实战

前面讲解了 DETR 的相关内容，本节就来使用 VOC 数据集完成目标检测实战。需要提醒读者，DETR 的训练会是一项较为困难的过程，因为它涉及最优化匹配的寻找，因此需要极大的耐心，即 epoch 至少设置在 500 轮。

13.4.1　VOC 数据集简介与数据读取

VOC（Visual Object Classes）数据集是一个使用广泛的计算机视觉数据集，主要用于目标检测、图像分割和图像分类等任务。VOC 数据集最初由英国牛津大学的计算机视觉小组创建，并在 PASCAL VOC 挑战赛中使用。

VOC 数据集包含各种类别的标记图像，每个图像都有与之相关联的边界框和对象类别的标签。数据集中包括了 20 个常见的目标类别，例如人、汽车、猫、狗等。此外，VOC 数据集还提供了用于图像分割任务的像素级标注。

```
classes = ["aeroplane", "bicycle", "bird", "boat", "bottle", "bus",
    "car", "cat", "chair", "cow", "diningtable", "dog", "horse",
    "motorbike", "person", "pottedplant", "sheep", "sofa", "train",
    "tvmonitor"]
```

VOC 数据集涵盖了多个年度的发布，每个年度的数据集包含训练集、验证集和测试集。训练集用于模型的训练和参数优化，验证集用于模型的调参和性能评估，而测试集则用于最终模型的性能评估和比较。这里使用的 VOC2007 与 VOC2012 数据集中，读者可以自行下载相关的数据集。下载好的 VOC 数据集目录如图 13-20 所示。

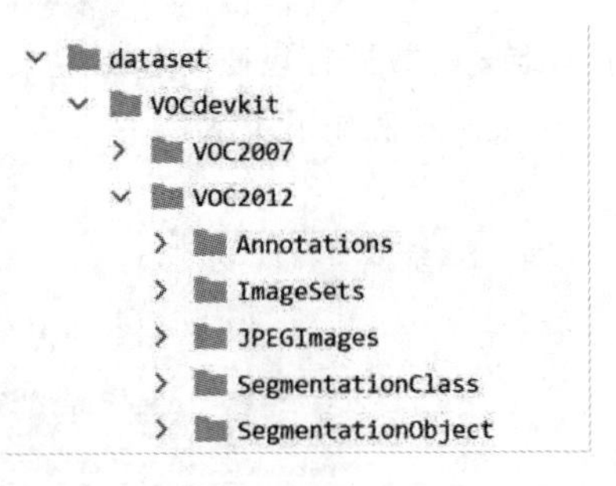

图 13-20　VOC 数据集中的目录

- Annotations：用于目标检测的XML标注文件。
- ImageSets：提前分好的train、va、test中的图片参考信息文件。
- JPEGImages：原本的JPG图像。
- SegmentationClass和SegmentationObject均用于图像分割中。

这里较为重要的是 Annotations 中的 XML 文件，这是用于目标检测的标注信息。打开任意一个 XML 文件，其内容如图 13-21 所示。

```xml
<annotation>
    <folder>VOC2012</folder>
    <filename>2007_000170.jpg</filename>
    <source>
        <database>The VOC2007 Database</database>
        <annotation>PASCAL VOC2007</annotation>
        <image>flickr</image>
    </source>
    <size>
        <width>500</width>
        <height>375</height>
        <depth>3</depth>
    </size>
    <segmented>1</segmented>
    <object>
        <name>bottle</name>
        <pose>Unspecified</pose>
        <truncated>0</truncated>
        <difficult>0</difficult>
        <bndbox>
            <xmin>87</xmin>
            <ymin>100</ymin>
            <xmax>109</xmax>
            <ymax>165</ymax>
        </bndbox>
    </object>
```


图 13-21　标注信息展示

这里的 filename 是对应的图像名称；size 标注了图像大小；多个 object 标签则标注了图中的目标检测的标的，其中 name 是名称，bndbox 是检测框的坐标信息，（xmin，ymin）表示左上角，（xmax，ymax）表示右下角。

完整的 VOC 数据集处理代码如下：

```python
import torch
import numpy as np
import torchvision.transforms as T

import cv2


import xml.etree.ElementTree as ET
import os
from detr import box_ops
def parse_rec(filename):
    tree = ET.parse(filename)
    objects = []
    for obj in tree.findall('object'):
```

```
        obj_struct = {}
        difficult = int(obj.find('difficult').text)
        if difficult == 1:
           continue
        obj_struct['name'] = obj.find('name').text
        bbox = obj.find('bndbox')
        obj_struct['bbox'] = [int(float(bbox.find('xmin').text)),
                              int(float(bbox.find('ymin').text)),
                              int(float(bbox.find('xmax').text)),
                              int(float(bbox.find('ymax').text))]
        objects.append(obj_struct)
        """
        obj_struct:{'name': 'dog', 'bbox': [48, 240, 195, 371]}
        """
    """
    objects: [{'name': 'dog', 'bbox': [48, 240, 195, 371]}, {'name': 'person',
'bbox': [8, 12, 352, 498]}]
    """
    return objects


VOC_CLASSES = (    #always index 0
    'aeroplane', 'bicycle', 'bird', 'boat',
    'bottle', 'bus', 'car', 'cat', 'chair',
    'cow', 'diningtable', 'dog', 'horse',
    'motorbike', 'person', 'pottedplant',
    'sheep', 'sofa', 'train', 'tvmonitor')

train_dataset = []
Annotations2007 = r'./dataset/VOCdevkit/VOC2007/Annotations/'
xml_files = os.listdir(Annotations2007)
for xml_file in xml_files:
    image_path = './dataset/VOCdevkit/VOC2007/JPEGImages/' +
xml_file.split('.')[0] + '.jpg'
    results = parse_rec(Annotations2007 + xml_file)
    #理论不存在
    if len(results) == 0:
        continue
    write_line = image_path
    for result in results:
        class_name = result['name']
        name = VOC_CLASSES.index(class_name)
        bbox = result['bbox']
        write_line += ' '+str(bbox[0])+' '+str(bbox[1])+' '+str(bbox[2])+'
'+str(bbox[3])+' '+str(name)
    train_dataset.append(write_line)

Annotations2012 = r'./dataset/VOCdevkit/VOC2012/Annotations/'
xml_files = os.listdir(Annotations2012)
for xml_file in xml_files:
```

```
        image_path = './dataset/VOCdevkit/VOC2012/JPEGImages/' +
xml_file.split('.')[0] + '.jpg'
        results = parse_rec(Annotations2012 + xml_file)
        #理论不存在
        if len(results) == 0:
            continue
        write_line = image_path
        for result in results:
            class_name = result['name']
            name = VOC_CLASSES.index(class_name)
            bbox = result['bbox']
            write_line += ' '+str(bbox[0])+' '+str(bbox[1])+' '+str(bbox[2])+'
'+str(bbox[3])+' '+str(name)
        train_dataset.append(write_line)
```

这里的代码用于读取 VOC 数据集中的内容， train_dataset 将信息进行存储，转录后的内容如下：

```
    000001.jpg 48 240 195 371 11 8 12 352 498 14
    000002.jpg 139 200 207 301 18
    000003.jpg 123 155 215 195 17 239 156 307 205 8
    000004.jpg 13 311 84 362 6 362 330 500 389 6 235 328 334 375 6 175 327 252 364
6 139 320 189 359 6 108 325 150 353 6 84 323 121 350 6
    000006.jpg 187 135 282 242 15 154 209 369 375 10 255 207 366 375 8 138 211 249
375 8
    000008.jpg 192 16 364 249 8
    000010.jpg 87 97 258 427 12 133 72 245 284 14
    000011.jpg 126 51 330 308 7
    000013.jpg 299 160 446 252 9
    ...
```

第一个表示图片的名称，接下来每5个数字看作一组，其中前4个数字分别为xmin、ymin、xmax、ymax，第五个数字为类别编号。

13.4.2 基于 PyTorch 中的 Dataset 的数据输入类

下面就是创建供 PyTorch 2.0 使用的数据输入类。对类的处理非常简单，即通过 OpenCV 读取图片信息，将其调整为规定大小后对真值框位置进行缩放，之后将 4 个点位进行调整，从原始的角点位置转换为以中心点及框的长宽值表示的形式。

```
    x1, y1, x2, y2 = int(line[j + 1])* w_scale , int(line[j + 2])* h_scale , int(line[j
+ 3])* w_scale , int(line[j + 4])* h_scale
    x1, y1, x2, y2  = [x1/self.default_w, y1/self.default_h, x2/self.default_w,
y2/self.default_h]
    #box = [x1, y1, x2, y2]
    #下面就是转换成x_c,y_c,w,h
    box = [(x1 + x2) / 2, (y1 + y2) / 2,(x2 - x1), (y2 - y1)]

    #确认一下
    b = [(box[0] - 0.5 * box[2]), (box[1] - 0.5 * box[3]),(box[0] + 0.5 * box[2]),
```

```
(box[1] + 0.5 * box[3])]
    assert (b[2:] >= b[:2]).all()
    box_list.append(box)
```

这样调整的好处是让模型在进行位置拟合时，可以更为准确地定位。完整的输入类代码如下：

```
    from torch.utils.data import Dataset
    import torch
    class DetrDataset(Dataset):
        def __init__(self,train_dataset = train_dataset):
            super().__init__()
            self.train_dataset = train_dataset

            self.default_h = self.default_w = 400
            self.transform = T.Compose([T.ToTensor(),T.Resize(self.default_h),
                                     T.Normalize([0.485, 0.456, 0.406], [0.229, 0.224,
0.225])])
        def __len__(self):
            return len(self.train_dataset)

        def __getitem__(self, idx):

            box_list = []
            label_list = []

            line = self.train_dataset[idx]
            line = line.split(" ")
            image_path = line[0]
            image = cv2.imread(image_path);
            image = (cv2.cvtColor(image, cv2.COLOR_BGR2RGB))
            h, w, c = image.shape
            h_scale = np.divide(self.default_h, h);
            w_scale = np.divide(self.default_w, w)
            for i in range(len(line[1:]) // 5):
                j = i * 5

                x1, y1, x2, y2 = int(line[j + 1])* w_scale , int(line[j + 2])* h_scale ,
int(line[j + 3])* w_scale , int(line[j + 4])* h_scale
                x1, y1, x2, y2  = [x1/self.default_w, y1/self.default_h,
x2/self.default_w, y2/self.default_h]
                #box = [x1, y1, x2, y2]
                #下面就是转换成x_c,y_c,w,h
                box = [(x1 + x2) / 2, (y1 + y2) / 2,(x2 - x1), (y2 - y1)]

                #确认一下
                b = [(box[0] - 0.5 * box[2]), (box[1] - 0.5 * box[3]),(box[0] + 0.5
* box[2]), (box[1] + 0.5 * box[3])]
                assert (b[2:] >= b[:2]).all()
                box_list.append(box)
```

```
            label_id = int(line[j + 5])
            label_list.append(label_id)

        labels = torch.tensor(label_list, dtype=torch.int64)
        boxes = torch.tensor(box_list, dtype=torch.float32)

        target = {
            'labels': labels,
            'boxes': boxes
        }

        image = self.transform(image)
        return image, target
```

还需要注意的是，在 13.3.4 节中讲解了对维度不一致的处理方法，而处理函数如下：

```
def collateFunction(batch):
    batch = tuple(zip(*batch))
    return torch.stack(batch[0]), batch[1]
```

读者可以参考如下代码实现：

```
dataloader = torch.utils.data.DataLoader(DetrDataset(), batch_size=batch_size,
collate_fn=collateFunction)
```

这里 collate_fn=collateFunction 就是将处理函数进行加载，从而完成将不同维度的数据组合在一起输入。

13.4.3　基于 DETR 的自定义目标检测实战

下面就是使用自定义的 VOC 数据集完成目标检测，代码如下：

```
import torch
import get_vocdata
import cv2
from tqdm import tqdm
from detr import loss

batch_size = 52
dataloader = torch.utils.data.DataLoader(get_vocdata.DetrDataset(),
batch_size=batch_size, collate_fn=get_vocdata.collateFunction)

from detr import detr
device = "cuda" if torch.cuda.is_available() else "cpu"
model = detr.DETR().to(device)

save_path = "./saver/detr_demo.pth"
#model.load_state_dict(torch.load(save_path),strict=False)

optimizer = torch.optim.AdamW(model.parameters(), lr = 2e-5)
lr_scheduler = torch.optim.lr_scheduler.CosineAnnealingLR(optimizer,T_max =
1200,eta_min=2e-7,last_epoch=-1)
```

```
    criterion = loss.SetCriterion()

    from torch.cuda.amp import autocast as autocast
    import torch.cuda.amp as amp
    scaler = amp.GradScaler()

    for epoch in range(24):
        pbar = tqdm(dataloader, total=len(dataloader))
        for samples, targets in pbar:
            optimizer.zero_grad()
            samples = samples.to(device)    #这里是输出的image
            #torch.Size([3, 3, 450, 800])
            targets = [{k: v.to(device) for k, v in t.items()} for t in targets]
            with autocast():
                outputs = model(samples)
                loss = 0
                loss_dict = criterion(outputs, targets)
                loss_ce = loss_dict["loss_ce"]
                loss_giou = loss_dict["loss_giou"]
                loss_bbox = loss_dict["loss_bbox"]
                loss = loss_ce + loss_giou * 5 + loss_bbox * 5

            scaler.scale(loss).backward()
            scaler.step(optimizer)
            scaler.update()
            lr_scheduler.step()
            pbar.set_description(
            f"epoch:{epoch + 1}, train_loss:{loss.item():.5f},
lr:{lr_scheduler.get_last_lr()[0] * 1000:.5f}")
        torch.save(model.state_dict(), "./saver/detr_demo.pth")
```

读者可以直接在PyCharm标签中右击，从弹出菜单中选择run命令运行此代码。需要注意，笔者为了加速训练在此使用了混合精度。

```
    scaler = amp.GradScaler()
    …
    with autocast():
        …
    scaler.scale(loss).backward()
    scaler.step(optimizer)
    scaler.update()
```

混合精度的模板可以参考上面代码来实现。具体来看，混合精度是指在深度学习中同时使用不同精度的数据来进行训练和推理，以在保证模型性能的同时降低计算资源和内存消耗。

在传统的深度学习训练中，通常使用32位浮点数（FP32）来表示网络中的权重、偏置、激活值等参数，以便得到更精确的计算结果。但是，使用FP32格式进行计算会消耗大量的计算资源和内存，特别是在大规模的深度学习模型中，这种资源消耗会更加严重。

因此，混合精度训练应运而生。它通过使用低精度的数据格式（如16位浮点数，即FP16），在保证模型性能的前提下，降低了计算资源和内存消耗。在训练过程中，通常会将权重、偏置、激活值等参数用 FP16 格式存储；而在前向传播和反向传播过程中，将使用 FP32 格式进行计算，以获得更精确的结果。

13.5　本章小结

本章详细探讨了目标检测这一计算机视觉领域的核心任务，即识别并定位图像或视频中的各类目标物体。目标检测的主要挑战在于处理目标的不同形状、大小、颜色、位置，以及解决目标间的重叠或遮挡问题。近年来，基于深度学习的目标检测模型取得了重大突破，其中最具代表性的是 DETR 模型。

DETR 模型通过引入自注意力机制或多头注意力机制，有效地解决了目标检测的问题。这些机制使得模型能够动态地学习图像中的特征表示，并将注意力集中在那些对目标检测有重要贡献的特征上。此外，DETR 模型还能有效地捕获图像中的空间信息和非局部关联，从而更好地建模图像中的复杂模式。

在 DETR 模型中，每个图像中存在 N 个目标，每个目标由一个类别标签 c 和一个边界框 b 来表征。为了进行目标检测，DETR 采用一个固定大小的集合来表示预测的目标，其中每个元素由一个类别分数向量 s 和一个边界框向量 t 组成。DETR 采用二分图匹配算法（即匈牙利算法），来确定预测集合与真实集合之间的最优二分匹配。

匹配代价由类别损失和边界框损失两部分组成。类别损失采用交叉熵损失来衡量预测类别分数与真实类别标签之间的差异。边界框损失采用广义 GIoU 损失来衡量预测边界框与真实边界框之间的重叠程度。这两部分损失的加权和构成了总匹配代价。权重是一个可调节的超参数，可以根据不同的任务和数据集进行调整，以实现最佳的性能表现。

通过优化这些损失函数，DETR 模型在目标检测任务中取得了显著的性能提升。然而，如何设计一个有效的损失函数来优化 DETR 模型，仍然是一个具有挑战性的问题。未来的研究可以探索更有效的损失函数设计和优化方法，以提高 DETR 模型的性能。此外，如何处理更大规模和更复杂的数据集也是一个值得关注的方向。

关于目标检测的阐述，本书至此告一段落。DETR 模型作为基于注意力机制进行目标检测的首次尝试，虽然探索的方向是正确的，但在实际训练过程中仍具有一定的挑战性。后续的研究致力于弥补 DETR 的不足之处，不断推动目标检测技术的发展。在此，笔者谨以本章内容作为引玉之砖，有兴趣的读者可以在学习完第 15 章的 DINO 模型后再结合本章进行深入思考。

第 14 章

凝思辨真颜——基于注意力与 Unet 的全画幅适配图像全景分割实战

本书引领读者完成的首个实战案例是基于 Unet 模型的手写体降噪，这是一项基础的图像处理任务，同时也具有重大的计算机视觉意义。手写体降噪的主要目的是对输入图像进行二分类标注，保留有用的部分，剔除被视为“噪声”的部分。这可以被视为简化版的“图像分割”。

深度学习中的图像分割又称为“语义分割”，它是一项计算机视觉任务，旨在将图像或视频中的每个像素或帧的特征类别进行分类。换句话说，图像分割通过深度学习模型将输入的像素或帧映射到相应的语义类别上，从而实现对图像或视频中每个像素或帧的解读。

图像分割是计算机视觉领域中的一项重要任务，它可以应用于许多实际场景中，例如自动驾驶、智能监控、医疗影像分析等。在这些场景中，图像分割可以帮助计算机自动识别图像或视频中的各种目标，从而实现对各种目标的行为和状态进行自动检测和分类。

与目标检测不同，语义分割不需要对图像或视频中的每个目标进行边界框的标注，因此可以更加高效地进行标注和训练。同时，语义分割也可以提供更加精细的目标信息，例如目标内部的结构和纹理等。

14.1　图像分割的基本形式与数据集处理

图像分割是计算机视觉领域中的一个重要任务，旨在将图像划分为多个不同的区域或对象。简单来说，图像分割就是将图像中的像素或区域按照某种规则或标准进行分类，使得同一区域内的像素或区域具有相似的性质或特征，而不同区域之间的像素或区域则具有明显的差异。

图像分割的应用非常广泛，例如在医学图像处理中，可以通过图像分割来提取病变区域；在智能交通系统中，可以通过图像分割来识别车辆和行人；在机器人视觉中，可以通过图像分割来识别物体的形状和位置等。

图像分割的方法有很多种，例如阈值分割、区域生长、边缘检测、水平集方法等。其中，阈值分割是最简单的一种方法，它通过设置一个阈值来将图像中的像素分为两类或多类。区域生长是一种基于像素相似性的分割方法，它从种子点开始，逐步合并周围相似的像素或区域。边缘检测则是通过检测图像中的边缘来分割不同的区域或对象。水平集方法则是一种基于曲线演化的分割方法，它通过定义一个能量函数来驱动曲线演化，使得曲线最终停留在目标对象的边界上。

14.1.1　图像分割的应用

图像分割的目标是对图像进行处理，根据每个像素所属的不同种类对其进行标注，即尝试“分割”图像的哪一部分属于哪个类/标签/类别，如图 14-1 所示。

图 14-1　原始图像与图像分割后的结果

可以看到，图像中的每个像素都被分类为各自的类。例如，人是一个类，自行车是另一个类，背景是第三个类。这就是语义分割。

图像分割的基本应用非常广泛，在自动驾驶中，计算机驾驶汽车需要对前面的道路场景有很好的理解，分割出汽车、行人、车道和交通标志等物体是很重要的，如图 14-2 所示。

图 14-2　自动驾驶中的图像分割

又如“虚拟美颜”的应用就是基于面部图像分割。面部分割用于将面部的每个部分分割成语义相似的区域，例如嘴唇、眼睛，从而通过不同的算法对部位进行修饰，展示出最好的可视化效果，如图 14-3 所示。

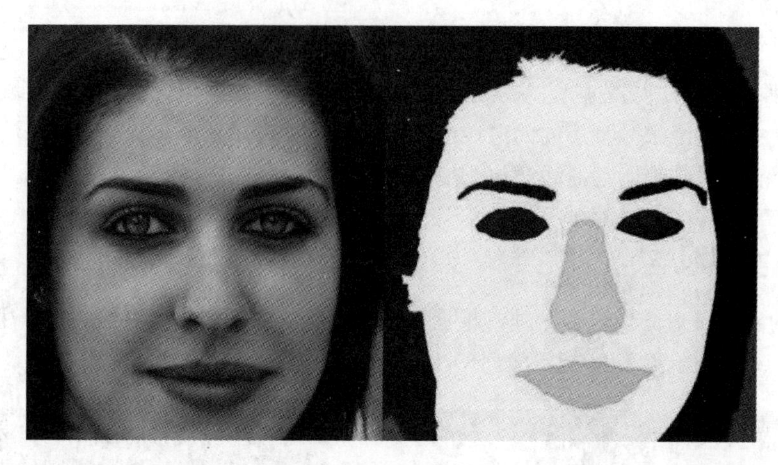

图 14-3　面部图像分割

地球遥感是一种将卫星图像中的每个像素分类为一个类别的方法，以便可以跟踪每个区域的土地覆盖情况，如图 14-4 所示。例如，如果发现某些地区发生了严重的侵害土地等现象，就可以采取适当的措施。

图 14-4　地球遥感

除此之外，图像分割还有在虚拟现实中的应用，例如在 AR（增强现实）和 VR（虚拟现实）中，应用程序可以分割整个室内区域，以了解椅子、桌子、人、墙和其他类似物体的位置，从而可以高效地放置和操作虚拟物体。

14.1.2　基于预训练模型的图像分割预测示例

下面将使用一个预训练的模型完成图像分割的示例。Torch 的 FCN-ResNet101 语义分割模型是在 COCO 2017 训练集的一个子集上训练得到的，相当于 PASCAL VOC 数据集，支持 20 个类别。

调用 FCN 的代码如下：

```
from torchvision import models
#获取模型，如果本地缓存没有，则会自动下载
fcn = models.segmentation.fcn_resnet101(pretrained=True).eval()
```

下面就是图像的准备，这里准备了一幅来自 VOC 动物数据集的图像，如图 14-5 所示。

图 14-5　准备的图像

有了图像，自然而然的想法就是使用 FCN 对这幅图进行图像分割。但是在将它输入模型之前，还需要进行预处理，顺序如下：

（1）将图像大小调整到 224×224。

（2）转换成 Tensor，归一化到[0,1]。

（3）使用均值、方差标准化。

（4）Torch 的输入数据格式是 NCHW，所以还需要进行维度扩展。

这部分处理的代码如下：

```
import torchvision.transforms as T
transform = T.Compose([T.ToTensor(),T.Normalize([0.485, 0.456, 0.406], [0.229, 0.224, 0.225])])
from_img = cv2.imread("./from_img.jpg");
from_img = cv2.cvtColor(from_img,cv2.COLOR_BGR2RGB)
from_img = cv2.resize(from_img, (224, 224))
from_img = transform(from_img).unsqueeze(0)
```

Torch 模型预测的输出是一个 OrderedDict 结构。对于 FCN-ResNet101，它的输出大小是[1×21×H×W]，21 代表是 20+1（background）个类别。然后使用 argmax 选出每个类别中概率最大的，并将第 0 个维度去掉，变成 H×W 的二维图像，这样每一个像素代表的就是该点的类别。

```
out = fcn(from_img)['out']
print (out.shape)

import numpy as np
om = torch.argmax(out.squeeze(), dim=0).detach().cpu().numpy()
print (om.shape)

print (np.unique(om))
```

打印结果如下：

```
torch.Size([1, 21, 224, 224])
(224, 224)
[ 0 17]
```

可以看到，通过 FCN 模型计算后，数据根据类别计算成[1,31,224,224]大小的矩阵向量，之后经过处理生成一个和原图像大小相同的二维矩阵。

out 是模型的最终输出，其形状是[1×21×H×W]，与前面所讨论的结果一致。因为模型是在 21 个类（包括背景类）上训练的，输出有 21 个通道，其中该图像的每个像素对应于一个类，所以二维图像（形状[H×W]）的每个像素将与相应的类标签对应。对于该二维图像中的每个（x，y）像素，将对应于表示类的 0~20 的数字。

Unique 函数的作用就是将矩阵的数值按“类”提取出来，从打印的结果来看，处理后的图像只包含两种元素，即 0 和 17。现在有了一个二维图像，其中每个像素属于一个类。

下面一步就是将预测的图像解码输出，可以使用如下代码将二维图像转换为 RGB 图像，其中每个（元素）标签映射到相应的颜色。

```
def decode_segmap(image, nc=21):
    label_colors = np.array([(0, 0, 0),  #0=background
                             #1=aeroplane, 2=bicycle, 3=bird, 4=boat, 5=bottle
                             (128, 0, 0), (0, 128, 0), (128, 128, 0), (0, 0, 128),
(128, 0, 128),
                             #6=bus, 7=car, 8=cat, 9=chair, 10=cow
                             (0, 128, 128), (128, 128, 128), (64, 0, 0), (192, 0,
0), (64, 128, 0),
                             #11=dining table, 12=dog, 13=horse, 14=motorbike,
15=person
                             (192, 128, 0), (64, 0, 128), (192, 0, 128), (64, 128,
128), (192, 128, 128),
                             #16=potted plant, 17=sheep, 18=sofa, 19=train,
20=tv/monitor
                             (0, 64, 0), (128, 64, 0), (0, 192, 0), (128, 192, 0),
(0, 64, 128)])

    r = np.zeros_like(image).astype(np.uint8)
    g = np.zeros_like(image).astype(np.uint8)
    b = np.zeros_like(image).astype(np.uint8)

    for l in range(0, nc):
        idx = image == l
        r[idx] = label_colors[l, 0]
        g[idx] = label_colors[l, 1]
        b[idx] = label_colors[l, 2]

    rgb = np.stack([r, g, b], axis=2)
    return rgb
```

最后将图像用 OpenCV 进行展示，代码如下：

```
rgb = decode_segmap(om)
cv2.imshow("seg_img",rgb)
```

```
cv2.waitKey(0)
```

最终结果如图 14-6 所示。

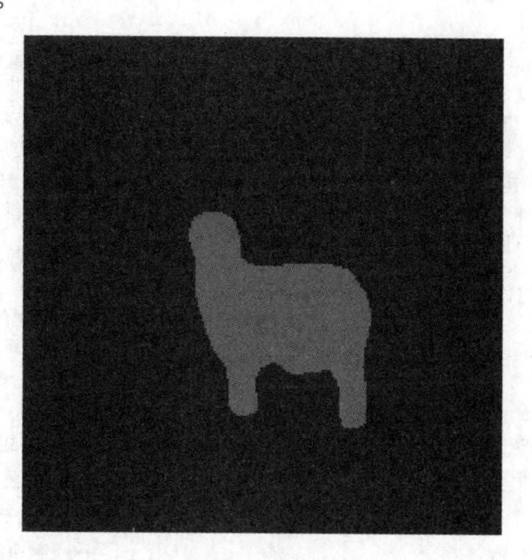

图 14-6　输出结果

这是经过模型预测后的模型输出，可以看到，对于原始图像，已经可以较为明显地分辨出图像中存在的生物，虽然在细节上还是欠佳，但是作为图像分割的基准还是可以使用的。

14.2　基于注意力与 Unet 的图像分割模型 SwinUnet

在第 11 章中介绍了基于注意力机制的计算机视觉模型 Vision Transformer，这是第一个将注意力机制应用于计算机视觉基础上的图像分类模型。在此之后，各种各样的计算机深度学习模型被提出并被用于实践。

SwinUnet 是一种基于注意力机制和 Unet 结构的图像分割模型，它结合了 Swin Transformer 和 Unet 的优点，旨在提高图像分割的准确性和效率。

Swin Transformer 是一种基于自注意力机制的深度学习模型，能够捕捉图像的全局和局部特征。Unet 则是一种经典的图像分割模型，通过编码器-解码器结构提取图像的特征并进行像素级别的分割。

在 SwinUnet 中，首先使用 Swin Transformer 对图像进行特征提取，然后通过 Unet 的编码器-解码器结构进行分割。在编码器中，采用一系列卷积层和连续降采样层来提取接收感受野的深度特征。然后，解码器将提取的深度特征向上采样到输入分辨率进行像素级语义预测，并通过跳跃连接融合来自编码器的不同尺度的高分辨率特征，以减轻降采样导致的空间信息丢失。SwinUnet 的完整架构如图 14-7 所示。

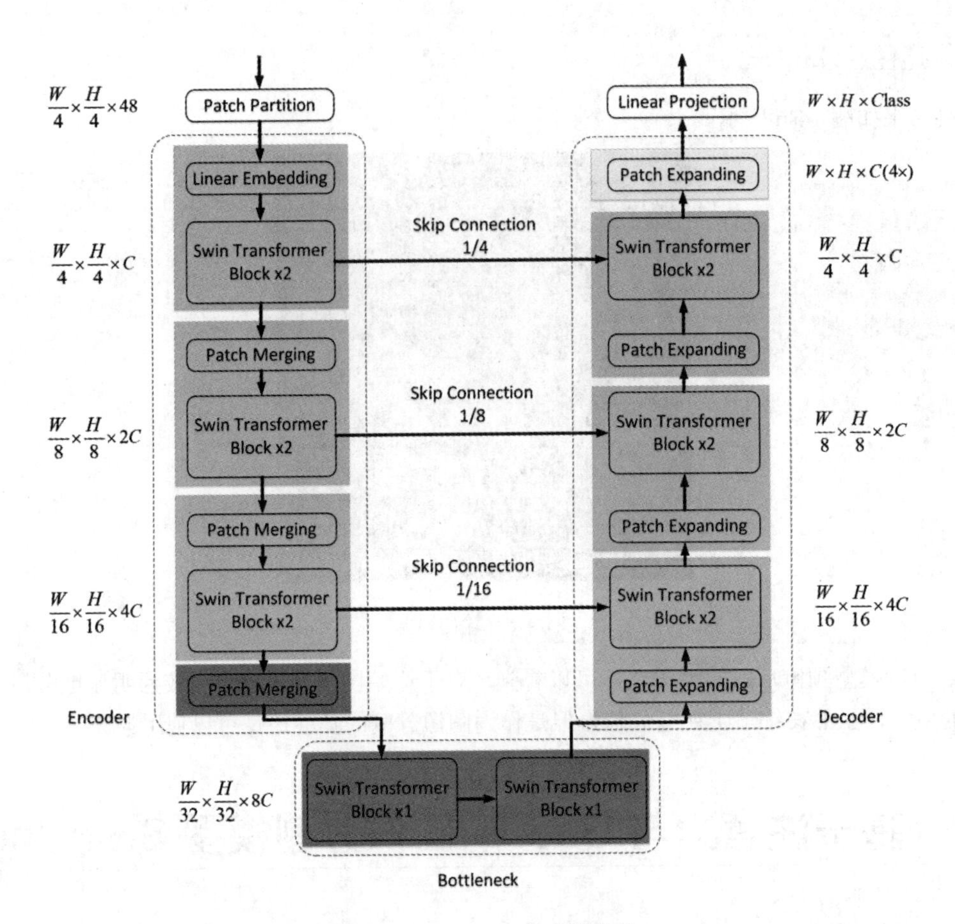

图 14-7　SwinUnet 的完整架构

此外，SwinUnet 在解码器中还使用了自注意力机制和跨注意力机制，使得模型能够更好地融合编码器和解码器的特征，从而提高分割的准确性。

14.2.1　基于全画幅注意力的 Swin Transformer 详解

虽然 Vision Transformer 在一定程度上挑战了 CNN 在计算机视觉领域的统治地位，但在各个具体细分领域中，其精度和速度相较于 CNN 仍有所不足，这主要表现在以下两个方面：

（1）两个领域涉及的尺度不同：自然语言处理的输入尺度通常是固定的，而计算机视觉的输入尺度则有很大的变化范围。

（2）计算机视觉需要更高的分辨率：相比自然语言处理，计算机视觉中的 Transformer 模型的计算复杂度与图像尺度的平方成正比，这会导致计算量过大。

这是使用注意力机制处理计算机视觉的一大挑战。为了解决这两个问题，Swin Transformer 相对于之前的 Vision Transformer 做了两项重要的改进：

（1）引入层次化构建方式：Swin Transformer 采用了类似于 CNN 中的层次化构建方式，从而构建了一个层次化的 Transformer 模型。这种方式可以更好地处理不同尺度的输入图像，提高模型的精度和效率。

（2）引入局部性思想：Swin Transformer 引入了局部性思想，通过在无重合的窗口区域内进行自注意力计算，大大减少了模型的计算量。这种方法在保证模型性能的同时，降低了对计算资源的需求。

这样做的好处在于，相较于 Vision Transformer 模型，Swin Transfomer 显著降低了计算复杂度，实现了与输入图像大小成线性关系的计算复杂度。随着网络深度的加深，Swin Transformer 通过逐渐合并图像块来构建层次化 Transformer。这种设计使得 Swin Transformer 适用于多种视觉任务，包括图像分类、目标检测以及语义分割等。

整个 Swin Transformer 架构和 CNN 架构非常相似，构建了 4 个 Stage，每个 Stage 中都是类似的重复单元，如图 14-8 所示。

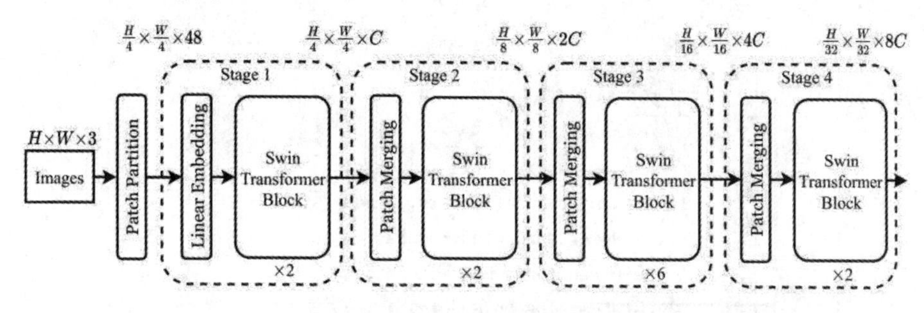

图 14-8　Swin Transformer 中的 Stage

与 Vision Transformer 类似，Swin Transformer 通过 Patch Partition 将输入图像划分为一系列不重叠的 Patch 集合。每个 Patch 的尺寸为 4×4，因此其特征维度为 4×4×3=48。Patch 块的数量为 H/4×W/4。

在 Stage1 部分，首先通过一个 Linear Embedding 将划分后的 Patch 特征维度变为 C，然后将其送入 SwinTransformerBlock。

在 Stage2-Stage4 部分，操作与 Stage1 相同。首先通过一个 Patch Merging 将输入按照 2×2 的相邻 Patches 进行合并。这样，Patch 块的数量就变成了 H/8×W/8，特征维度变成了 4C。

注意：这部分代码过长，请读者参考本书附带的源码进行解读，代码段如图 14-9 所示。

```
class SwinTransformerBlock(nn.Module):
    r"""Swin Transformer Block...."""

    def __init__(self, dim, input_resolution, num_heads, window_size=7, shift_size=0,
                 mlp_ratio=4., qkv_bias=True, qk_scale=None, drop=0., attn_drop=0., drop_path=0.,
                 act_layer=nn.GELU, norm_layer=nn.LayerNorm):
        super().__init__()
        self.dim = dim
        self.input_resolution = input_resolution
        self.num_heads = num_heads
        self.window_size = window_size
        self.shift_size = shift_size
        self.mlp_ratio = mlp_ratio
        if min(self.input_resolution) <= self.window_size:
            # if window size is larger than input resolution, we don't partition windows
            self.shift_size = 0
            self.window_size = min(self.input_resolution)
        assert 0 <= self.shift_size < self.window_size, "shift_size must in 0-window_size"
```

图 14-9　SwinTransformerBlock 代码段

需要注意的是，Swin Transformer 和 Vision Transformer 在划分 Patch 的方式上具有相似性，都是首先确定每个 Patch 的大小，然后据此计算确定 Patch 的数量。然而，它们的不同之处在于，随着网络深度的增加，Vision Transformer 的 Patch 数量保持不变，而 Swin Transformer 的 Patch 数量则逐渐减少，并且每个 Patch 的感知范围逐渐扩大。这种设计使得 Swin Transformer 能够方便地进行层级构建，并且适应视觉任务中的多尺度需求。

关于 Swin Transformer 的代码讲解，由于本书篇幅有限，因此书中不详细介绍，笔者在随书附带的源码包中准备了完整的 Swin Transformer 的代码，如图 14-10 所示，请读者自行查看。

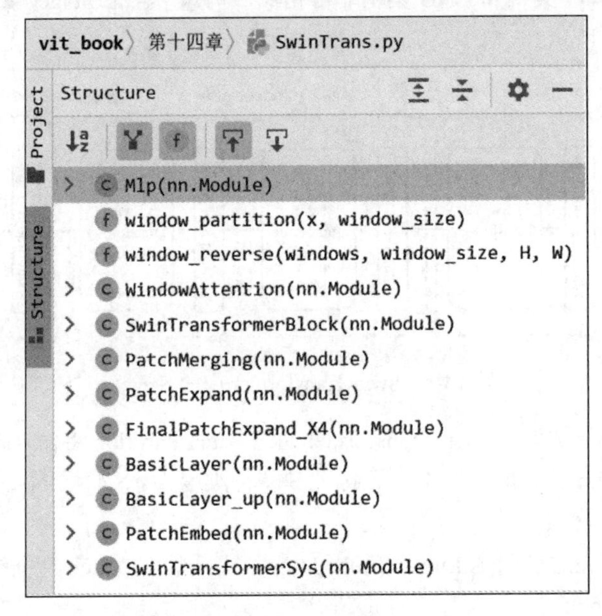

图 14-10　Swin Transformer 目录

14.2.2　经典图像分割模型 Unet 详解

Unet 是读者入手的第一个深度学习计算机视觉实战项目，作为初次涉足深度学习计算机视觉实战的启蒙项目，Unet 以其独特的设计和卓越的性能，引领我们走进图像分割的世界。

Unet 是一种经典的卷积神经网络结构，主要用于图像分割任务。它的名字来源于其形状，形状类似于字母“U”，由两部分组成：编码器和解码器。

编码器部分用于提取图像的特征，通过一系列卷积层、激活函数和池化层将输入图像逐渐压缩为一个较小的特征图。这个过程中，网络逐渐学习到图像的空间信息和高级特征。

解码器部分则用于将编码器提取的特征图恢复到原始图像的大小，并进行像素级别的分类。解码器通过一系列上采样操作、卷积层和激活函数将特征图逐步放大，同时与编码器中对应层的特征信息进行融合，使网络能够充分利用图像的全局和局部信息。

Unet 在图像分割任务中取得了显著的成果，尤其在医学图像处理领域，Unet 可以用于病变诊断，如图 14-11 所示。Unet 因其优秀的性能和广泛的应用，已成为图像分割领域的基准模型之一。

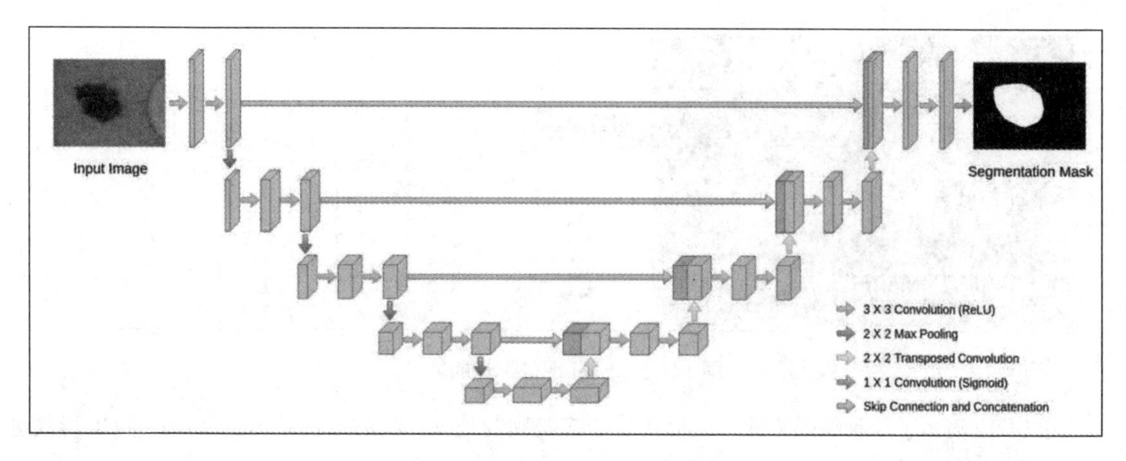

图 14-11　Unet 应用于病变诊断

在深度学习中，Unet 的改进版本也不断涌现，如 Residual Unet、Attention Unet 等。这些改进模型在 Unet 的基础上引入了残差连接、注意力机制等，以提高网络的性能。同时，研究者们也在不断探索 Unet 在其他领域的应用，如目标检测、人脸识别等。

SwinUnet 在原有卷积 Unet 上做替换，卷积 block 换成了 Transformer block，部分代码如下：

```
def forward(self, x):
    x, x_downsample = self.forward_features(x)
    x = self.forward_up_features(x, x_downsample)
    x = self.up_x4(x)

    return x
```

这里的 x_downsample 是特征计算的下采样，而 forward_up_features 将下采样结果和原始输入特征进行并联计算。具体请读者参考本书附带的源码。

14.3　基于 SwinUnet 的图像分割实战

在 14.1 节，完成了图像分割的预测任务，这是基于预训练模型的对图像的分类预测，下面将完成图像分割实战。

14.3.1　图像分割的 label 图像处理

对于读取的标注好的 label 图像，一般是由一个三维坐标进行表示，而前面完成的图像分割模型，需要将 label 图像按标记进行分类。如图 14-12 所示，标注类别包括 Person、Purse、Plants、Sidewalk、Building，将语义标签图转换为单通道掩码后为右图所示，尺寸大小不变，但通道数由 3 变为 1。

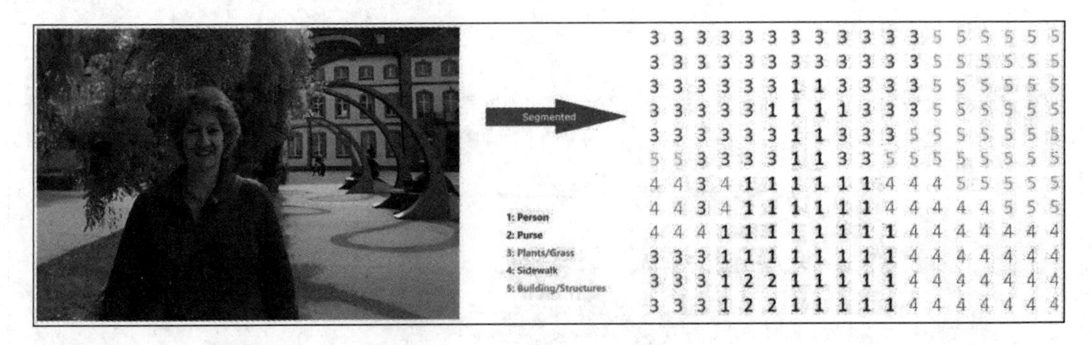

图 14-12　label 图像标记的转换

图 14-12 演示了一种编码方式，实际中对于多类别的处理，我们会使用另一种 one-hot 的形式进行图像编码，这与上面演示的有所区别。

one-hot 编码是一种有效的编码方式，适用于将单通道掩码（如图 14-12 的 Mask 图像）转换为多通道格式。具体而言，如果 Mask 图像的尺寸为特定大小，且存在 5 个不同的标签类别，那么我们可以利用 one-hot 编码将其转换为一个具有 5 个通道的输出。在此过程中，对于 Mask 中所有像素值为 1 的位置，将在对应通道的输出图像中将相应位置设置为 1，其余位置保持为 0。类似地，对于像素值为 2 的位置，将在下一个通道的输出图像中进行同样的操作，以此类推，直到处理完 5 个类别。这样，每个通道的输出图像都将突出显示原始 Mask 中对应类别的像素位置，而其他位置则为 0。

对于 VOC 数据集来说，这里分类为 21 个类（包含背景），在得到语义标签图后，可以构建一个颜色表映射，列出标签中每个 RGB 颜色的值及其标注的类别。

颜色标签：

```
    label_colors = np.array([(0, 0, 0),  #0=background
                             #1=aeroplane, 2=bicycle, 3=bird, 4=boat, 5=bottle
                             (128, 0, 0), (0, 128, 0), (128, 128, 0), (0, 0, 128),
(128, 0, 128),
                             #6=bus, 7=car, 8=cat, 9=chair, 10=cow
                             (0, 128, 128), (128, 128, 128), (64, 0, 0), (192, 0,
0), (64, 128, 0),
                             #11=dining table, 12=dog, 13=horse, 14=motorbike,
15=person
                             (192, 128, 0), (64, 0, 128), (192, 0, 128), (64, 128,
128), (192, 128, 128),
                             #16=potted plant, 17=sheep, 18=sofa, 19=train,
20=tv/monitor
                             (0, 64, 0), (128, 64, 0), (0, 192, 0), (128, 192, 0),
(0, 64, 128)])
```

类别标签：

```
    classes = ['background', 'aeroplane', 'bicycle', 'bird', 'boat',
               'bottle', 'bus', 'car', 'cat', 'chair', 'cow',
               'diningtable', 'dog', 'horse', 'motorbike', 'person',
               'potted plant', 'sheep', 'sofa', 'train', 'tv/monitor']
```

下面就是定义一个将三维图像（通常是一个语义分割标签图）转换为 one-hot 编码格式，代码如下：

```
def label_to_onehot(label, colormap):
    """

    将一个三维图像转换为按类别标记的多维图像，(H, W, C) to (H, W, K)，其中 k 为类别数
    """
    semantic_map = []
    for colour in colormap:
        equality = np.equal(label, colour)
        class_map = np.all(equality, axis=-1)
        semantic_map.append(class_map)
    semantic_map = np.stack(semantic_map, axis=-1).astype(np.float32)
    return semantic_map
```

笔者在此提供了一个标注好的图像，包含人、飞机和背景图像，如图 14-13 所示。

图 14-13　标注好的 label 图像

对这个图像进行处理的示例代码如下：

```
mask_img = cv2.imread("./mask_img.png")
mask_img = (cv2.cvtColor(mask_img, cv2.COLOR_BGR2RGB)) #对图像进行翻转变换
mask_img = cv2.resize(mask_img, (224, 224))     #调整大小

mask_img_label = label_to_onehot(mask_img,label_colors)     #将图像转为类别标注
print(mask_img_label.shape)
mask_img_label = np.argmax(mask_img_label, axis=-1)
print(np.unique(mask_img_label))     #展示 label 中含有的类别
```

打印结果如下：

```
(224, 224, 21)
[ 0  1 15]
```

而对于图像的复原，则需要使用 14.1.2 节的示例中的 decode_segmap 对其进行重新计算，请读者自行完成。

14.3.2　图像分割的 VOC 数据集处理

VOC 数据集在第 13 章的时候已经接触过了，它既可以作为目标检测的数据集，也可以作为图像分割数据集，并提供了已标注好的图像。

读者可以直接打开 VOC 数据集中的 SegmentationClass 文件夹，如图 14-14 所示。SegmentationObject 是用于目标分割的数据集，对此数据集本章不做讲解。

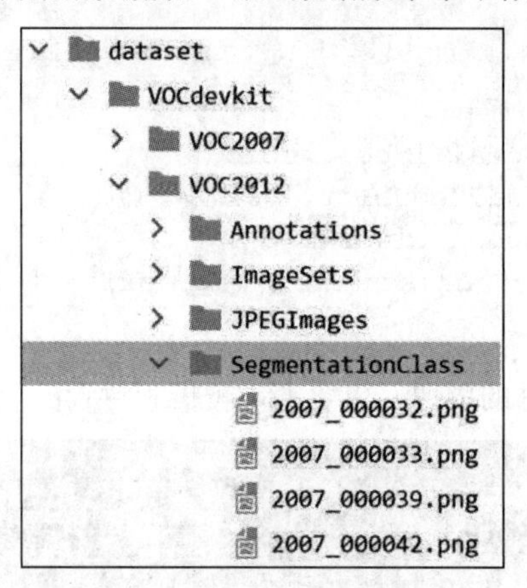

图 14-14　AOC 数据集

对于数据集的使用，一般而言，图像数据集中标注好的数据量总是小于原始的总图像数量，因此可以根据标注好的图像名称来获取对应的原始图像，本项目也是如此。完整的数据集整合代码如下：

```
    import os
    import numpy as np
    VOC_CLASSES = (    #always index 0
        'aeroplane', 'bicycle', 'bird', 'boat',
        'bottle', 'bus', 'car', 'cat', 'chair',
        'cow', 'diningtable', 'dog', 'horse',
        'motorbike', 'person', 'pottedplant',
        'sheep', 'sofa', 'train', 'tvmonitor')


    label_colors = np.array([(0, 0, 0),  #0=background
                             #1=aeroplane, 2=bicycle, 3=bird, 4=boat, 5=bottle
                             (128, 0, 0), (0, 128, 0), (128, 128, 0), (0, 0, 128),
(128, 0, 128),
                             #6=bus, 7=car, 8=cat, 9=chair, 10=cow
                             (0, 128, 128), (128, 128, 128), (64, 0, 0), (192, 0,
0), (64, 128, 0),
                             #11=dining table, 12=dog, 13=horse, 14=motorbike,
15=person
                             (192, 128, 0), (64, 0, 128), (192, 0, 128), (64, 128,
128), (192, 128, 128),
                             #16=potted plant, 17=sheep, 18=sofa, 19=train,
20=tv/monitor
```

```
                    (0, 64, 0), (128, 64, 0), (0, 192, 0), (128, 192, 0),
(0, 64, 128)])


def label_to_onehot(label, colormap):
    """
    Converts a segmentation label (H, W, C) to (H, W, K) where the last dim is
a one
    hot encoding vector, C is usually 1 or 3, and K is the number of class.
    """
    semantic_map = []
    for colour in colormap:
        equality = np.equal(label, colour)
        class_map = np.all(equality, axis=-1)
        semantic_map.append(class_map)
    semantic_map = np.stack(semantic_map, axis=-1).astype(np.float32)
    return semantic_map

image_path = "./dataset/VOCdevkit/VOC2012/JPEGImages/"
mask_image_path = "./dataset/VOCdevkit/VOC2012/SegmentationClass/"

mask_image_name_list = []
for filename in os.listdir(mask_image_path):
    mask_image_name_list.append(filename)

import torchvision.transforms as T
from torch.utils.data import Dataset
import torch
import cv2
class SegDataset(Dataset):
    def __init__(self,mask_image_name_list = mask_image_name_list,n_class =
21):

        self.mask_image_name_list = mask_image_name_list
        self.image_path = image_path
        self.mask_image_path = mask_image_path
        self.transform = T.Compose([T.ToTensor(),T.Normalize([0.485, 0.456,
0.406], [0.229, 0.224, 0.225])])

    def __len__(self):
        return len(self.mask_image_name_list)

    def __getitem__(self, idx):

        image_name = self.mask_image_name_list[idx]

        image_path = (self.image_path + image_name).replace("png","jpg")
        mask_image_path = self.mask_image_path + image_name
```

```
        from_img = cv2.imread(image_path);
        from_img = cv2.cvtColor(from_img,cv2.COLOR_BGR2RGB)
        from_img = cv2.resize(from_img, (224, 224))
        from_img = self.transform(from_img)

        mask_img = cv2.imread(mask_image_path);
        mask_img = cv2.cvtColor(mask_img,cv2.COLOR_BGR2RGB)
        mask_img = cv2.resize(mask_img, (224, 224))
        mask_img = label_to_onehot(mask_img,label_colors)
        mask_img = np.argmax(mask_img,axis=-1)

        return from_img,mask_img
```

这里首先获取到全部已标注好的图像名称，之后根据图像名称去查找对应的原始图像，OpenCV 的作用是对图像进行读取。

与原始图像不同，标注好的图像 mask_img 需要根据 14.3.1 节中的变换进行处理后，才能作为 label 供模型使用。

14.3.3 图像分割损失函数 DiceLoss 详解

完成图像处理实战项目，除了需要设计模型、准备数据集之外，还有一项非常重要的任务就是损失函数的设计与使用。

图像分割领域最常用的损失函数是 DiceLoss。这个名字源自 Dice 系数，也称为 F1 分数，是一种在深度学习图像分割任务中广泛应用的损失函数。它的设计初衷是解决图像分割任务中经常出现的类别不平衡问题，并尽可能地提高分割的精度。

在图像分割任务中，每个像素都需要被准确分类到对应的类别中。然而，在实际的数据集中，不同类别的像素数量往往存在着巨大的差异。例如，在医学图像分割中，病变区域的像素数量远远少于健康区域的像素数量。传统的交叉熵损失函数在处理这种类别不平衡问题时可能会失效。DiceLoss 则通过计算两个样本之间的重叠程度来度量它们的相似性，从而更好地处理这种类别不平衡问题。

具体来说，DiceLoss 是基于 Dice 系数来定义的。Dice 系数是一种用于度量两个样本之间相似性的指标，它的取值范围为 0~1，值越大表示两个样本越相似。公式如下：

$$DiceLoss = \frac{2|pred \cap true|}{|pred| + |true|}$$

其中 pred 为预测值的集合，true 为真实值的集合，分子为 pred 和 true 之间的交集，乘以 2 是因为分母存在重复计算 pred 和 true 之间的共同元素。分母为 pred 和 true 的并集。将$|pred \cap true|$近似为预测图 pred 和真实图 true 之间的点乘，再将点乘的元素结果相加。具体示例如下：

（1）预测分割图与真实分割图的点乘：

$$(pred \bigcap true) = \begin{bmatrix} 0.02 & 0.01 & 0.01 & 0.03 \\ 0.04 & 0.12 & 0.15 & 0.07 \\ 0.96 & 0.93 & 0.94 & 0.92 \\ 0.87 & 0.97 & 0.96 & 0.97 \end{bmatrix} * \begin{bmatrix} 0 & 0 & 0 & 0 \\ 0 & 0 & 0 & 0 \\ 1 & 1 & 1 & 1 \\ 1 & 1 & 1 & 1 \end{bmatrix}$$

（2）点乘之后，所有元素相加：

$$(pred \bigcap true) = \begin{bmatrix} 0 & 0 & 0 & 0 \\ 0 & 0 & 0 & 0 \\ 0.96 & 0.93 & 0.94 & 0.92 \\ 0.87 & 0.97 & 0.96 & 0.97 \end{bmatrix} -> 0.96 + 0.93 + 0.94 + 0.92$$
$$+ 0.87 + 0.97 + 0.96 + 0.97 = 7.52$$

（3）计算分母并集，采用元素直接相加的方式：

$$pred = \begin{bmatrix} 0.02 & 0.01 & 0.01 & 0.03 \\ 0.04 & 0.12 & 0.15 & 0.07 \\ 0.96 & 0.93 & 0.94 & 0.92 \\ 0.87 & 0.97 & 0.96 & 0.97 \end{bmatrix} -> 7.97$$

$$true = \begin{bmatrix} 0 & 0 & 0 & 0 \\ 0 & 0 & 0 & 0 \\ 1 & 1 & 1 & 1 \\ 1 & 1 & 1 & 1 \end{bmatrix} -> 8$$

（4）计算 DiceLoss 值：

$$DiceLoss = \frac{2 \times 7.52}{7.97 + 8} \approx 0.9417$$

当$pred$是所有模型预测为正的样本的集合时，令$true$为所有实际上为正类的样本集合，则新的公式可以表示如下：

$$DiceLoss = \frac{2TP}{2TP + FN + FP} = F_1$$

其中，TP 是 True Positive，FN 是 False Negative，FP 是 False Negative，此时 DiceLoss 则演化成 F1 计算。

本章提供了基于多分类的 DiceLoss 计算，代码如下：

```
class DiceLoss(torch.nn.Module):
    def __init__(self, n_classes = 21):
        super(DiceLoss, self).__init__()
        self.n_classes = n_classes

    def _one_hot_encoder(self, input_tensor):
        tensor_list = []
        for i in range(self.n_classes):
            temp_prob = input_tensor == i  #* torch.ones_like(input_tensor)
            tensor_list.append(temp_prob.unsqueeze(1))
        output_tensor = torch.cat(tensor_list, dim=1)
        return output_tensor.float()

    def _dice_loss(self, score, target):
        target = target.float()
        smooth = 1e-5
        intersect = torch.sum(score * target)
        y_sum = torch.sum(target * target)
```

```
        z_sum = torch.sum(score * score)
        loss = (2 * intersect + smooth) / (z_sum + y_sum + smooth)
        loss = 1 - loss
        return loss

    def forward(self, inputs, target, weight=None, softmax=False):
        if softmax:
            inputs = torch.softmax(inputs, dim=1)
        target = self._one_hot_encoder(target)
        if weight is None:
            weight = [1] * self.n_classes
        assert inputs.size() == target.size(), 'predict {} & target {} shape do
not match'.format(inputs.size(), target.size())
        class_wise_dice = []
        loss = 0.0
        for i in range(0, self.n_classes):
            dice = self._dice_loss(inputs[:, i], target[:, i])
            class_wise_dice.append(1.0 - dice.item())
            loss += dice * weight[i]
        return loss / self.n_classes
```

其中 one-hot 函数的作用是对输入的序列进行重整化操作，为计算相互之间的多标签损失值做准备。

14.3.4　基于 SwinUnet 的图像分割实战

基于 SwinUnet 的图像分割实战部分，读者可以按前面介绍的步骤来完成实战部分的模型训练。训练代码如下：

```
import torch
from tqdm import tqdm
import SwinTrans
import get_data

batch_size = 32
dataloader = torch.utils.data.DataLoader(get_data.SegDataset(),
batch_size=batch_size)

device = "cuda" if torch.cuda.is_available() else "cpu"
model = SwinTrans.SwinTransformerSys(num_classes=21).to(device)
#model.load_state_dict(torch.load("./saver/seg_demo.pth"))
optimizer = torch.optim.AdamW(model.parameters(), lr = 2e-5)
lr_scheduler = torch.optim.lr_scheduler.CosineAnnealingLR(optimizer,T_max =
8000,eta_min=2e-7,last_epoch=-1)

from torch.nn.modules.loss import CrossEntropyLoss
import loss
ce_loss = CrossEntropyLoss()
dice_loss = loss.DiceLoss(n_classes=21)
```

```
    for epoch in range(1024):
        pbar = tqdm(dataloader, total=len(dataloader))
        for samples, targets in pbar:
            optimizer.zero_grad()

            samples = samples.float().to(device)
            targets = targets.float().to(device)

            logits = model(samples)

            loss_ce = ce_loss(logits, targets.long())
            loss_dice = dice_loss(logits, targets)
            loss = 0.4 * loss_ce + 0.6 * loss_dice

            optimizer.zero_grad()
            loss.backward()
            optimizer.step()
            lr_scheduler.step()
            pbar.set_description(
                f"epoch:{epoch + 1}, train_loss:{loss.item():.5f},
lr:{lr_scheduler.get_last_lr()[0] * 1000:.5f}")
        if (epoch + 1)%3 == 0:
            torch.save(model.state_dict(), "./saver/seg_demo.pth")
```

需要注意的是，在模型训练时使用了两个损失函数，即 CrossEntropyLoss 和 DiceLoss。

- CrossEntropyLoss对于每个像素的类别进行独立计算，不考虑像素之间的相关性。这种损失函数在处理类别不平衡问题时可能会失效，因为它对每个类别的损失赋予相同的权重，而不考虑类别的实际数量差异。
- DiceLoss通过计算两个样本之间的重叠程度来度量它们的相似性。DiceLoss对于前景和背景像素数量的差异不太敏感，因此能够更好地处理类别不平衡问题。此外，Dice Loss的计算比较简单，不需要额外的参数或超参数调整。

这样使得 CrossEntropyLoss 能够关注每个像素的分类准确性，而 DiceLoss 则能够关注分割区域的整体一致性。通过联合使用这两个损失函数，可以更好地平衡不同类别之间的损失，并提高分割的精度。

对其推断部分，读者可以仿照 14.1.2 节使用预训练模型进行推断的方式进行，请读者自行尝试。

14.4 本章小结

深度学习图像分割，作为一种重要的计算机视觉任务，旨在将图像划分为多个不同的区域或对象。通过深度学习技术，模型可以获得从大量的图像数据中学习特征表示和目标检测的能力，从而实现更加准确和高效的图像分割。

在深度学习图像分割中，传统的卷积神经网络不断与新的技术结合以构建新的模型。这些模型通过学习大量的、带标签的图像数据来提取图像的特征，并使用各种损失函数来优化模型的性能。其中，CrossEntropyLoss 和 DiceLoss 是常用的损失函数，它们分别关注每个像素的分类准确性和分割区域的整体一致性。通过联合使用这两个函数，可以更好地处理类别不平衡问题并提高分割的精度。

深度学习图像分割的应用非常广泛，在医学图像处理、智能交通、智能安防等领域都有其应用。在医学图像处理中，深度学习图像分割可以用于提取病变区域、计算病灶体积等；在智能交通中，深度学习图像分割可以用于车辆检测、行人检测等；在智能安防中，深度学习图像分割可以用于人脸识别、行为分析等。

未来，深度学习图像分割的发展将面临着一些挑战和机遇。一方面，随着数据资源的不断丰富和计算能力的提升，可以训练更大、更深的模型来提高分割的性能和精度；另一方面，随着应用场景的不断扩展和复杂化，需要研发更加灵活、高效的模型来适应不同任务的需求。深度学习图像分割已经成为计算机视觉领域的一个重要研究方向，具有广泛的应用前景和潜力。

第 15 章

谁还用 GAN——基于预训练模型的可控零样本图像迁移合成实战

计算机视觉中的图像迁移是一种将一个领域的图像特征应用于另一个领域的技术，通过深度学习模型实现。这些深度学习模型可以学习源领域图像中的特征表达，并将这些特征应用到目标领域中，从而更好地实现特征迁移和优化目标任务。

其中，生成式对抗网络（Generative Adversarial Networks，GAN）是一种常用的深度学习模型，被广泛用于风格迁移。风格迁移是一种将图像风格从一个艺术家或艺术流派迁移到另一个艺术家或艺术流派的技术。在 GAN 模型中，生成器（Generator）和判别器（Discriminator）互相竞争，生成器努力生成更加真实的图像，而判别器则努力区分生成的图像和真实图像。通过这种对抗，GAN 模型可以生成具有特定风格的图像。

但是，使用 GAN 模型进行图像迁移需要大量的不同风格的数据。GAN 模型通过竞争机制来学习生成器和判别器之间的差异，从而生成具有特定风格的图像。因此，为了训练一个有效的 GAN 模型，需要提供给模型足够的不同风格的数据，以便模型从中学习和生成具有相应风格的图像。

在图像迁移项目中需要准备大量的、相同风格的样本，为了克服这一缺陷，本章将实现一种新的、基于零样本的图像风格迁移模型，通过提供两个具有不同风格样式的图像，直接完成不同图像之间的风格迁移。

15.1 基于预训练模型的可控零样本图像风格迁移实战

图像风格迁移可以被认为是一种独特的技术，它可以将图像风格从一个艺术家或艺术流派迁移到另一个艺术家或艺术流派上。更进一步来说，这种技术主要通过对样本的外观和内在结构进行细致的变换，从而将源艺术家或艺术流派的风格精妙地应用到目标艺术家或艺术流派的图像上。这个过程不仅涉及对图像表面特征的细致转移，更包括对底层语义特征的抽取和转换。

而基于零样本的图像风格迁移，通过使用预训练模型抽取图像的语义底层信息进行转换，使得两幅图像的底层语义特征进行了转换。这样既能保留图像的原始语义信息，还能将其风格化以适应不同的风格或样式。基于零样本的图像风格转换示例如图 15-1 所示。

图 15-1　基于零样本的图像风格转换

15.1.1　实战基于预训练模型的可控零样本图像风格迁移

对于零样本图像风格迁移，读者可以直接运行本章配套源码中的 train_grad.py 文件，这是笔者准备好的、可直接运行并输出结果的训练和推断文件，如图 15-2 所示。

为了照顾部分小显卡读者，本实战和前面的一样，使用了半精度训练模式，如图 15-3 所示。

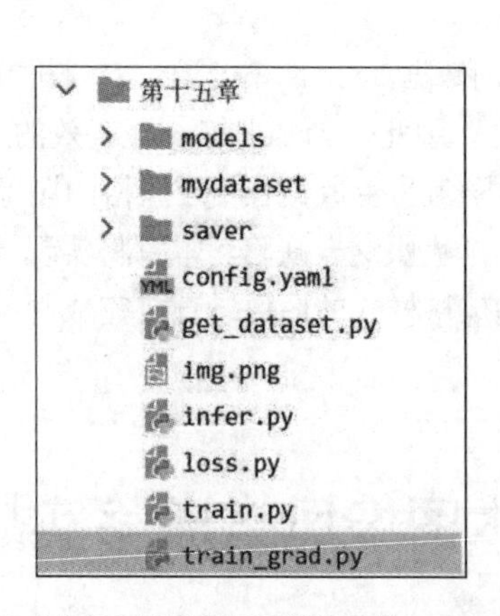

图 15-2　准备好的训练与推断文件 train_grad.py

```
from torch.cuda.amp import autocast as autocast
import torch.cuda.amp as amp
scaler = amp.GradScaler()

saver_path = "./saver/model_netG.pth"


with tqdm(range(1, config['n_epochs'] + 1)) as tepoch:
    for epoch in tepoch:
        optimizer.zero_grad()

        inputs = sample_dataset[0]
        for key in inputs:
            inputs[key] = inputs[key].to(device)

        with autocast():
            outputs = model(inputs)
            losses = criterion(outputs, inputs)
            loss_G = losses['loss']


        scaler.scale(loss_G).backward()
        scaler.step(optimizer)
        scaler.update()
```

图 15-3　半精度训练模式

由于这里采用了预训练模型作为模型整体计算的一部分，因此模型在训练时候会预先下载预训练模型的参数。

在模型的训练过程中，笔者使用了翠鸟与麻雀的图像（见图 15-4）分别作为表象图和结构图进行迁移。

图 15-4　翠鸟与麻雀

在模型的训练过程中，对每个阶段的生成图像进行保存，结果如图 15-5 所示。

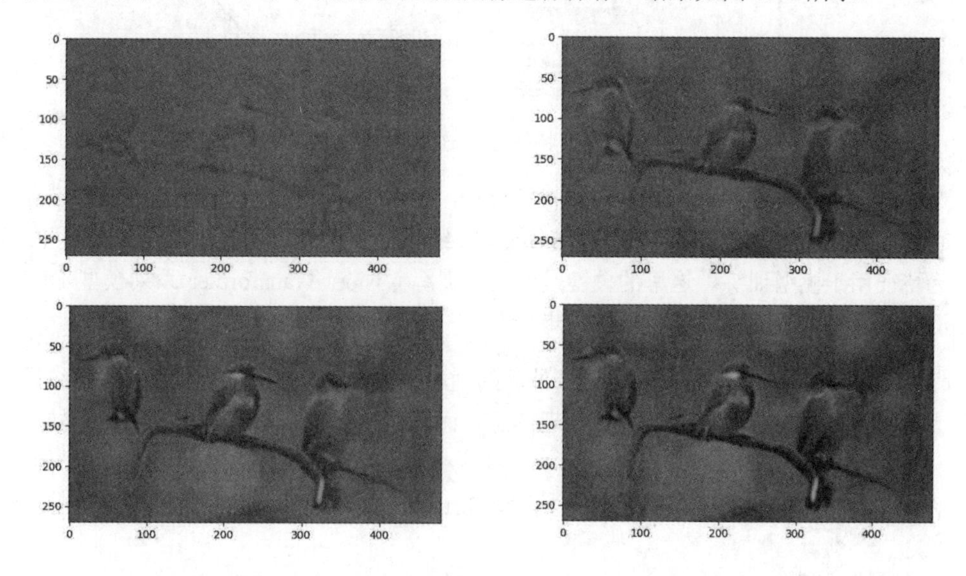

图 15-5　训练阶段生成图像，按顺序 epoch 分别是 1000、5000、10000、20000

通过生成图可以很明显地看到，随着训练的进行，图中的麻雀逐渐被翠鸟替代，另外树枝的样式也随之发生改变。因此，可以认为模型在一定程度上获取了原始图像的特征，并将其风格迁移到目标图像中。

15.1.2　详解可控零样本图像风格迁移模型

模型的目标是将原始图像生成具有新风格的图像，其中源结构图像中的对象被“描绘”为目标外观图像中语义相关的对象的视觉外观。一种简单的解决思想就是抽取出原始图像的风格，并将其转移到新的目标图像中。

但是，对于所谓的“风格”来说，需要有一个能够对它进行具体形象化表示的方法，而较为常用的表示方法就是将风格这个概念简化成“Structure（结构主体）”与“Appearance（表现形式）”，将这两个风格特征作为输入来训练生成器。

具体来说，可以使用预训练成功的 Vision Transformer 模型从特征中抽取出结构和外观的新表示，并在所学习的自注意模块中解析这些新表示。然后建立一个目标函数，将所需的结构和外观表示拼接在一起，将它们交织在 Vision Transformer 特征空间中，这个过程被称为“拼接”。特征抽取与拼接过程如图 15-6 所示。

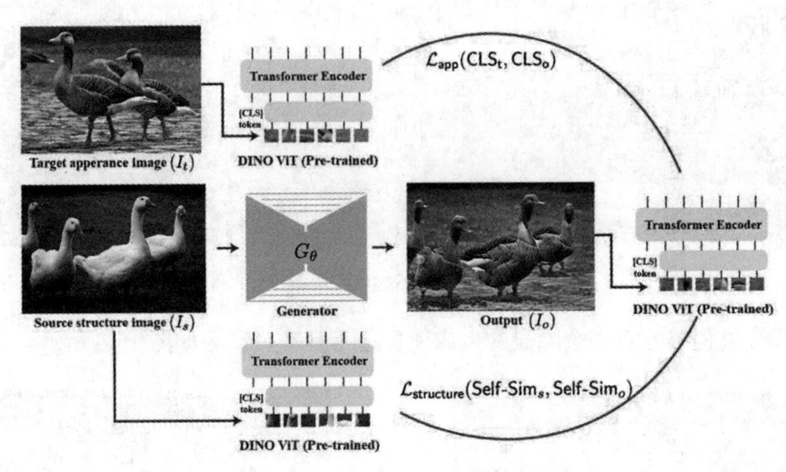

图 15-6　特征抽取与拼接过程

图 15-6 演示了 Splicing 模型特征抽取与拼接过程，使用预训练模型对配对好的图像进行特征抽取，即分别获取到原始图像和目标图像的“Structure（结构主体）”与“Appearance（表现形式）”，并将其作为特征用于模型训练。这里的关键是使用预训练 Vision Transformer 系列模型 DINO 作为“特征抽取器”。整个过程主要涉及以下 3 步：

（1）图中上方的“CLS”是对原始图像外观的抽取，作为 Appearance 抽取的特征结果，提供了一种强大的视觉外观表示，它不仅捕获纹理信息，而且捕获更多的全局信息，如物体外貌、样式绘图等。

（2）图中下方是对目标图像结构信息的抽取，Structure 抽取的部分是目标图中图像的主体结构特征；

（3）最右侧的 CLS token 部分是合成图像的重构，初始状态的图像并没有前面两步所获取的 Structure 与 Appearance。在重新经过 Vision Transformer 模型的拼接与融合后，将输出带有不同风格特征的图像。

15.2　基于预训练模型的零样本图像风格迁移实战

从模型的结果分析角度来看，Splicing 模型的主要目标在于提取不同图像的结构主体和表现形式。这两类特征的提取需要对图像本身的重点区域进行精确地抽取，并尽可能忽略那些与目标任务不相关的区域。同时，针对所需关注的特定结构、形态以及样式进行高效地捕获。

相对于传统的卷积神经网络架构的计算机视觉模型，基于注意力机制的 Vision Transformer 系列模型在视觉选择上有着天然的优势。这种模型在进行图像分析时，能够自主地选择那些对模型结果具有重要影响的关键区域，从而更好地为最终的模型输出提供服务。通过捕捉这些关键信息，Vision Transformer 模型能够更准确地理解和利用图像中隐藏的信息，为各种复杂的视觉任务提供更精确的结果。

15.2.1 Vision Transformer 架构的 DINO 模型

DINO 是基于注意力机制的一种新的计算机视觉模型，从模型结构的角度看，DINO 模型是基于 Transformer 的自监督学习框架，用于解决计算机视觉任务，尤其是目标识别。该模型充分利用了 Transformer 模型的强大表示能力和自监督学习的优势。

DINO 模型的自监督学习方法通过对比输入图像与通过一个变换函数得到的图像之间的差异来进行训练。这种差异可以通过像素级别的对比或者更高层次的特征对比得到。通过这种方式，模型能够学习到输入图像与变换后的图像之间的差异，从而对输入图像进行正确的理解和处理。

DINO 模型来自对 DETR 模型的进一步修正，而 DETR 模型的搭建与训练方法已经在第 13 章详细介绍了。DETR 作为第一代基于注意力的目标检测模型，其训练和使用都存在一定的困难，这和它本身的模型设计密切相关。

DETR 开创性地使用了二分图匹配，这在带来更为灵活性的目标框定的同时，也会导致优化目标不一致，从而引起收敛缓慢的问题。因此，DINO 在原始 DETR 的基础上，使用一个去噪任务直接把带有噪声的真实框输入解码器中，作为一个 shortcut 来学习相对偏移，从而跳过了匹配过程直接进行学习。完整的 DINO 架构如图 15-7 所示。

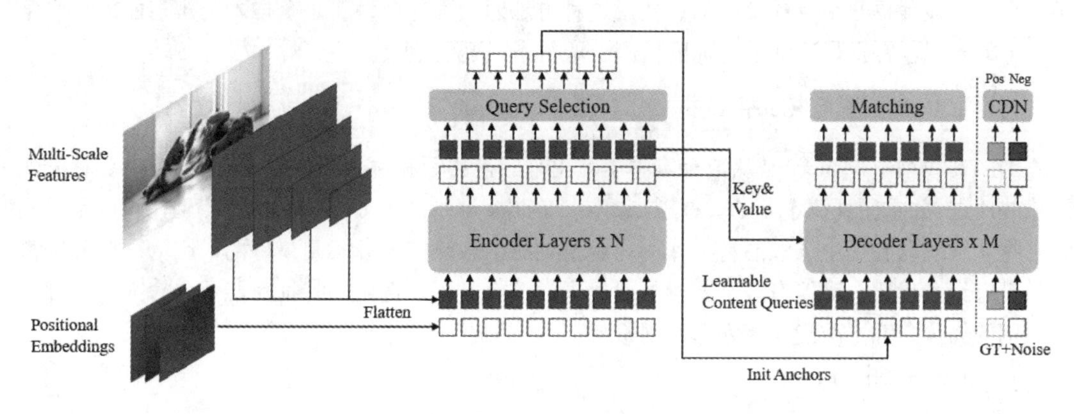

图 15-7　DINO 架构图

具体来说，DINO 相对于 DETR 有了 3 个优化改进。

1. 对抗式降噪（Contrastive Denoising，DN）

DETR 中使用了 100 个 query 对样本进行采样，但其中只有几个正样本，DETR 需要在 100 个假定框中识别对的样本，即完成对正样本的选取。DINO 在这个基础上引入了噪声样本对，在生成正样本的同时也生成了高质量的负样本噪声。简单来说，就是生成的负样本噪声与真实目标（Ground Truth）之间的距离比正样本噪声的更远，宽高形变也更严重，如图 15-8 所示。

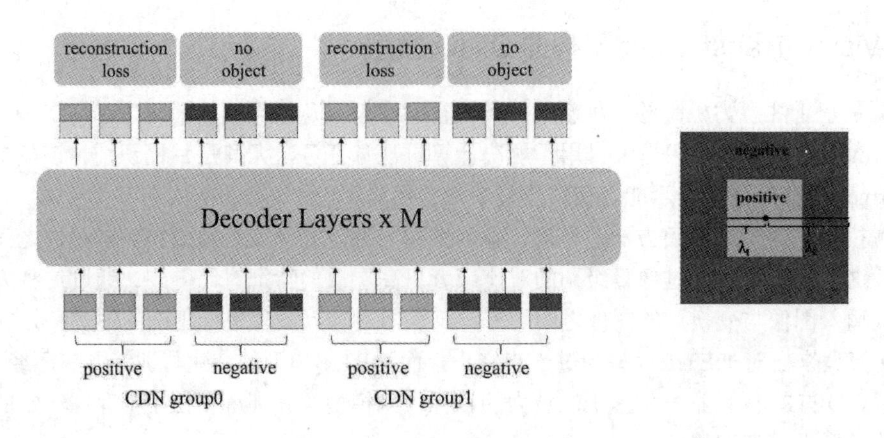

图 15-8 添加了噪声样本对

因此，模型不仅需要学会如何准确回归正样本，还必须能够识别并区分出负样本。例如，在DINO的解码器中使用了900个query，而在一幅图中通常只有几个物体，这意味着绝大多数查询对应的是负样本。通过增加负样本的比例，可以显式地训练模型识别和处理负样本的能力，从而在处理小目标时，显著提升小目标检测的性能。这种方法通过强化模型对正负样本的辨识能力，优化了模型的整体表现，特别是在细小目标的检测上取得了较好的效果。

2. 分离query位置与物品查询框

在DETR模型中，query是从数据集中学习出来的，并不和输入图片相关。DINO对这种方式进行了一些改进，并重新强调了query的其重要性。在query中，一般更关心位置查询，也就是检测框。同时，将从编码器特征中选取的特征作为内容查询对于检测来说并不是最好的，因为这些特征都很粗糙且没有经过优化，可能有歧义。例如对“人”这个类别，选出的特征可能只包含人的一部分或者人周围的物体，并不准确，因为它是网格特征。

DINO的改进如图15-9所示。

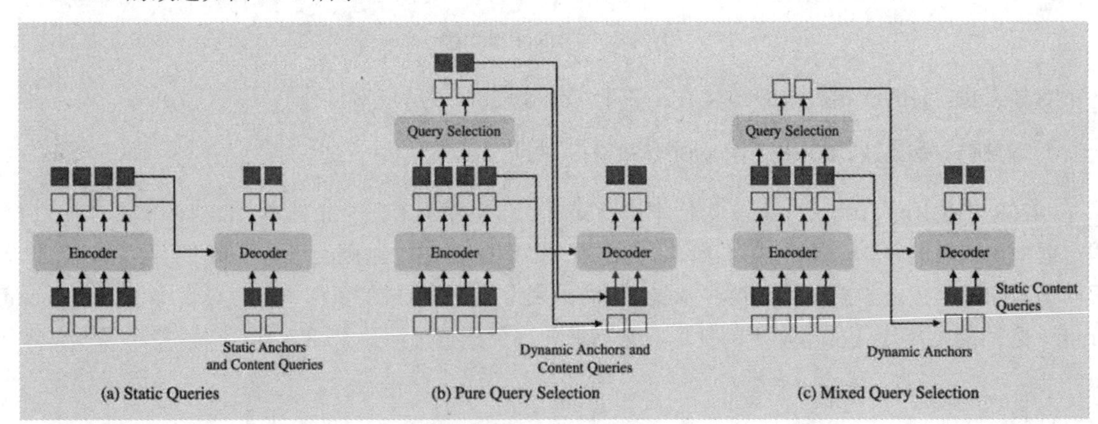

图 15-9 DINO对query查询器进行分离

可以看到，DINO 分离了查询映射与输入图像，并保持内容查询的可学习性。它有助于模型使用更好的位置信息来从编码器中汇集更全面的内容特征。

3. Look Forward Twice

Look Forward Twice 的说明如图 15-10 所示，中间参数$b_i^{(pred)}$梯度回传有两部分，分别是b'_{i-1}和Δb_i。相对于原始的 Look Forward Once 只有独立的Δb_i参与梯度回传计算，因此被 Look Forward Twice。

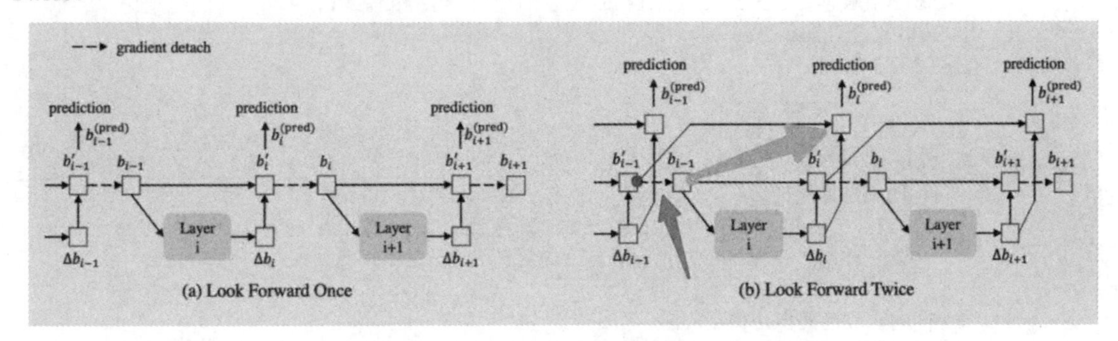

图 15-10　没有经过再次处理的数据输入结构

4. 为什么使用DINO作为风格计算模型

DINO 是一种独特的深度学习模型，其独特的架构和特征抽取方式使其能够轻松地获取不同图像之间的差异。这种模型使用自监督学习的方式，通过预测图像块的相对位置来学习图像的高级特征。由于其强大的特征抽取能力，DINO 可以有效地完成图像的理解和处理任务。

具体来说，DINO 模型采用独特的架构和特征抽取方式，可以有效地从输入图像中学习到丰富多样的特征，这些特征可以捕捉到图像中的各种细节和结构信息，从而实现图像的精细处理。

因为 DINO 模型不是本章所讲解的重点，所以不做过多讲解，有兴趣的读者可以对照前面讲解的 DETR 模型自行学习。

15.2.2　风格迁移模型 Splicing 详解

Splicing 模型的目标是生成一种图像，对源结构图像中的对象进行“描绘”，使其视觉外观与目标外观图像中语义相关的对象相匹配。实现这一目标的方法是训练一个生成器，它接收一对结构图像和外观图像作为输入。为了将语义信息集成到框架中，Splicing 采用了预先训练且固定的 Vision Transformer 模型作为外部语义先验工具。

在拼接过程中，我们采用了自注意力机制，通过对特征进行加权求和来有效地将结构和外观表示进行融合。这种融合方式不仅能够考虑到特征之间的相互关系，还能使拼接后的特征更加丰富、多样。

最终，通过训练好的生成器，我们可以将拼接后的特征映射回图像空间，从而得到所需的转换后的目标图像。这种基于深度学习的图像转换方法在应用过程中具有很强的灵活性和可扩展性，可以很容易地扩展到其他领域中进行类似的任务。

1. Splicing的整体模型详解

从总体上来看，Splicing 使用了一个 Unet 架构的编码器-解码器模型对图像进行处理，代码如下：

```
class Model(torch.nn.Module):
    def __init__(self, cfg):
        super().__init__()
        device = torch.device('cuda' if torch.cuda.is_available() else 'cpu')
        #核心编码器-解码器
        self.netG = networks.define_G(cfg['init_type'],
cfg['init_gain']).to(device)
        self.cfg = cfg

    def forward(self, input):
        outputs = {}
        #目标图的总体架构
        if self.cfg['lambda_global_cls'] + self.cfg['lambda_global_ssim'] > 0:
            outputs['x_global'] = self.netG(input['A_global'])

        #A图的一般性架构，使用不多
        if self.cfg['lambda_entire_ssim'] > 0 and input['step'] %
self.cfg['entire_A_every'] == 0:
            outputs['x_entire'] = self.netG(input['A'])

        #原图的外观呈现
        outputs['y_global'] = self.netG(input['B_global'])

        return outputs
```

从代码中可以看到，networks.define_G 是 Splicing 的核心计算模型，它在正式计算过程中初始化了一个 Unet 模型作为核心的特征抽取模型：

```
def define_G(init_type='normal', init_gain=0.02, initialize_weights=True):
    net = skip() #net实际上是通过skip构建一个Unet模型作为核心计算模型
    return init_net(net, init_type, init_gain,
initialize_weights=initialize_weights)
```

这里实际上是通过 skip 构建一个 Unet 模型，因为模型的目标是根据输入的图像重新生成一幅风格表现被替换的新图像，而 Unet 天然的输入输出结构可以很好地完成这个任务。

Unet 结构由编码器和解码器两个部分组成，编码器将输入图像逐步降维到核心特征表示，解码器则逐步将这个核心特征表示解码为最终的输出图像。这种分阶段解码的方式使得 Unet 模型可以更好地保留输入图像的细节和风格信息，从而能够生成更具风格表现力的输出图像。

```
def skip(
    num_input_channels=3, num_output_channels=3,
    num_channels_down=[16, 32, 64, 128, 128], num_channels_up=[16, 32, 64, 128,
128],
    num_channels_skip=[4, 4, 4, 4, 4],
    filter_size_down=3, filter_size_up=3, filter_skip_size=1,
    need_sigmoid=True, need_tanh=False, need_bias=True,
    pad='zero', upsample_mode='bilinear', downsample_mode='stride',
act_fun='LeakyReLU',
    need1x1_up=True):
```

```
    …
    model.add(conv(num_channels_up[0], num_output_channels, 1, bias=need_bias,
pad=pad))
    if need_sigmoid:
        model.add(nn.Sigmoid())
    elif need_tanh:
        model.add(nn.Tanh())
    return model#
```

既然Splicing的核心风格变换模型就是一个基本的Unet网络，其作用是接收和处理输入的图像数据，并生成期望的输出数据，那么回到Model主类中，下面一步的工作就是对Unet的输入数据进行分析。

2. Splicing的数据输入详解（注意此时并没有对结构和表象特征进行提取）

从模型的主类上来看，这里的netG（也就是作为特征抽取的Unet模块）接收一个三维的图像，并相应地生成一幅与输入维度相同的图像，因此下面需要考虑Splicing的数据输入。

```
outputs = {}
#来自结构图像的全局图块
if self.cfg['lambda_global_cls'] + self.cfg['lambda_global_ssim'] > 0:
    outputs['x_global'] = self.netG(input['A_global'])#netG接收一幅图像

#整个结构图像
if self.cfg['lambda_entire_ssim'] > 0 and input['step'] %
self.cfg['entire_A_every'] == 0:
    outputs['x_entire'] = self.netG(input['A']) #netG接收一幅图像

#来自纹理图像的全局图块
outputs['y_global'] = self.netG(input['B_global']) #netG接收一幅图像
```

可以看到，此时的netG接收的是input中的图像特征，并对其进行加工。Input来自源码中的get_dataset.py文件。

具体来看，get_dataset中有两个关键性的函数global_A_patches与global_B_patches，如下所示：

```
class SingleImageDataset(Dataset):
    …
    self.global_A_patches = transforms.Compose(
        [
            self.structure_transforms,  #名义上对Structure（结构主体）进行抽取
            Global_crops(n_crops=cfg['global_A_crops_n_crops'],
                         min_cover=cfg['global_A_crops_min_cover'],
                         last_transform=self.base_transform)
        ]
    )

    self.global_B_patches = transforms.Compose(
        [
            self.texture_transforms, #名义上对Appearance（表现形式）进行抽取
            Global_crops(n_crops=cfg['global_B_crops_n_crops'],
                         min_cover=cfg['global_B_crops_min_cover'],
```

```
                    last_transform=self.base_transform)
        ]
    )
...
```

这里分别分别定义了两个函数self.structure_transforms与self.texture_transforms，它们在名义上完成了对Structure（结构主体）与Appearance（表现形式）的抽取。进一步引申到其对应的实现中可以看到，对于结构主体抽取部分，模型较为复杂，而对于外在表现的抽取则相对简单，代码如下：

```
    dino_structure_transforms = transforms.Compose([
        transforms.RandomHorizontalFlip(p=0.5), #这一行添加了一个随机水平翻转的变换操作，p=0.5 表示有 50%的概率对图像进行水平翻转
        transforms.RandomApply( #这一行开始一个随机应用变换的操作，它会根据给定的概率 p 来随机决定是否应用括号内的变换操作。

            #下面定义了一个ColorJitter变换操作，它会随机调整图像的亮度、对比度、饱和度和色调
            #例如 brightness=0.4 表示亮度调整因子为 0.4，contrast=0.4 表示对比度调整因子为 0.4，saturation=0.2 表示饱和度调整因子为 0.2，hue=0.1 表示色调调整因子为 0.1
            [transforms.ColorJitter(brightness=0.4, contrast=0.4, saturation=0.2, hue=0.1)],
            p=0.5   #这一行指定了随机应用 ColorJitter 变换操作的概率为 50%
        ),
        #这一行又开始了另一个 RandomApply 变换操作。它包含一个高斯模糊变换 GaussianBlur，kernel_size=3 表示使用大小为 3 的高斯核进行模糊
        #这个变换操作被应用的概率为 20%，由 p=0.2 指定
        transforms.RandomApply([transforms.GaussianBlur(kernel_size=3)], p=0.2)
    ])

    #创建了一个 transforms.Compose 对象，用于组合一系列的图像变换操作，
    #并将结果赋值给变量 dino_texture_transforms
    dino_texture_transforms = transforms.Compose([
        #这一行添加了一个随机水平翻转的变换操作。
        #transforms.RandomHorizontalFlip 是一个图像变换函数
        #它会以概率 p 对输入的图像进行水平翻转。
        #在这里，p=0.5 表示这个翻转操作有 50%的概率会被执行。
        transforms.RandomHorizontalFlip(p=0.5)
    ])
```

以上是对数据输入部分的分析，可以看到无论是特征原始图像还是目标图像，都是经过图像变换后的产物，而且只用了一些简单的图像变换操作，这其中并没有涉及对图像结构和表现形式进行抽取。

3. Splicing的数据输出详解

通过对主类的分析可以得到，此时的输出分成3个部分，即：

```
outputs['x_global']        #变换后的架构图，经过 Unet 推断的架构图像
outputs['x_entire']        #未经变换的架构图，同样经过 Unet 推断的架构图像
outputs['y_global']        #变换后的表象图，经过 Unet 推断的表象图像
```

从注释可以看到，这3部分输出分别代表3种不同的图像内容。从模型的主类上可以看到，这

3 种结果都是基于核心计算类，也就是 Splicing 中的 Unet 模块计算变换后得到的。

15.2.3　逐行讲解风格迁移模型 Splicing 的损失函数

在 15.2.2 节中，通过对 Splicing 模型的分析，揭示了其通过使用 Unet 模块实现图像变换的机制。然而，输入 Unet 模块的图像只经历了普通的图像变换，即从一种形态转换到另一种形态。这引发了笔者对零样本图像迁移的进一步思考。

从前面的分析中可以看到，对于结构与表象的抽取，模型并未实现，而只是通过特征变换的方式无目标地生成图像。深度学习中的损失函数在此时就发挥了至关重要的作用，它对模型生成的结果进行“指向性”审核，通过与目标的对比来指导模型生成对应的图像内容。

具体而言，损失函数可以计算模型输出图像与目标图像之间的差异，并将这种差异作为反馈信息提供给模型，使其能够不断地优化生成的结果。正是由于损失函数的这种指引作用，模型才能逐步地实现结构与表象的抽取，最终生成具有特定目标、符合预期的图像内容。

下面是可控零样本风格迁移模型 Splicing 的核心——损失函数，为了便于读者理解，对它进行逐行分析和讲解，代码如下：

```
class LossG(torch.nn.Module):

    def __init__(self, cfg):
        super().__init__()

        self.cfg = cfg
        #使用配置信息中的 DINO 模型名称和设备（可能是 CPU 或 GPU）来创建一个 VITExtractor
对象，并将其保存在 self.extractor 中。VITExtractor 可能是一个用于提取图像特征的类
        self.extractor = VitExtractor(model_name=cfg['dino_model_name'],
device=device)

        #定义了一个图像变换的组合，包括 global_resize_transform（将图像全局大小调整为特
定大小）和 imagenet_norm（可能是对图像进行标准化处理）
        imagenet_norm = transforms.Normalize((0.485, 0.456, 0.406), (0.229,
0.224, 0.225))
        global_resize_transform = Resize(cfg['dino_global_patch_size'],
max_size=480)
        #通过将定义的两个变换组合在一起，创建了一个新的变换，
        #并将其保存在 self.global_transform 中
        self.global_transform = transforms.Compose([global_resize_transform,
                                                    imagenet_norm
                                                    ])

        #一些自定义的参数
        self.lambdas = dict(
            lambda_global_cls=cfg['lambda_global_cls'],
            lambda_global_ssim=0,
            lambda_entire_ssim=0,
            lambda_entire_cls=0,
            lambda_global_identity=0
        )
```

```
    def update_lambda_config(self, step):
        if step == self.cfg['cls_warmup']:
            self.lambdas['lambda_global_ssim'] = self.cfg['lambda_global_ssim']
            self.lambdas['lambda_global_identity'] =
self.cfg['lambda_global_identity']

        if step % self.cfg['entire_A_every'] == 0:
            self.lambdas['lambda_entire_ssim'] = self.cfg['lambda_entire_ssim']
            self.lambdas['lambda_entire_cls'] = self.cfg['lambda_entire_cls']
        else:
            self.lambdas['lambda_entire_ssim'] = 0
            self.lambdas['lambda_entire_cls'] = 0

    def forward(self, outputs, inputs):
        self.update_lambda_config(inputs['step'])
        losses = {}
        loss_G = 0

        """
        有 5 个损失计算的 if 语句块，对应以下 5 个条件：
            self.lambdas['lambda_global_ssim'] > 0 - 如果全局 SSIM 损失的权重大于 0，
则计算全局 SSIM 损失。
            self.lambdas['lambda_entire_ssim'] > 0 - 如果整个图像的 SSIM 损失的权重
大于 0，则计算整个图像的 SSIM 损失。
            self.lambdas['lambda_entire_cls'] > 0 - 如果整个图像的分类损失的权重大于
0，则计算整个图像的分类损失。
            self.lambdas['lambda_global_cls'] > 0 - 如果全局的分类损失的权重大于 0，
则计算全局的分类损失。
            self.lambdas['lambda_global_identity'] > 0 - 如果全局的身份保持损失的权
重大于 0，则计算全局的身份保持损失。在每个 if 语句块中，首先计算特定类型的损失，然后将其乘以相应
的权重（从 self.lambdas 中获取），并添加到总损失 loss_G 中。
        """

        if self.lambdas['lambda_global_ssim'] > 0:
            #该损失函数计算了输入和输出在经过全局变换后的自相似性特征之间的差异，
            #并将其作为损失值返回。这种函数有助于衡量模型输出与目标在结构相似性方面的差异
            losses['loss_global_ssim'] =
self.calculate_global_ssim_loss(outputs['x_global'], inputs['A_global'])
            loss_G += losses['loss_global_ssim'] *
self.lambdas['lambda_global_ssim']

        if self.lambdas['lambda_entire_ssim'] > 0:
            #该损失函数计算了输入和输出在经过全局变换后的自相似性特征之间的差异，
            #并将其作为损失值返回。这种函数有助于衡量模型输出与目标在结构相似性方面的差异
            losses['loss_entire_ssim'] =
self.calculate_global_ssim_loss(outputs['x_entire'], inputs['A'])
            loss_G += losses['loss_entire_ssim'] *
self.lambdas['lambda_entire_ssim']
```

```
        if self.lambdas['lambda_entire_cls'] > 0:
            #该函数计算了模型输出与输入在经过全局变换后的分类标记之间的差异，
            #并将其作为损失值返回。这种损失函数有助于衡量模型在分类任务上的性能
            losses['loss_entire_cls'] = 
self.calculate_crop_cls_loss(outputs['x_entire'], inputs['B_global'])
            loss_G += losses['loss_entire_cls'] * 
self.lambdas['lambda_entire_cls']

        if self.lambdas['lambda_global_cls'] > 0:
            #该函数计算了模型输出与输入在经过全局变换后的分类标记之间的差异，
            #并将其作为损失值返回。这种损失函数有助于衡量模型在分类任务上的性能
            losses['loss_global_cls'] = 
self.calculate_crop_cls_loss(outputs['x_global'], inputs['B_global'])
            loss_G += losses['loss_global_cls'] * 
self.lambdas['lambda_global_cls']

        if self.lambdas['lambda_global_identity'] > 0:
            #该函数计算了模型输出与输入在经过全局变换后的特征表象之间的差异，
            #并将其作为损失值返回。这种损失函数有助于衡量模型在保持特征表象上的性能
            losses['loss_global_id_B'] = 
self.calculate_global_id_loss(outputs['y_global'], inputs['B_global'])
            loss_G += losses['loss_global_id_B'] * 
self.lambdas['lambda_global_identity']

        losses['loss'] = loss_G
        return losses

    #该函数计算了输入和输出在经过全局变换后的自相似性特征之间的差异，
    #并将其作为损失值返回。这种损失函数有助于衡量模型输出与目标在结构相似性方面的差异
    def calculate_global_ssim_loss(self, outputs, inputs):
        loss = 0.0
        #使用 zip 函数迭代输入和输出，每次循环将输入和输出对应元素分别赋值给 a 和 b
        for a, b in zip(inputs, outputs):  #避免内存限制
            a = self.global_transform(a)     #对输入 a 应用全局变换
            b = self.global_transform(b)     #对输出 b 应用全局变换
            with torch.no_grad():
                #获取输入 a 在经过全局变换后的特定层（第 11 层）的自相似性特征
                target_keys_self_sim = 
self.extractor.get_keys_self_sim_from_input(a.unsqueeze(0), layer_num=11)
            #同样地，获取输出 b 在经过全局变换后的特定层（第 11 层）的自相似性特征
            keys_ssim = 
self.extractor.get_keys_self_sim_from_input(b.unsqueeze(0), layer_num=11)
            loss += F.mse_loss(keys_ssim, target_keys_self_sim)
        return loss

    #该函数计算了模型输出与输入在经过全局变换后的分类标记之间的差异，
    #并将其作为损失值返回。这种损失函数有助于衡量模型在分类任务上的性能
    def calculate_crop_cls_loss(self, outputs, inputs):
        loss = 0.0
```

```
        #使用zip函数迭代输入和输出，每次循环将输入和输出对应元素分别赋值给a和b
        for a, b in zip(outputs, inputs):
            #对输出应用全局变换，增加一个新的维度，并将其转移到指定的计算设备上
            a = self.global_transform(a).unsqueeze(0).to(device)
            b = self.global_transform(b).unsqueeze(0).to(device)
            #获取输出a在经过全局变换后的特征，
            #取最后一幅特征图的第一个位置的特征向量作为分类标记
            cls_token = self.extractor.get_feature_from_input(a)[-1][0, 0, :]
            with torch.no_grad():
                #获取输出a在经过全局变换后的特征，
                #取最后一幅特征图的第一个位置的特征向量作为分类标记
                target_cls_token =
self.extractor.get_feature_from_input(b)[-1][0, 0, :]
            loss += F.mse_loss(cls_token, target_cls_token)
        return loss

    #该函数计算了模型输出与输入在经过全局变换后的特征表象之间的差异，并将其作为损失值返回
    #这种损失函数有助于衡量模型在保持全局身份方面的性能
    def calculate_global_id_loss(self, outputs, inputs):
        loss = 0.0
        #使用zip函数迭代输入和输出，每次循环将输入和输出对应元素分别赋值给a和b
        for a, b in zip(inputs, outputs):
            #对输入数据应用全局变换
            a = self.global_transform(a)
            b = self.global_transform(b)
            #get_keys_from_input的作用是获取输入在经过全局变换后的特征，
            #目的在提取某种关键特征（keys）
            with torch.no_grad():
                keys_a = self.extractor.get_keys_from_input(a.unsqueeze(0), 11)
            keys_b = self.extractor.get_keys_from_input(b.unsqueeze(0), 11)
            loss += F.mse_loss(keys_a, keys_b)
        return loss
```

可以看到，损失函数的设计考虑了生成图片与结构图中的结构、结构图和表象图本身的特征、以及生成的图片和表象图中表象之间的差异性。这种差异性计算有助于更好地评估模型的性能，从而通过损失函数来优化模型生成的结果。

在实现损失函数时，需要将生成图片与结构图的结构信息进行比较，这可以通过计算两者之间结构信息的差异来实现。同时，对于结构图和表象图本身的特征，可以通过计算它们之间特征的差异来衡量。

另外，对于生成的图片和表象图中表象之间的差异性计算，可以通过比较两者之间表象的差异来实现。这种做法比较有助于更好地评估模型生成结果的表象质量，从而有助于提高模型生成的质量。

最后一部分就是几个损失函数中调用的从DINO模型中抽取特征的函数，这部分的代码如下：

```
#使用DINO构成的特征抽取类
class VitExtractor:
    #定义的辅助参数
    BLOCK_KEY = 'block'
```

```
    ATTN_KEY = 'attn'
    PATCH_IMD_KEY = 'patch_imd'
    QKV_KEY = 'qkv'
    KEY_LIST = [BLOCK_KEY, ATTN_KEY, PATCH_IMD_KEY, QKV_KEY]

    def __init__(self, model_name, device):
        #使用预训练模型 DINO 作为特征抽取类
        self.model = torch.hub.load('facebookresearch/dino:main',
model_name).to(device)

    #将注意力中的 qkv 作为特征抽取
    def get_qkv_feature_from_input(self, input_img):
        self._register_hooks()
        self.model(input_img)    #使用 DINO 进行计算
        #获取模型计算的注意力 qkv 作为特征抽取
        feature = self.outputs_dict[VitExtractor.QKV_KEY]
        self._clear_hooks()
        self._init_hooks_data()
        return feature

    …

    def get_queries_from_qkv(self, qkv, input_img_shape):
        #调用 get_patch_num 方法来获取输入图像的 patch 数量
        patch_num = self.get_patch_num(input_img_shape)
        #调用 get_head_num 方法来获取多头注意力机制中的头数
        head_num = self.get_head_num()
        #调用 get_embedding_dim 方法来获取嵌入维度
        embedding_dim = self.get_embedding_dim()
        #对 qkv 进行重塑和置换操作，获 query 值（querys）
        q = qkv.reshape(patch_num, 3, head_num, embedding_dim //
head_num).permute(1, 2, 0, 3)[0]
        return q

    def get_keys_from_qkv(self, qkv, input_img_shape):
        #调用 get_patch_num 方法来获取输入图像的 patch 数量
        patch_num = self.get_patch_num(input_img_shape)
        #调用 get_head_num 方法来获取多头注意力机制中的头数
        head_num = self.get_head_num()
        #调用 get_embedding_dim 方法来获取嵌入维度
        embedding_dim = self.get_embedding_dim()
        k = qkv.reshape(patch_num, 3, head_num, embedding_dim //
head_num).permute(1, 2, 0, 3)[1]    #对 qkv 进行重塑和置换操作，获 key 值（keys）
        return k

    def get_values_from_qkv(self, qkv, input_img_shape):
        #调用 get_patch_num 方法来获取输入图像的 patch 数量
        patch_num = self.get_patch_num(input_img_shape)
        #调用 get_head_num 方法来获取多头注意力机制中的头数
        head_num = self.get_head_num()
```

```
        #调用 get_embedding_dim 方法来获取嵌入维度
        embedding_dim = self.get_embedding_dim()
        v = qkv.reshape(patch_num, 3, head_num, embedding_dim //
head_num).permute(1, 2, 0, 3)[2]#对 qkv 进行重塑和置换操作，获取值（values）
        return v

    def get_keys_from_input(self, input_img, layer_num):
        #调用 get_qkv_feature_from_input 方法来获取指定层的 qkv 特征
        qkv_features = self.get_qkv_feature_from_input(input_img)[layer_num]
        #用 get_keys_from_qkv 方法来获取键（keys）
        keys = self.get_keys_from_qkv(qkv_features, input_img.shape)
        return keys

    def get_keys_self_sim_from_input(self, input_img, layer_num):
        #调用 get_keys_from_input 方法来获取键（keys）
        keys = self.get_keys_from_input(input_img, layer_num=layer_num)
        #获取键（keys）的形状
        h, t, d = keys.shape
        #对键进行转置和重塑操作
        concatenated_keys = keys.transpose(0, 1).reshape(t, h * d)
        #计算重塑后的键之间的余弦相似性
        ssim_map = attn_cosine_sim(concatenated_keys[None, None, ...])
        return ssim_map #返回自相似性映射
```

通过与损失函数类的比较，可以发现这里常用的函数是 get_keys_self_sim_from_input 和 get_keys_from_input。这两个函数分别用于获取模型对不同图像的结构和表象注意力计算的 keys 值，以及基于 keys 计算余弦相似性。这种实现方式使得损失函数能够有效地引导图像迁移的主模块 Unet 完成迁移后的模型生成。

进一步分析代码，可以发现其核心是针对预训练模型 DINO 的注意力机制进行操作，实现键-值对提取和自相似性计算。这些函数旨在从输入图像中提取有益的特征信息，并计算键-值对之间的自相似性，从而更好地捕捉图像中的内在结构和表象，进而通过融合结构图和表象图的不同风格实现零样本风格的迁移。

通过计算键-值对之间的自相似性，模型能够更好地理解图像的内容和结构，并提高其泛化能力。这是因为自相似性计算可以捕捉到图像中的结构和表象特征，这些结构和表象特征在不同类别的图像中可能具有泛化性。

这段代码实现了特征抽取的关键步骤，并通过损失函数的引导，有效完成图像迁移。

15.3　本章小结

本章主要介绍了基于预训练模型的零样本图像迁移，其核心理念是使用训练好的基于 Vision Transformer 架构的 DINO 模型。通过使用 DINO 模型，能够捕捉到图像中的重要特征，并利用注意力机制来聚焦于与当前任务相关的特征。此外，采用了损失函数来引导生成模型进行图像迁移。损失函数作为一种优化算法，可以通过不断调整模型参数来最小化预测结果与真实结果之间的差距。

本实战中损失函数被用于控制生成模型进行图像迁移时的不确定性，从而使迁移结果更加准确和可控。

这种零样本图像前移的方法不仅具有高度的可行性，而且具有广泛的应用前景。它可以将不同类型的图像进行迁移，从而实现可控的零样本迁移学习。

通过学习本章内容，读者可以更深入地了解 DINO 模型的注意力机制和特征抽取技术，以及预训练模型的强大之处。这些技术的不断发展，为我们提供了更加有效的计算机视觉任务解决方案，推动了深度学习在计算机视觉领域的进步。